# “智能科学技术著作丛书”编委会


**名誉主编**：吴文俊

**主　　编**：涂序彦

**副 主 编**：钟义信　史忠植　何华灿　何新贵　李德毅　蔡自兴　孙增圻　谭　民　韩力群　黄河燕

**秘 书 长**：黄河燕

**编　　委**：（按姓氏汉语拼音排序）

蔡庆生（中国科学技术大学）　　蔡自兴（中南大学）

杜军平（北京邮电大学）　　韩力群（北京工商大学）

何　清（中国科学院计算技术研究所）　　何华灿（西北工业大学）

何新贵（北京大学）　　黄河燕（北京理工大学）

黄心汉（华中科技大学）　　焦李成（西安电子科技大学）

李德毅（中央军委联合参谋部第六十一研究所）

李祖枢（重庆大学）　　刘　宏（北京大学）

刘　清（南昌大学）　　秦世引（北京航空航天大学）

邱玉辉（西南大学）　　阮秋琦（北京交通大学）

史忠植（中国科学院计算技术研究所）　　孙增圻（清华大学）

谭　民（中国科学院自动化研究所）　　谭铁牛（中国科学院自动化研究所）

涂序彦（北京科技大学）　　王国胤（重庆邮电学院）

王家钦（清华大学）　　王万森（首都师范大学）

吴文俊（中国科学院数学与系统科学研究院）

杨义先（北京邮电大学）　　于洪珍（中国矿业大学）

张琴珠（华东师范大学）　　赵沁平（北京航空航天大学）

钟义信（北京邮电大学）　　庄越挺（浙江大学）

智能科学技术著作丛书

# 分布式人工智能：原理与应用

项凤涛　罗俊仁　刘鸿福　编著

科学出版社

北京

## 内 容 简 介

本书阐述了分布式人工智能原理；研究了分布式人工智能学习与优化、强化学习与演化计算、群智能体强化学习等前沿方法；给出了分布式信息融合、视觉感知、协同搜索、对抗博弈决策和人工智能博弈推演等典型应用，建立了较为全面的知识体系与脉络，为后续研究奠定了良好的基础。

本书可供高等院校人工智能、自动化、计算机等相关专业本科生和研究生阅读参考，也可供相关领域的科研人员阅读参考。

**图书在版编目（CIP）数据**

分布式人工智能：原理与应用 / 项凤涛，罗俊仁，刘鸿福编著. —北京：科学出版社，2024.3

（智能科学技术著作丛书）

ISBN 978-7-03-076736-3

Ⅰ. ①分… Ⅱ. ①项… ②罗… ③刘… Ⅲ. ①人工智能 Ⅳ. ①TP18

中国国家版本馆CIP数据核字（2023）第200946号

责任编辑：张海娜 纪四稳 / 责任校对：任苗苗
责任印制：赵 博 / 封面设计：十样花

科学出版社出版
北京东黄城根北街 16 号
邮政编码: 100717
http://www.sciencep.com
北京天宇星印刷厂印刷
科学出版社发行 各地新华书店经销
*
2024 年 3 月第 一 版 开本：720 × 1000 1/16
2024 年 9 月第二次印刷 印张：15 1/4
字数：307 000

**定价：118.00 元**

（如有印装质量问题，我社负责调换）

# “智能科学技术著作丛书”序

“智能”是“信息”的精彩结晶，“智能科学技术”是“信息科学技术”的辉煌篇章，“智能化”是“信息化”发展的新动向、新阶段。

“智能科学技术”(intelligence science & technology，IST)是关于“广义智能”的理论算法和应用技术的综合性科学技术领域，其研究对象包括：

·“自然智能”(natural intelligence，NI)，包括“人的智能”(human intelligence，HI)及其他“生物智能”(biological intelligence，BI)。

·“人工智能”(artificial intelligence，AI)，包括“机器智能”(machine intelligence，MI)与“智能机器”(intelligent machine，IM)。

·“集成智能”(integrated intelligence，II)，即“人的智能”与“机器智能”人机互补的集成智能。

·“协同智能”(cooperative intelligence，CI)，指“个体智能”相互协调共生的群体协同智能。

·“分布智能”(distributed intelligence，DI)，如广域信息网、分散大系统的分布式智能。

“人工智能”学科自1956年诞生以来，在起伏、曲折的科学征途上不断前进、发展，从狭义人工智能走向广义人工智能，从个体人工智能到群体人工智能，从集中式人工智能到分布式人工智能，在理论算法研究和应用技术开发方面都取得了重大进展。如果说当年“人工智能”学科的诞生是生物科学技术与信息科学技术、系统科学技术的一次成功的结合，那么可以认为，现在“智能科学技术”领域的兴起是在信息化、网络化时代又一次新的多学科交融。

1981年，中国人工智能学会(Chinese Association for Artificial Intelligence，CAAI)正式成立，25年来，从艰苦创业到成长壮大，从学习跟踪到自主研发，团结我国广大学者，在“人工智能”的研究开发及应用方面取得了显著的进展，促进了“智能科学技术”的发展。在华夏文化与东方哲学影响下，我国智能科学技术的研究、开发及应用，在学术思想与科学算法上，具有综合性、整体性、协调性的特色，在理论算法研究与应用技术开发方面，取得了具有创新性、开拓性的成果。“智能化”已成为当前新技术、新产品的发展方向和显著标志。

为了适时总结、交流、宣传我国学者在“智能科学技术”领域的研究开发及应用成果，中国人工智能学会与科学出版社合作编辑出版“智能科学技术著作丛书”。

需要强调的是，这套丛书将优先出版那些有助于将科学技术转化为生产力以及对社会和国民经济建设有重大作用和应用前景的著作。

我们相信，有广大智能科学技术工作者的积极参与和大力支持，以及编委们的共同努力，“智能科学技术著作丛书”将为繁荣我国智能科学技术事业、增强自主创新能力、建设创新型国家做出应有的贡献。

祝“智能科学技术著作丛书”出版，特赋贺诗一首：

智能科技领域广
人机集成智能强
群体智能协同好
智能创新更辉煌

涂序彦

中国人工智能学会荣誉理事长

2005年12月18日

# 前　言

随着数字化信息化智能化科技的飞速发展，大规模复杂模型与场景的训练、学习和应用逐渐成为人们面临的主要挑战，分布式人工智能技术为解决上述问题提供了一个有效途径。分布式人工智能提出之初主要研究分布式问题求解(distributed problem solving，DPS)，其研究目标是建立一个由多个子系统构成的协作系统，各子系统间协同工作对特定问题进行求解，通过交互策略，把系统设计集成为一个统一的整体，保证问题处理系统能够满足应用需求。随着分布式人工智能技术的发展，逐步形成了 DPS 和多智能体(agent)系统(multi-agent system，MAS)两个主要研究方向，DPS 研究如何在多个合作和共享知识的模块、节点或子系统之间划分任务，并求解问题，MAS 则研究如何在一群自主的 agent 间进行智能行为的协调。两者的共同点在于研究如何对资源、知识、控制等进行划分；不同点在于 DPS 往往需要有全局的问题、概念模型和评价标准，而 MAS 则包含多个局部的问题、概念模型和评价标准。DPS 的研究侧重于建立大粒度的协作群体，通过各群体的协作实现问题求解，并采用自顶向下的设计方法；MAS 采用自底向上的设计方法，通过定义各自分散自主的 agent，研究如何完成实际问题的求解，各个 agent 之间并不一定是协作，也可能是竞争甚至是对抗的关系。近年来分布式人工智能相关研究有增无减，研究的学术问题主要包括相关概念、理论、架构、方法、模型、推理和通信等方面，此类问题更能体现人类社会的智能，更适应开放和动态的环境，具有重要的学术和应用价值。

本书围绕分布式人工智能的基础理论、前沿方法、应用实践三个方面分别进行介绍，概述前沿分布式人工智能方法原理，给出典型应用实践，系统梳理分布式人工智能从数学基础原理到典型方法及应用的知识体系，建立较为全面的知识脉络。在学术思想上，注重分布式人工智能的基础理论、方法与模型以及分布式算法基本原理等的凝练与梳理；在应用背景上，紧贴分布式人工智能及其应用前沿，并引入最新研究成果，可供从事分布式人工智能、群体智能等相关方向研究人员参考。

全书共 10 章，各章内容如下：第 1 章为绪论，主要介绍分布式人工智能相关内涵、面临的挑战及典型应用领域；基础理论部分包括第 2 章和第 3 章，介绍分布式人工智能数理基础，包括智能决策与优化、多智能体博弈对抗、分布式系统与人工智能、分布式人工智能形态、分布式人工智能涌现机理等，从分布式人工智能系统、问题建模、求解范式三个方面对分布式人工智能基本原理进行剖析；前沿方法部分包括第 4 章和第 5 章，围绕分布式人工智能计算框架开展，从分布式学习与优化方法、强化学习与演化计算方法、分布式群智能体强化学习三个方面对分布式人工智能学习方法进行分类阐述；应用实践部分包括第 6～10 章，聚焦分布式人工智能典型应用，从信息融合、视觉感知、协同搜索、对抗博弈决策和智能博弈推演五个方面研究分布式人工智能的典型技术与应用场景。

由于作者水平有限，书中难免存在疏漏或不足之处，敬请各位专家、读者批评指正。

作　者

2023 年 12 月于长沙

# 目　录

# 第1章　绪　　论

## 1.1　分布式人工智能简介

### 1.1.1　分布式人工智能相关概念

分布式人工智能是研究如何在多个合作和共享知识的模块、节点或子系统之间划分任务，并去中心化求解问题的人工智能技术，作为人工智能研究领域的子领域，致力于提供分布式解决方案。分布式人工智能自 20 世纪 70 年代末期首次被提出，通过近五十年的发展，研究的重点领域主要包括分布式问题求解、算法博弈论与计算机博弈、多智能体规划与学习、分布式机器学习与强化学习等方面。

在分布式人工智能系统中，把待解决的问题分解成一些子任务，并将每个子任务设计成任务执行子系统，通过交互作用策略，把系统设计集成为一个统一的整体，并采用自顶向下的设计方法，保证问题处理系统能够满足给定的要求。分布式人工智能技术在军用、民用领域如分布式协同、分布式感知、分布式搜索、车联网等都有着重要的应用前景。分布式人工智能技术具有更大的灵活性、分布性、连接性、协作性、开放性和容错性等特点，因而引起许多学科及其研究者的广泛兴趣和高度重视，同时分布式人工智能涉及数学、生物学、社会学、控制科学、计算机科学、心理学和认知科学等多个学科，应用越来越广泛，是人工智能前沿研究领域之一。近年来关于分布式人工智能的研究日趋广泛，研究内容主要涉及分布式人工智能的相关概念、理论、结构、方法、模型、推理和通信等方面，此类研究能更好地反映人类社会的智能程度，对开放和动态的环境适应能力更好，具有重要的学术和应用价值。本书主要研究内容包括分布式人工智能的数理基础、基本原理、计算框架、学习方法、信息融合、视觉感知、协同搜索和博弈推演等。

### 1.1.2　分布式人工智能发展回顾

自约翰·麦卡锡(John McCarthy)于 1956 年在达特茅斯会议上提出“人工智能”这一概念以来，人工智能经历了推理期(定理证明、逻辑语言)、知识期(知识系统、专家系统兴起)与学习期(神经网络重新流行、统计机器学习兴起、深度学习兴起)，其间经历两度寒冬、三次复兴。人工智能领域很早就用智能体来描述具有智能的机器，从最初的图灵测试到最新的通用人工智能挑战，从为机器“赋能”到用机器“助能”，围绕单智能体基础模型和多智能体协同模型的相关研究一直是人工智能领域的研究焦点。图 1.1 给出了人工智能发展的相关里程碑时间。

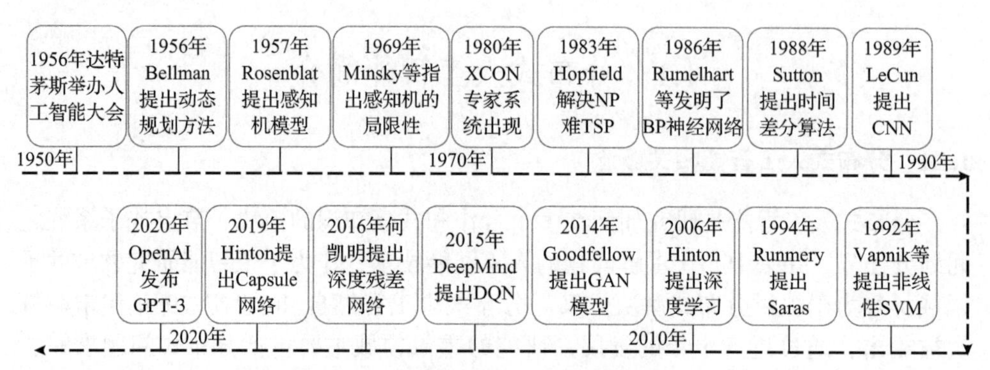


图 1.1 人工智能发展的相关里程碑时间

NP (non-deterministic polynomial) 指多项式复杂程度的非确定性，TSP (traveling salesman problem) 指旅行商问题，BP (back propagation) 指反向传播，CNN (convolutional neural network) 指卷积神经网络，GAN (generative adversarial network) 指生成对抗网络，SVM (support vector machine) 指支持向量机，DQN (deep *Q* network) 指深度 *Q* 网络

1. 萌芽探索期

自 20 世纪 50 年代起，马文 · 明斯基 (Marvin Minsky) 将大脑看成一个由协作的智能体组织的社会[1]。人工智能领域的相关研究主要聚焦在神经元模型和基于表格的启发式搜索上，其中启发式搜索是人工智能发展过程中一直采用的经典问题求解方法。

2. 创新成型期

自 20 世纪 70 年代起，在产生式系统方法[2]的基础上发展起了黑板系统，一些研究通过采用分解的思想试图构建一个完整的多智能体系统，如 Hearsay II 系统[3]、STRIPS 规划系统[4]、Actor 模型[5]等。特别是 1978 年，美国国防部高级研究计划局在卡内基梅隆大学举办了分布式传感器网络研讨会。

3. 成熟发展期

进入 20 世纪 80 年代，麻省理工学院于 1980 年首次举办了关于分布式人工智能的研讨会，研究人员分别探讨了分布式问题求解、多智能体规划、组织控制、合同网、协商、分布式传感器网络、协作分布式系统和大规模智能体模型等多智能体系统问题。之后有关分布式人工智能的书籍陆续出版[6-8]。进入 90 年代，伴随着博弈论的发展，学者利用博弈论为智能体之间的交互进行建模，将分布式人工智能的相关研究聚焦至多智能体系统[9]。从最初的分布式约束满足、分布式优化问题、分布式规划到多智能体学习，一系列研究的夯实，为分布式人工智能研究的成熟发展奠定了理论基础。同时期，国内清华大学、天津大学、南京大学、中国科学院等科研院所对相关领域进行了研究探索[10,11]。

4. 创新飞跃期

进入21世纪，多智能体系统[12]与算法博弈论[13]作为理论基础，至2006年深度学习[14]的崛起，分布式人工智能迎来了创新飞跃式的发展。伴随着人工智能的第三次浪潮，智能博弈对抗技术取得了飞速发展，博弈对抗场景从棋类、牌类、视频类陆续过渡到仿真推演类，博弈对抗技术从单一学习方法、分布式学习方法向大规模、通用学习方法演进。从 2016 年至 2022 年，AlphaX 系列智能体(AlphaGo[15]、AlphaZero[16]、AlphaHoldem[17]、AlphaStar[18])的相关研究为围棋、日本麻将、德州扑克、《星际争霸》等各类型博弈问题的求解提供了新基准。在分布式约束问题与组合优化问题的求解上，借助深度神经网络的表示能力与强化学习的交互特性，研究者运用指针网络(pointer network, PtrNet)[19]、注意力机制及Transformer模型[20]、图神经网络[21]来研究图上的组合优化问题[22]。

### 1.1.3　分布式人工智能主要特点

由于分布式模式的存在，分布式人工智能具有以下特点[23]：

(1)分布性。整个系统的信息，包括数据、知识和控制等，无论在逻辑上或物理上都是分布的，不存在全局控制和全局数据存储。系统中各个路径和节点能够并行地求解问题，从而提高了系统的求解效率。

(2)连接性。在问题求解过程中，各个子系统和求解机构通过计算机网络相互连接，降低了求解问题的通信代价和求解代价。

(3)协作性。各子系统协同工作，能够求解单个机构难以解决或者无法解决的困难问题，多领域专家可以协作求解单领域或单个专家无法解决的问题，提高了求解能力，扩大了应用领域。分布式人工智能的这一特点需要具有社会性的多个子系统协作来完成。

(4)开放性。通过网络互联和系统的分布，便于扩充系统规模，比单个系统具有更强的开放性和灵活性。

(5)容错性。系统具有较多的冗余处理节点、通信路径和知识，能够使系统在出现故障时，积极降低响应速度或求解精度，以保持系统正常工作，提高了工作可靠性。

(6)独立性。系统把分布式问题求解任务规约为几个相对独立的子任务，从而降低了各个处理节点和子系统问题求解的复杂性，也降低了软件设计开发的复杂性。

对应的分布式人工智能系统具有如下特性[24,25]：

(1)适应性。逻辑的、语义的、时间的和空间的分布性使分布式人工智能系统针对不同的环境能提供各种选择的余地，并具有更大的适应能力。

(2)低成本。分布式人工智能系统具有很高的性价比，因为分布式人工智能系统可以包含许多低成本的简单计算系统，如果通信代价很高，集中式人工智能系统比分布式人工智能系统的成本高得多。

(3)扩展性。分布式人工智能系统中的各个单元可由特定的领域专家独立地开发，分布式人工智能系统可扩充或与已有的计算系统集成。

(4)高效率。并行处理可提高分布式人工智能系统计算与推理的速度。

(5)自治性。出于局部控制和保护的目的，分布式人工智能系统中的单元之间是隔离的。

(6)可靠性。由于采用了冗余、互检等技术，分布式人工智能系统比集中式人工智能系统更可靠。

## 1.2　分布式人工智能研究面临的挑战

### 1.2.1　维度灾难

现实世界中的分布式系统可以利用多智能体来建模，但通常由于规模大、数量可变等问题，问题的求解空间过于庞大，无法直接使用一般的搜索和学习方法来求解。围绕这类问题，设计满足智能体规模动态可变化的扩展性学习方法是当前的主要任务。多智能体强化学习领域主流方法可以分为三大类：

(1)图形表征与平均嵌入。将环境状态表征为图像形式的数据，例如，在路径规划任务中，将环境量化成栅格，将障碍位置、目标位置、邻居位置、智能体位置等环境信息分别表征为局部地图，并以此为输入学习控制策略[26]；或者可以依据平均场理论[27]，将智能体与其邻近智能体之间的交互作用简化为两个智能体之间的交互作用，即该智能体与其所有相邻智能体的均值。

(2)循环神经网络、集合网络与图神经网络。循环神经网络能够将任意长度的输入编码为固定长度的特征向量，按照距离的远近逆序排列，依次将邻近智能体与中心智能体的相对状态输入网络，网络的隐含层变量即编码后的固定长度的特征向量[28]。集合网络充分利用了集合的置换不变性(permutation invariance)，可以将不同大小的集合作为输入[29]。图神经网络将智能体定义为图上的节点，将智能体之间的交互定义为图上的连接关系[30]，将多智能体系统描述为图结构，使用图神经网络进行信息传递与表征学习。

(3)注意力机制。注意力机制首先赋予不同智能体以不同的权值，而后计算各智能体状态特征的加权和即可得到维度不变的系统状态表征[31]。

### 1.2.2 可信任性

现实世界的不确定性信息、对抗博弈、高实时性响应、高动态环境等特点对当前各类人工智能方法的可信属性提出了不同挑战。许多研究表明扰动或蓄意攻击可导致模型的鲁棒性差，无法应对不确定性[32]。由于需要将大规模系统分成小系统并利用通信进行分布式训练，梯度泄露导致数据的隐私性无法得到保证[33]，这也是联邦学习的研究着力点。模型的泛化性能是虚实迁移的关键，更是学习方法的首要目标，如何将已有模型运用到求解其他(相似或未见)问题中，首要考虑的就是泛化性[34]。通常学习模型直接迁移到现实世界中会面临各种约束，需要额外考虑风险因素，确保现实安全[35]。如何确保模型方法在处理事务时合情合理，不偏袒任何一方，同时消除因其固有或后天属性引起的偏好是公平性要解决的问题[36]。此外，由于很多模型是“黑箱”，现实世界中多人参与的决策问题如何确保可溯因推理是可解释性人工智能面临的现实需求[37]。针对内在漏洞的可信任强化学习框架[38]如图 1.2 所示。

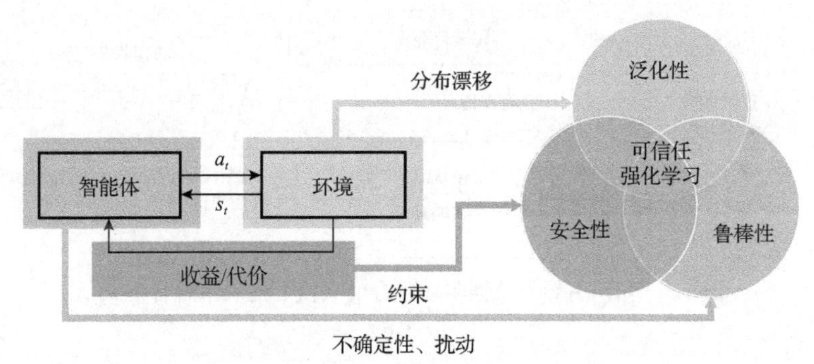


图 1.2 针对内在漏洞的可信任强化学习框架[38]

### 1.2.3 方法融合

在云平台与边缘节点协同方法方面，由于分布式架构中很多边缘节点设备无法进行大模型运算，因此需要将云平台的模型进行轻量化分发。近来很多研究探索了轻量化边缘计算[39]和联邦学习机制设计[40]，为云边协同的相关研究提供了指引。

在离线预训练与在线微调方法方面，基于海量数据样本的大型预训练模型是通用人工智能的一种探索。相对基于既定策略的在线探索方法，基于离线预训练模型的在线微调方法有着更广泛的应用前景。近来，基于序贯决策 Transformer[41]

的离线[42]与在线[43]学习方法将注意力机制与强化学习方法融合，为大型预训练模型生成提供了思路。

在知识与数据融合方法方面，基于常识知识与领域专家或专业人类玩家经验的知识驱动型智能体策略具有较强的可解释性，而基于大样本采样和神经网络学习的数据驱动型智能体策略通常具有很强的泛化性。相关研究从加性融合与主从融合[44]、知识牵引与数据驱动[45]、层次化协同与组件化协同[46]等角度进行了探索，知识引导与数据驱动融合的兵棋智能决策的融合框架如图 1.3 所示。

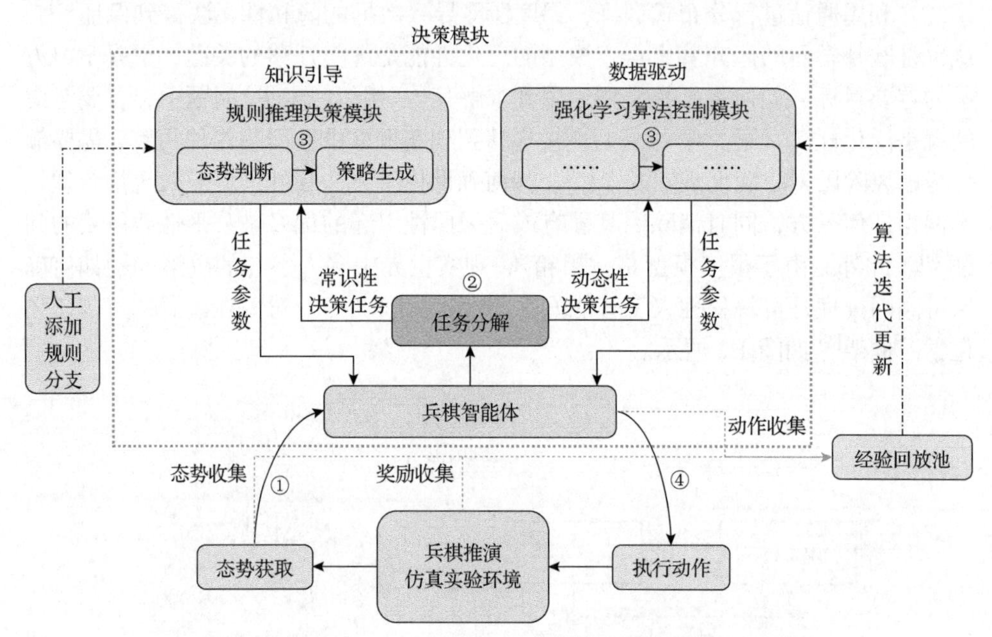


图 1.3　知识引导与数据驱动融合的兵棋智能决策融合框架

## 1.3　分布式人工智能关键技术与方法

### 1.3.1　计算机博弈

计算机博弈(computer game)也称机器博弈，其覆盖类型十分广泛，传统的计算机博弈主要包括完美信息博弈(如跳棋、国际象棋、围棋等)和不完美信息博弈(如德州扑克、桥牌等)。早前研究人员将国际象棋视为“人工智能的果蝇”(drosophila)，将扑克作为人工智能领域的“测试平台”(testbed)。近年来很多更加复杂的计算机博弈已然成为人工智能的新果蝇和通用测试基准，相关里程碑事件如图 1.4 所示。

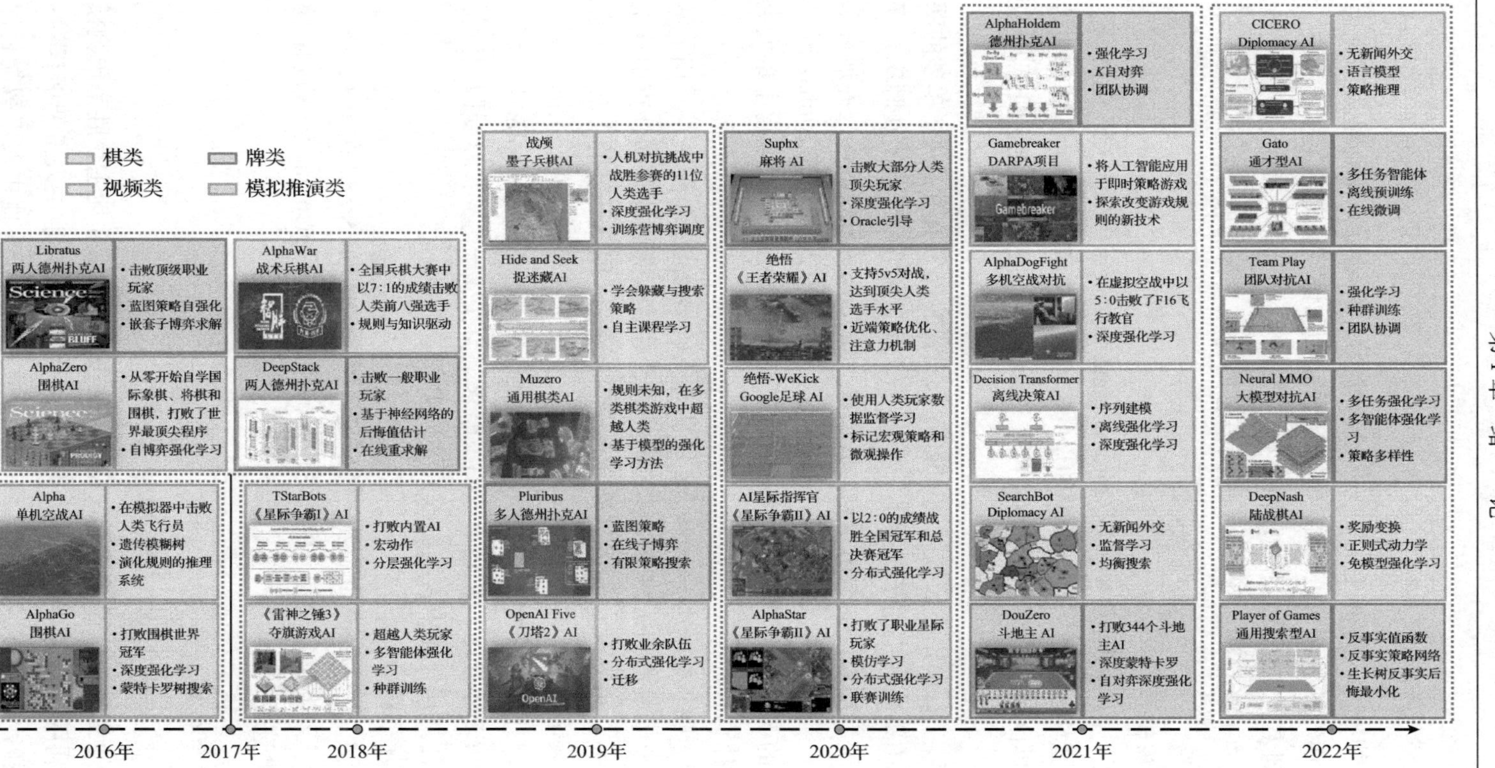


图1.4 人工智能技术在计算机博弈领域的发展

AI这里指人工智能程序

1. 标志性突破

人工智能技术与博弈论的交叉融合发展为计算机博弈特别是为不完美信息博弈的相关研究奠定了重要基础，从最初的两人对抗（如国际象棋、围棋、两人德州扑克）到多人或团队对抗（如德州扑克、麻将、斗地主、桥牌、《刀塔 2》、《星际争霸 II》、《王者荣耀》等），不完美信息博弈人工智能的开发已取得了较大的突破。

1）国际象棋

1997 年，国际商业机器公司（International Business Machines, IBM）的 Deep Blue[47]人工智能程序利用基于人类知识的启发式评估函数和强大的博弈树搜索方法在国际象棋比赛中击败了当时的世界冠军 Kasparov，将人工智能带回了公众视野。

2）围棋

2016 年，DeepMind 公司的 AlphaGo 人工智能程序采用了两个单独的深度神经网络，其中策略网络用于选择下一步动作，价值网络用于预测获胜率，同时对弈训练过程中采用蒙特卡罗树搜索。在围棋比赛中先后击败围棋世界顶尖选手李世石和柯洁。基于 AlphaGo 的相关研究（不依赖人类先验知识的 AlphaZero、将规划纳入学习的 MuZero[48]等）正式宣告在完美信息博弈领域研究取得了重大突破。

3）德州扑克

2017 年，阿尔伯塔大学 Bowling 团队开发的 DeepStack 程序[49]采用了深度神经网络学习反事实值和子博弈深度受限搜索，在二人无限注德州扑克中首次击败人类职业选手。2018 年，卡内基梅隆大学 Sandholm 团队开发的 Libratus 程序[50]采用了蓝图策略求解、蓝图策略自我强化、在线子博弈安全嵌套求解方法，在二人无限注德州扑克中首次击败人类顶尖职业选手。此外，Sandholm 团队于 2019 年开发的 Pluribus 程序[51]采用了蓝图策略求解与在线子博弈深度受限搜索方法，在六人无限注德州扑克中首次击败人类顶尖职业选手。

4）《星际争霸》

2019 年 1 月，DeepMind 公司的研究者推出的 AlphaStar，在 1v1（一对一）的对战中打败了人类职业选手，并最终在天梯榜上达到了 grandmaster 级别，超过了 99.8%的人类选手[18]。

2. 新评估基准

1）斗地主、麻将与多人零和博弈

关于斗地主，Tan 等[52]基于蒙特卡罗树搜索设计了斗地主获胜率预测模型；Jiang 等[53]利用虚拟自对弈的方法构建了一个专家级斗地主人工智能程序；Zha 等[54]利用蒙特卡罗搜索与分布式强化学习方法构建了斗地主人工智能程序；Li

等[55]围绕同等牌力问题展开了研究。关于麻将，微软亚洲研究院的 Li 等[56]利用 Oracle 引导深度强化学习，设计了面向日本麻将的 Suphx 人工智能程序；Fu 等[57]构建了一对一麻将的博弈模型，提出了行动-评价-对冲(actor-critic-hedge, ACH)策略优化方法；Wang 等[58]结合先验知识并利用蒙特卡罗搜索模拟设计了中文版麻将人工智能程序。虽然当前一些研究围绕“斗地主和麻将”等展开了探索，但相关博弈理论研究相对滞后，如何构建可利用当前通用博弈求解技术的相应多人零和博弈模型仍充满挑战。

2)多人德州扑克、桥牌与对抗团队博弈

传统的两人德州扑克是一类典型的不完美信息博弈，而关于多人德州扑克的相关人工智能实践(如 Pluribus)虽然取得了突破，但其相关博弈理论的研究仍处于探索阶段。Pluribus 首先利用德州扑克规则进行信息抽象与行动抽象，然后离线计算粗略的抽象博弈蓝图策略，最后基于蓝图策略组合，在线对抗时通过有限深度子博弈求解精细的抽象博弈策略。关于桥牌，Tian 等[59]基于对抗团队博弈(adversarial team game, ATG)设计了联合策略搜索方法。Sonzogni[60]设计了有限深度搜索方法；Derin[61]设计了策略精炼方法，其中对抗团队博弈可用于一类多对一的博弈对抗问题的建模，如果团队成员在对抗过程中私下可以自由交流，那么就可以把团队当作单个博弈局中人，对应的均衡解为团队纳什均衡，可以采用传统的反事实遗憾最小化(counter factual regret minimization, CFR)或线性规划方法求解；如果团队成员无法私下交流，并且团队策略需要使得团队期望收益最大化，那么对应的均衡解为团队极大极小均衡(team maxmin equilibrium, TME)[62]；如果团队成员可以在博弈对抗开始前私下秘密协商战术，对抗过程中无法显式交流，则对应的均衡为带协调的团队极大极小均衡(TME with coordination device, TMECor)[63]。Zhang 等[64]提出利用公共信息表示[65]构建基于团队信念的有向图序贯决策模型。Carminati 等[66]试图构建满足对抗团队博弈求解的博弈抽象、无悔学习与子博弈求解等关键技术。

3)外交与一般和博弈(general sum game)

外交是一类七人(合作-对抗)桌游，为典型的不完美信息博弈，在每一个回合，局中人可以选择联合或背叛来获取更多资源。Paquette 等[67]提出利用图网络与领域知识，运用监督学习、自博弈强化学习方法进行策略学习，为该领域相关研究提供了基线应用程序。Gray 等[68]首先利用人类对抗数据训练得到蓝图策略，然后在在线对抗时采用基于后悔最小化的一步前瞻方法进行均衡策略搜索。Anthony 等[69]基于元博弈理论，设计了基于对抗种群的虚拟对弈策略迭代方法。针对多人对抗博弈中允许非合作、非对抗关系存在的情形，可建模成一般和博弈。Jacob 等[70]结合正则化学习与无悔学习提出了满足输出强且类人策略的正则化搜索方法。Gemp 等[71]基于偏离动机梯度与平摊估计设计了基于梯度下降的均衡近似方法。Marris 等[72]设计了基于相关均衡的元博弈求解器，可用于一般和博弈的求解。

4)《花火》与多人合作博弈

《花火》[73]是一类需要多人(2～6 人)协作的不完美信息合作游戏，局中人只能看到其他局中人手里的牌(看不到自己的牌)，需要采用心智推理等方式从队友处获得信息，从而提高得分。如何设计适当的显式或隐式交流方法以推理队友的状态是当前此类多人合作博弈(multi-player cooperative game)的重要关注点。Lerer 等[74]提出了利用回溯式信念更新与基于模仿学习的自举式策略搜索方法；Nekoei 等[75]提出了面向连续协调问题的终身强化学习方法；Hu 等[76]利用信念学习研究了零样本协调(zero shot coordination, ZSC)问题；Siu 等[77]利用学习类与规划类智能体评估了当前人类与智能体组队的效果，指出规划类智能体的表现更好。

### 1.3.2 分布式问题求解

1. 分布式约束推理

分布式问题的求解通常假设智能体之间是合作的，着眼于共同解决同一个问题，分布式约束满足与分布式约束优化是两类典型的分布式约束推理问题。当前的一些研究主要聚焦在智能体之间的通信拓扑结构、通信传输方式、信息同步方式和搜索策略选择等问题上。Modi 等[78]设计了面向树形通信拓扑结构、点对点通信、信息异步同步和最佳优先搜索的 ADOPT 方法；Maheswaran 等[79]设计了求解分布式约束优化问题的图博弈分布式方法；Yeoh 等[80]设计了求解静态分布式约束优化问题的异步分支定界法、求解动态分布式优化约束问题的增量搜索方法[81]，以及尝试利用图神经网络与强化学习来求解这类约束推理问题的方法；Yolcu 等[82]尝试通过局部搜索启发式方法来求解布尔满足问题，但这类方法仍面临理论难保证、泛化性差等难题。

2. 不确定性规划

规划是指生成一个用于接下来一段时间将要执行的计划。在人工智能领域中，对于不确定性问题进行规划，一般可以将其形式化地描述为马尔可夫决策过程(Markov decision-making process, MDP)进行求解，其状态转移函数描述了系统从一个状态转移到另一个状态的概率，从而实现对环境和动作的不确定性建模。如果传感器得到环境的反馈是部分、不确定的，那么可以用部分可观马尔可夫决策过程(partial observable MDP, POMDP)进行建模；对于集中式多智能体系统，可以建模成多智能体部分可观马尔可夫决策过程(multi-agent POMDP, MPOMDP)；对于分散式多智能体系统，可以建模成分散型部分可观马尔可夫决策过程(decentralized POMDP, Dec-POMDP)[83]。通常这类问题的求解是NP难的[84]，一些研究尝试利用顺次分配技术或树搜索和max-sum方法来求解[85]。

### 1.3.3 分布式学习

1. 分布式机器学习

由于大数据的易变性、高速性、多样性和海量性，单机已无法处理大平台产生的皮字节(PB)级数据，因此如何利用异构计算资源进行异步并行计算，提高计算的速度和准确度是分布式机器学习的核心任务。在众多分布式机器平台中，Spark[86]是一个由加利福尼亚大学伯克利分校所开发的开源集群运算框架，然而该框架是基于数据流的模型，巨大的参数规模使得模型训练异常耗时，无法很好地处理大规模、高维度的大数据，而各类深度学习库(TensorFlow[87]、PyTorch[88])的推出，将计算任务抽象成计算图，方便了分布式训练。

2. 多智能体学习

多智能体学习早期作为一个研讨式问题被提出。Stone等[89]在2000年就从机器学习的角度综述分析了多智能体系统，主要考虑智能体是同质还是异质、是否可以通信等情形。早期相关综述文章采用公开辩论的方法分别从不同的角度对多智能体学习问题进行剖析，总结出了多智能体学习的四个明确定义问题：问题描述、分布式人工智能、博弈均衡和智能体建模[90]。Shoham等[91]从强化学习和博弈论的视角自省式地提出了如果多智能体学习是答案，那么问题是什么？由于没有找到单一的答案，后来又提出了未来人工智能研究主要围绕的四个主题，即计算性、描述性、规范性和规定性，其中规定性又分为分布式、均衡和智能体，此三项如今正指引着多智能体学习的研究方向。Stone[92]试图回答Shoham等的问题，但看法刚好相反，其强调多智能体学习应包含博弈论。因此，如何应用多智能体学习技术仍然是一个开放性问题，没有一个标准的答案。

多智能体学习可以从不同研究视角进行分类。Hoen等[93]很早就从合作与竞争两个角度对多智能体学习问题进行了区分。Panait等[94]将合作型多智能体学习方法分为如下两类：团队学习(team learning)，指多智能体以公共、唯一的学习机制集中学习最优联合策略；并发学习(concurrent learning)，指单个智能体以相同或不同的个体学习机制，并发地学习最优个体策略。最新研究主要聚焦在多智能体强化学习方法上，Busoniu等[95]首次从完全合作、完全竞争和混合型这三类任务的角度对多智能体强化学习方法进行了分类总结。Hernandez-Leal等[96]总结了传统多智能体系统研究中的经典思想(如涌现性行为、学会通信交流和对手建模)如何融入深度多智能体强化学习领域，并在此基础上对深度强化学习进行了分类。Oroojlooy 等[97]从独立学习器、全可观评价、值函数分解、一致性和学会通信协调五个方面对合作型多智能体强化学习方法进行了全面回顾分析。Zhang 等[98]对具有理论收敛性保证和复杂性分析的多智能体强化学习方法进行了选择性分析，并首次对联网智能体分散式、平均场博弈和随机势博弈多智能体强化学习方法进行了综述。Gronauer 等[99]从训练范式与执行方案、智能体涌现性行为模式和智能体面临的六大挑战，即环境非平稳、部分可观、智能体之间的通信、协调、可扩展性、信度分配，分析了多智能体强化学习。Du 等[100]从通信学习、智能体建模、面向可扩展性的分散式训练、分散式执行，以及面向部分可观性的集中式训练、分散式训练两种范式等角度对多智能体强化学习进行了综述分析。

## 1.4 分布式人工智能典型应用领域

### 1.4.1 分布式信息融合

传统信息融合方法主要基于目标数据关联的方法实现，而多传感器目标跟踪是将单传感器滤波跟踪方法扩展到传感器网络环境中，使用信息融合的方式分析处理网络中各传感器的跟踪特征信息，具有更大且可扩展的跟踪范围与鲁棒性。多传感器目标跟踪分为集中式与分布式两种方法，集中式方法是将各传感器探测到的数据汇集到融合中心进行分析处理与融合，尽量使信息损失最小化，但对计算与通信资源有比较高的要求。对于大规模和异构传感器网络的有效管理，集中式方法是不够的，当融合中心发生故障时，整个融合系统存在无法正常工作的可能。分布式方法可根据网络拓扑结构进行局部通信和融合，降低了通信与计算负担，对节点或链接故障的稳定性和鲁棒性更强，且具有接近集中式方法的跟踪精度，其在现实世界中有很多常见的应用，如空中交通管制、经济和金融、医疗诊断、电力网络、无线传感器网络、认知无线电网络、在线信誉系统、野生动物监测、军事目标跟踪和危险环境中的科学探索等。

### 1.4.2 分布式视觉感知

分布式视觉感知是以分布式系统为平台，以通信链路为纽带，由多台智能视觉信息采集设备分别感知任务场景中不同的区域，通过汇总感知数据并进行融合和分析的感知系统。该系统的采集节点在物理上分散，功能上独立，节点间彼此属于分散耦合的关系，通过传递消息进行相互协同以完成视觉感知的目标，可用于解决许多现实问题，如智能交通与安防、灾民疏散、无人车联网环境感知、自然栖息地监测以及工业生产等。

### 1.4.3 分布式协同搜索

分布式协同搜索已成为实现目标监控区域可探测性的重要方式之一，该任务是确保感兴趣的实体(如点、目标、区域等)能够被覆盖到，此外最好还能满足完成任务时间短、未覆盖区域小、重复路径少等类似合理规划的一些约束条件。分布式协同搜索任务主要涉及协同路径规划与任务分配两类问题，与点对点方式的路径规划相比，协同路径规划主要是确定机器人在自由空间中所有点的轨迹，分为离线和在线两种方式。离线方式假定为机器人配备工作区域地图，在线方式则假设机器人无法获得任何工作区域的先验信息，对应的协同覆盖方法为确定性和非确定性两种，确定性方法一般可以保证环境的全覆盖，非确定性方法一般无法保证环境的全覆盖。分布式协同搜索应用于多种场景，如工业领域的真空吸尘、人道主义搜索，在军事领域的扫雷和救援行动等有较大应用潜力。

### 1.4.4 分布式智能博弈

分布式智能博弈是一种广泛存在于自然社会中的多方竞争形态，博弈决策是通过利用博弈论的思想将决策双方纳入认知推理循环来优化决策方案的一种范式，分布式智能博弈决策通常可以拆分成两个子问题，即资源分配与异步协同，博弈理论和人工智能技术的结合可为分布式对抗决策提供有效可行的路径。智能博弈理论是通过采用均衡求解、优化策略搜索、深度强化学习等方法和技术，从整体和局部两个角度分析研究分布式对抗问题，通过求解分布式对抗场景下的可用资源调度、局部策略搜索，实现以力量分配均衡、策略选择较优等方式在不同方面实现分布式对抗的目的，进而建立弹性资源分配高效、策略生成精准鲁棒的方法。

## 1.5 本书安排

本书在基础理论部分首先介绍分布式人工智能数理基础，其次从分布式人工智能系统、问题建模、求解范式三个方面对分布式人工智能的基本原理进行剖析；在前沿方法部分主要围绕分布式人工智能计算框架开展，从分布式学习与优化方法、强化学习与演化计算方法、分布式群智能体强化学习三个方面对分布式人工智能学习方法进行分类阐述；在应用实践部分聚焦于分布式人工智能应用，从信息融合、视觉感知、协同搜索、对抗博弈决策和智能博弈推演五个方面研究分布式人工智能的典型应用场景，并进行具体实践。本书各章节结构如图 1.5 所示。第 1 章为绪论，主要为分布式人工智能简介、面临的挑战、关键技术与方法、典型应用领域；第 2 章为分布式人工智能数理基础，主要介绍图与网络基础、信息论与隐私计算、智能决策与优化、多智能体博弈对抗的相关知识；第 3 章为分布式人工智能基本原理，主要介绍分布式系统与人工智能、分布式人工智能形态、分布式人工智能涌现机理；第 4 章主要介绍分布式人工智能计算框架，包括分布式机器学习框架、分布式深度学习框架、分布式强化与进化学习框架、云网端前沿计算、数据-人工智能-认知全栈中台；第 5 章介绍分布式人工智能学习方法，包括分布式学习与优化方法、强化学习与演化计算方法、分布式群智能体强化学习等；第 6 章介绍分布式传感器网络信息融合的相关内涵、需求和网络架构，从分布式融合结构和融合规则两个方面分析分布式传感器网络信息融合原理，最后介绍分布式传感器网络信息融合技术及典型应用；第 7 章介绍分布式视觉感知的相关研究内容，从分布式视觉信息表征和分布式视觉跟踪两个方面介绍分布式视觉感知原理，最后介绍分布式视觉感知与理解的相关技术与应用案例；第 8 章介绍分布式协同搜索的相关研究内容，从协同路径规划和协同任务分配两个方面介绍主要方法内涵，并且介绍基于蚁群优化算法的多机器人协同搜索应用案例；第 9 章从博弈决策与分布式对抗两个方面介绍分布式对抗博弈决策，分析分布式对抗博弈决策基本原理，主要包括智能博弈决策模型、智能博弈决策流程与分布式对抗博弈决策，区分资源分配与协同对抗两个层次介绍对抗条件下布洛托上校博

图 1.5　本书各章节结构

弈的资源分配方式和强对抗环境下多智能体强化学习协同对抗技术；第 10 章介绍分布式智能博弈推演的相关研究内容，分析战略博弈推演的演进脉络、智能博弈推演基本原理、关键支撑技术与方法，从元理论视角与双层学习模型出发，设计面向战略博弈推演系统四层架构，聚焦实际应用分析危机事件认知、兵力结构评估、方案演练、图博弈正反向分析共四类典型应用场景。

## 参考文献


[1] Minsky M. Society of Mind[M]. London: Simon and Schuster, 1988.

[2] Newell A, Simon H A. Human Problem Solving[M]. Englewood Cliffs: Prentice-Hall, 1972.

[3] Fennell R D, Lesser V R. Parallelism in artificial intelligence problem solving: A case study of Hearsay II[J]. IEEE Transactions on Computers, 1977, C-26(2): 98-111.

[4] Fikes R E, Nilsson N J. STRIPS: A new approach to the application of theorem proving to problem solving[J]. Artificial Intelligence, 1971, 2(3-4): 189-208.

[5] Carl H. Viewing control structures as patterns of passing messages[J]. Artificial Intelligence, 1977, 8(3): 323-364.

[6] Bond A H, Gasser L G. Readings in Distributed Artificial Intelligence[M]. San Francisco: Morgan Kaufmann, 1988.

[7] Huhns M N. Distributed Artificial Intelligence: Volume I[M]. Amsterdam: Elsevier, 2012.

[8] Gasser R, Huhns M N. Distributed Artificial Intelligence: Volume II[M]. San Francisco: Morgan Kaufmann, 2014.

[9] Ferber J. Multi-agent Systems—An Introduction to Distributed Artificial Intelligence[M]. Reading: Addison-Wesley, 1999.

[10] 胡蓬, 石纯一, 王克宏. 分布式人工智能回顾与展望[J]. 计算机科学, 1992, (4): 29-35.

[11] 石纯一, 王克宏, 王学军, 等. 分布式人工智能进展[J]. 模式识别与人工智能, 1995, 8(S1): 72-92.

[12] Shoham Y, Leyton-Brown K. Multiagent Systems: Algorithmic, Game-Theoretic, and Logical Foundations[M]. New York: Cambridge University Press, 2008.

[13] Nisan N, Roughgarden T. Algorithmic Game Theory[M]. Cambridge: Cambridge University Press, 2007.

[14] Hinton G E, Osindero S, Teh Y W. A fast learning algorithm for deep belief nets[J]. Neural Computation, 2006, 18(7): 1527-1554.

[15] Silver D, Schrittwieser J, Simonyan K, et al. Mastering the game of Go without human knowledge[J]. Nature, 2017, 550(7676): 354-359.

[16] Silver D, Hubert T, Schrittwieser J, et al. A general reinforcement learning algorithm that masters chess, shogi, and Go through self-play[J]. Science, 2018, 362(6419): 1140-1144.

[17] Zhao E M, Yan R Y, Li J Q, et al. AlphaHoldem: High-performance artificial intelligence for heads-up no-limit poker via end-to-end reinforcement learning[J]. Proceedings of the AAAI Conference on Artificial Intelligence, 2022, 36(4): 4689-4697.

[18] Vinyals O, Babuschkin I, Czarnecki W M, et al. Grandmaster level in StarCraft II using multi-agent reinforcement learning[J]. Nature, 2019, 575(7782): 350-354.

[19] Vinyals O, Fortunato M, Jaitly N. Pointer networks[J]. Advances in Neural Information Processing Systems, 2015, 28: 2692-2700.

[20] Kool W, van Hoof H, Welling M. Attention, learn to solve routing problems![J/OL]. 2018: arXiv: 1803.08475. https://arxiv.org/abs/1803.08475.pdf. [2023-12-01].

[21] Cappart Q, Chételat D, Khalil E B, et al. Combinatorial optimization and reasoning with graph neural networks[C]. Proceedings of the 30th International Joint Conference on Artificial Intelligence, Montreal, 2021: 4348-4255.

[22] Dai H J, Khalil E B, Zhang Y Y, et al. Learning combinatorial optimization algorithms over graphs[C]. Proceedings of the 31st International Conference on Neural Information Processing Systems, Long Beach, 2017: 6351-6361.

[23] 武海鹰，王绪安. 分布式人工智能与多智能体系统研究[J]. 微机发展, 2004, 14(3): 80-82.

[24] Bond A H. An Analysis of Problems and Research in DAI[M]//Readings in Distributed Artificial Intelligence. Amsterdam: Elsevier, 1988: 3-35.

[25] 董斌，何博雄，钟联炯. 分布式人工智能与多智能体系统的研究与发展[J]. 西安工业学院学报, 2000, 20(4): 303-307.

[26] Sartoretti G, Kerr J, Shi Y F, et al. PRIMAL: Pathfinding via reinforcement and imitation multi-agent learning[J]. IEEE Robotics and Automation Letters, 2019, 4(3): 2378-2385.

[27] Yang Y D, Luo R, Li M, et al. Mean field multi-agent reinforcement learning[J/OL]. 2018: arXiv: 1802.05438. https://arxiv.org/abs/1802.05438.pdf. [2023-12-01].

[28] Everett M, Chen Y F, How J P. Motion planning among dynamic, decision-making agents with deep reinforcement learning[C]. IEEE/RSJ International Conference on Intelligent Robots and Systems, Madrid, 2019: 3052-3059.

[29] Shi G Y, Hönig W, Yue Y S, et al. Neural-swarm: Decentralized close-proximity multirotor control using learned interactions[C]. IEEE International Conference on Robotics and Automation, Paris, 2020: 3241-3247.

[30] Khan A, Tolstaya E, Ribeiro A, et al. Graph policy gradients for large scale robot control[J/OL]. 2019: arXiv: 1907.03822. https://arxiv.org/abs/1907.03822.pdf. [2023-12-01].

[31] Hoshen Y. Multi-agent predictive modeling with attentional commnets[J]. Advances in Neural Information Processing Systems, 2017, 2(40): 2698-2708.

[32] Stutz D, Hein M, Schiele B. Confidence-calibrated adversarial training: Generalizing to unseen

attacks[C]. Proceedings of the 37th International Conference on Machine Learning, New York, 2020: 9155-9166.

[33] Zhu L, Liu Z, Han S. Deep leakage from gradients[J]. Advances in Neural Information Processing Systems, 2019, 32: 15-23.

[34] Kirk R, Zhang A, Grefenstette E, et al. A survey of zero-shot generalisation in deep reinforcement learning[J]. Journal of Artificial Intelligence Research, 2023, 76: 201-264.

[35] Garcıa J G, Fernández F. A comprehensive survey on safe reinforcement learning[J]. Journal of Machine Learning Research, 2015, 16: 1437-1480.

[36] 刘文炎，沈楚云，王祥丰，等. 可信机器学习的公平性综述[J]. 软件学报，2021，32(5)：1404-1426.

[37] Schölkopf B, Locatello F, Bauer S, et al. Toward causal representation learning[J]. Proceedings of the IEEE, 2021, 109(5): 612-634.

[38] Xu M D, Liu Z X, Huang P D, et al. Trustworthy reinforcement learning against intrinsic vulnerabilities: Robustness, safety, and generalizability[J/OL]. 2022: arXiv: 2209.08025. https://arxiv.org/abs/2209.08025.pdf. [2023-12-01].

[39] Huang Y K, Qiao X Q, Ren P, et al. A lightweight collaborative deep neural network for the mobile web in edge cloud[J]. IEEE Transactions on Mobile Computing, 2022, 21(7): 2289-2305.

[40] Bonawitz K, Eichner H, Grieskamp W, et al. Towards federated learning at scale: System design[J]. Proceedings of Machine Learning and Systems, 2019, 1: 374-388.

[41] Chen L, Lu K, Rajeswaran A, et al. Decision Transformer: Reinforcement learning via sequence modeling[J]. Advances in Neural Information Processing Systems, 2021, 34: 1-21.

[42] Meng L H, Wen M N, Yang Y D, et al. Offline pre-trained multi-agent decision Transformer: One big sequence model tackles all SMAC tasks[J/OL]. 2022: arXiv: 2112.02845. https://arxiv.org/abs/2112.02845.pdf. [2023-12-01].

[43] Zheng Q Q, Zhang A, Grover A. Online decision Transformer[J/OL]. 2022: arXiv: 2202.05607. https://arxiv.org/abs/2202.05607.pdf. [2023-12-01].

[44] Yin Q Y, Zhao M J, Ni W C, et al. Intelligent decision making technology and challenge of wargame[J]. Acta Automatica Sinica, 2021, 47: 1-15.

[45] Cheng K, Chen G, Yu X, et al. Knowledge traction and data-driven wargame AI design and key technologies[J]. Systems Engineering and Electronics, 2021, 43(10): 2911-2917.

[46] Pu Z, Yi J, Liu Z, et al. Knowledge-based and data-driven integrating methodologies for collective intelligence decision making: A survey[J]. Acta Automatica Sinica, 2022, 48(3): 1-17.

[47] Campbell M, Hoane A J, Hsu F H. Deep blue[J]. Artificial Intelligence, 2002, 134(1-2): 57-83.

[48] Schrittwieser J, Antonoglou I, Hubert T, et al. Mastering Atari, Go, chess and shogi by planning with a learned model[J]. Nature, 2020, 588(7839): 604-609.

[49] Moravčík M, Schmid M, Burch N, et al. DeepStack: Expert-level artificial intelligence in heads-up no-limit poker[J]. Science, 2017, 356(6337): 508-513.

[50] Brown N, Sandholm T. Superhuman AI for heads-up no-limit poker: Libratus beats top professionals[J]. Science, 2018, 359(6374): 418-424.

[51] Brown N, Sandholm T. Superhuman AI for multiplayer poker[J]. Science, 2019, 365(6456): 885-890.

[52] Tan G Y, He Y Y, Xu H H, et al. Winning rate prediction model based on Monte Carlo tree search for computer Dou dizhu[J]. IEEE Transactions on Games, 2021, 13(2): 123-137.

[53] Jiang Q Q, Li K Z, Du B Y, et al. DeltaDou: Expert-level doudizhu AI through self-play[C]. Proceedings of the 28th International Joint Conference on Artificial Intelligence, Macao, 2019: 1265-1271.

[54] Zha D C, Xie J R, Ma W Y, et al. DouZero: Mastering DouDizhu with self-play deep reinforcement learning[J/OL]. 2021: arXiv: 2106.06135. https://arxiv.org/abs/2106.06135.pdf. [2023-12-01].

[55] Li S, Chen Z, Zheng L, et al. Research on the equal card force competition system of competitive two against one game[J]. CAAI Transactions on Intelligent Systems, 2021, 16(3): 466-473.

[56] Li J J, Koyamada S, Ye Q W, et al. Suphx: Mastering Mahjong with deep reinforcement learning[J/OL]. 2020: arXiv: 2003.13590. https://arxiv.org/abs/2003.13590.pdf. [2023-12-01].

[57] Fu H, Liu W, Wu S, et al. Actor-critic policy optimization in a large-scale imperfect-information game[C]. International Conference on Learning Representations, Virtual, 2021: 345-352.

[58] Wang Y, Qiao J, Liang K, et al. Research on mahjong game based on prior knowledge and Monte Carlo simulation[J]. CAAI Transactions on Intelligent Systems, 2021, 17(1): 1-10.

[59] Tian Y, Gong Q, Jiang Y. Joint policy search for multi-agent collaboration with imperfect information[C]. Proceedings of the 33rd International Conference on Neural Information Processing Systems, Vancouver, 2020: 19931-19942.

[60] Sonzogni S. Depth-limited approaches in adversarial team games[D]. Milano: Politecnico Di Milano, 2020.

[61] Derin D. Strategy refinement in adversarial team games[D]. Milano: Politecnico Di Milano, 2022.

[62] Basilico N, Celli A, de Nittis G, et al. Computing the team-maxmin equilibrium in single-team single-adversary team games[J]. Intelligenza Artificiale, 2017, 11(1): 67-79.

[63] Farina G, Celli A, Gatti N, et al. Connecting optimal ex-ante collusion in teams to extensive-

form correlation: Faster algorithms and positive complexity results[J/OL]. 2021: arXiv: 3164. 03173. https://arxiv.org/abs/2164.03173. [2023-12-01].

[64] Zhang B H, Farina G, Sandholm T. Team belief DAG form: A concise representation for team-correlated game-theoretic decision making[C]. ICLR Workshop on Gamification and Multiagent Solutions, Virtual, 2022: 40996-41018.

[65] Carminati L, Cacciamani F, Ciccone M, et al. Public information representation for adversarial team games[J/OL]. 2022: arXiv: 2201.10377. https://arxiv.org/abs/2201.10377.pdf. [2023-12-01].

[66] Carminati L, Cacciamani F, Ciccone M, et al. A marriage between adversarial team games and 2-player games: Enabling abstractions, no-regret learning, and subgame solving[C]. International Conference on Machine Learning, Faridabad, 2022: 2638-2657.

[67] Paquette P, Lu Y C, Bocco S, et al. No press diplomacy: Modeling multi-agent gameplay[J/OL]. 2019: arXiv: 1909.02128. https://arxiv.org/abs/1909.02128.pdf. [2023-12-01].

[68] Gray J, Lerer A, Bakhtin A, et al. Human-level performance in No-press diplomacy via equilibrium search[J/OL]. 2020: arXiv: 2010.02923. https://arxiv.org/abs/2010.02923.pdf. [2023-12-01].

[69] Anthony T, Eccles T, Tacchetti A, et al. Learning to play no-press diplomacy with best response policy iteration[J/OL]. 2020: arXiv: 2006.04635. https://arxiv.org/abs/2006.04635.pdf. [2023-12-01].

[70] Jacob A P, Wu D J, Farina G, et al. Modeling strong and human-like gameplay with KL-regularized search[C]. International Conference on Machine Learning, Guilin, 2022: 9695-9728.

[71] Gemp I, Savani R, Lanctot M, et al. Sample-based approximation of Nash in large many-player games via gradient descent[C]. Proceedings of the 21st International Conference on Autonomous Agents and Multiagent Systems, Auckland, 2022: 507-515.

[72] Marris L, Muller P, Lanctot M, et al. Multi-agent training beyond zero-sum with correlated equilibrium meta-solvers[C]. International Conference on Machine Learning, Virtual, 2021: 7480-7491.

[73] Hu H, Foerster J N. Simplified action decoder for deep multi-agent reinforcement learning[C]. The 8th International Conference on Learning Representations, New Orleans, 2020: 1-18.

[74] Lerer A, Hu H, Foerster J, et al. Improving policies via search in cooperative partially observable games[C]. Proceedings of the AAAI Conference on Artificial Intelligence, New York, 2020, 34(5): 7187-7194.

[75] Nekoei H, Badrinaaraayanan A, Courville A, et al. Continuous coordination as a realistic scenario for lifelong learning[C]. International Conference on Machine Learning, Virtual, 2021:

8016-8024.

[76] Hu H, Lerer A, Cui B, et al. Off-belief learning[C]. International Conference on Machine Learning, Virtual, 2021: 4369-4379.

[77] Siu H C, Pena J D, Chang K C, et al. Evaluation of human-AI teams for learned and rule-based agents in hanabi[J/OL]. 2021: arXiv: 2107.07630. https://arxiv.org/abs/2107.07630.pdf. [2023-12-01].

[78] Modi P J, Shen W M, Tambe M, et al. An asynchronous complete method for distributed constraint optimization[C]. Proceedings of the 2nd International Joint Conference on Autonomous Agents and Multiagent Systems, New York, 2003: 161-168.

[79] Maheswaran R T, Pearce J P, Tambe M. Distributed algorithms for DCOP: A graphical-game-based approach[C]. PDCS, Strasbourg, 2004: 432-439.

[80] Yeoh W, Felner A, Koenig S. BnB-ADOPT: An asynchronous branch-and-bound DCOP algorithm[J]. Journal of Artificial Intelligence Research, 2010, 38: 85-133.

[81] Yeoh W, Varakantham P, Sun X X, et al. Incremental DCOP search algorithms for solving dynamic DCOP problems[C]. IEEE/WIC/ACM International Conference on Web Intelligence and Intelligent Agent Technology, Singapore, 2016: 257-264.

[82] Yolcu E, Póczos B. Learning local search heuristics for boolean satisfiability[J]. Advances in Neural Information Processing Systems, 2019, 32: 1-12.

[83] Oliehoek F A, Amato C. A Concise Introduction to Decentralized POMDPs[M]. Berlin: Springer, 2016.

[84] Bernstein D S, Givan R, Immerman N, et al. The complexity of decentralized control of Markov decision processes[J]. Mathematics of Operations Research, 2002, 27(4): 819-840.

[85] 陈少飞. 无人机集群系统侦察监视任务规划方法[D]. 长沙：国防科技大学, 2016.

[86] Spark A. Apache Spark[J]. Retrieved January, 2018, 17(1): 2018.

[87] Abadi M, Barham P, Chen J, et al. TensorFlow: A system for large-Scale machine learning[C]. The 12th USENIX Symposium on Operating Systems Design and Implementation, Savannah, 2016: 265-283.

[88] Paszke A, Gross S, Massa F, et al. PyTorch: An imperative style, high-performance deep learning library[J]. Advances in Neural Information Processing Systems, 2019, 32: 1-21.

[89] Stone P, Veloso M. Multiagent systems: A survey from a machine learning perspective[J]. Autonomous Robots, 2000, 8(3): 345-383.

[90] Shoham Y, Powers R, Grenager T. Multi-agent reinforcement learning: A critical survey[R]. Palo Alto: Stanford University, 2003.

[91] Shoham Y, Powers R, Grenager T. If multi-agent learning is the answer, what is the question?[J]. Artificial Intelligence, 2007, 171(7): 365-377.

[92] Stone P. Multiagent learning is not the answer. It is the question[J]. Artificial Intelligence, 2007, 171(7): 402-405.

[93] Hoen P J, Tuyls K, Panait L, et al. An Overview of Cooperative and Competitive Multiagent Learning[M]//Tuyls K, Hoen P J, Verbeeck K, et al. Learning and Adaption in Multi-Agent Systems. Berlin: Springer, 2006: 1-46.

[94] Panait L, Luke S A. Cooperative multi-agent learning: The state of the art[J]. Autonomous Agents and Multi-Agent Systems, 2005, 11(3): 387-434.

[95] Busoniu L, Babuska R, de Schutter B. A comprehensive survey of multiagent reinforcement learning[J]. IEEE Transactions on Systems, Man, and Cybernetics, Part C (Applications and Reviews), 2008, 38(2): 156-172.

[96] Hernandez-Leal P, Kartal B, Taylor M E. A survey and critique of multiagent deep reinforcement learning[J]. Autonomous Agents and Multi-Agent Systems, 2019, 33(6): 750-797.

[97] Oroojlooy A, Hajinezhad D. A review of cooperative multi-agent deep reinforcement learning[J]. Applied Intelligence, 2023, 53(11): 13677-13722.

[98] Zhang K Q, Yang Z R, Başar T. Multi-agent reinforcement learning: A selective overview of theories and algorithms[M]//Handbook of Reinforcement Learning and Control. Cham: Springer International Publishing, 2021: 321-384.

[99] Gronauer S, Diepold K. Multi-agent deep reinforcement learning: A survey[J]. Artificial Intelligence Review, 2022, 55(2): 895-943.

[100] Du W, Ding S F. A survey on multi-agent deep reinforcement learning: From the perspective of challenges and applications[J]. Artificial Intelligence Review, 2021, 54(5): 3215-3238.

# 第2章　分布式人工智能数理基础

## 2.1　图与网络基础

对于多智能体系统，智能体之间的关系可以使用图理论来建模。通常将每个智能体对应一个节点，智能体与智能体之间的连接表示成一条边。

### 2.1.1　图

对于有向图$G=(V,E)$，其中$V=1,2,\cdots,n$表示节点，$E\subset V\times V$表示边的集合。对于任意图，其边数$l$满足$l\in\{1,2,\cdots,n(n-1)/2\}$，对于顶点$i$的邻域可表示为$N_i(E)=\{j\in V\mid(i,j)\in E\}$。如果$l=n(n-1)/2$，则图$G$为完全图。对于图$G$的邻接矩阵$A=\left[a_{ij}\right]\in\mathbf{R}^{n\times n}$，其各元素定义如下：

$$a_{ij}=\begin{cases}1, & (i,j)\in E\\ 0, & \text{其他}\end{cases}$$

其中，$a_{ij}=a_{ji}$、$i\neq j$且$a_{ii}=0$。图拉普拉斯矩阵$\mathcal{L}=\left[l_{ij}\right]\in\mathbf{R}^{n\times n}$定义为

$$l_{ii}=\sum_{j=1}^{n}a_{ij}\quad 且\quad l_{ij}=-a_{ij},\quad i\neq j$$

图拉普拉斯矩阵是对称矩阵，满足：

$$\sum_{j=1}^{n}l_{ij}=0,\quad i=1,2,\cdots,n$$

图拉普拉斯矩阵是一个半正定矩阵，矩阵特征值满足$\lambda_1\leqslant\lambda_2\leqslant\cdots\leqslant\lambda_n$，$\lambda_1=0$，$\lambda_2\geqslant 0$，$\lambda_1$的特征向量满足$l_{1n}=0$。

### 2.1.2　网络

图$G=\{V,E,W\}$表示一个加权网络，其中$V=\{v_1,v_2,\cdots,v_n\}$表示节点的集合，$E=\{e_1,e_2,\cdots,e_m\}$表示边的集合，$W$表示有向加权网络的权值矩阵，边$\langle v_i,v_j\rangle$的权值记为$w_{ij}$。

在复杂网络中，中心性是衡量节点重要性的有力工具。度中心性(degree centrality, DC)、加权接近度中心性(weight closeness centrality, WCC)、加权介数中心性(weight betweenness centrality, WBC)和特征向量中心性(eigenvector centrality, EC)的几个节点中心性度量定义如下。

度中心性：网络中某个节点$i$的度中心性定义为与该节点相连接的其他节点的数目，即该节点的邻居节点数。度中心性的计算公式为

$$C_{\mathrm{D}}(i)=\sum_{j=1}^{n}A_{ij}$$

加权接近度中心性：在有向加权网络中，节点$i$的加权接近度中心性定义为

$$C_{\mathrm{WC}}(i)=\left[\sum_{j=1}^{N}d_{ij}\right]^{-1}$$

其中，$d_{ij}$为节点$\left(v_i,v_j\right)$之间的加权距离。

加权介数中心性：有向加权网络中，节点$i$的加权介数中心性定义为

$$C_{\mathrm{WB}}(i)=\frac{\sum\limits_{m=0}^{g_{st,i}}H_{st,i,m}}{\sum\limits_{r=0}^{n_{st,i}}H_{st,r}}$$

其中，$H_{st,i,m}$表示经过节点$i$、节点$s$和$t$之间第$m$条最短路径上的权值之和；$H_{st,r}$表示节点$s$和$t$之间第$r$条最短路径的权值之和；$g_{st,i}$表示节点$s$和$t$之间通过节点$i$的最短路径数；$n_{st,i}$表示节点$s$和$t$之间通过点$i$的最短路径数。

特征向量中心性：在有向加权网络中，节点$i$的特征向量中心性定义为

$$\mathrm{EC}(i)=y_i=\mu\sum_{j=1}^{n}a_{ij}y_j,\quad i=1,2,\cdots,n$$

其中，$\mu$为比例常数；$y_i$与连接到节点$i$的所有节点的相似性得分之和成比例。

### 2.1.3　典型模型

一些常用于刻画多智能体交互结构的典型图如下。

(1)完全图(complete graph)：任意两个节点之间都有一条边的图。

(2) 环状图(cycle graph)：由一条闭合的环路连接所有节点的图。

(3) 星状图(star graph)：由一个中心节点和若干叶子节点连接构成的图。

(4) 正则图(regular graph)：各个节点的度均相等的图。

(5) 二分图(bi-partite graph)：若图的节点集可以划分为两个非空子集，使得图中任一条边的两个端点分别在两个子集中，则该图称为二分图；若两个非空子集中的任意节点均与另一个子集中的某节点相连，则称该二分图为完全二分图。

典型的复杂网络模型主要有：①Erdos Renyi 随机网络模型；②Watts-Strogatz 小世界网络和 Newman-Watts 小世界网络；③Barabasi-Albert 无标度模型，对应网络的度分布是幂律指数为 3 的幂律形式，是指任意幂律指数无标度网络；④指数随机图模型(exponential random graph model)，常用于刻画网络结构时变的复杂社会网络；⑤自适应网络(adaptive network)、空间网络(spatial network)、时序网络(temporal network)、网络的网络(networks of network)等模型。

## 2.2　信息论与隐私计算

### 2.2.1　信息论

1. 信息熵

物理学中熵是混乱程度的量度，系统越有序，熵越低；系统越无序，熵越高。1948 年香农提出了信息学上信息熵的概念，用于度量接收的每条消息中包含信息的平均量，又称信源熵、平均自信息量。信息越不确定，信息熵越大。假定当前样本集合 $D$ 中第 $k$ 类样本的比例为 $p_k\left(k=1,2,\cdots,|y|\right)$，则 $p_k=\dfrac{C_k}{C_D}$，$C_k$ 是按目标值分类后第 $k$ 类样本的数量，$C_D$ 为样本集合 $D$ 的总数量。样本集合 $D$ 的信息熵定义为

$$H(D)=\mathrm{Ent}(D)=-\sum_{k=1}^{n}\frac{C_k}{C_D}\log_2\frac{C_k}{C_D}=-\sum_{k=1}^{n}p\left(x_k\right)\ln p\left(x_k\right) \tag{2.1}$$

其中，$\mathrm{Ent}(D)$ 的值越小，则样本集合的纯度越高。

2. 条件熵

条件熵表示在 $X$ 给定的条件下，$Y$ 的条件概率分布的熵对 $X$ 的期望。

特征 $a$ 在给定条件下 $D$ 的信息条件熵 $\mathrm{Ent}(D|a)$ 为

$$
\begin{aligned}
\operatorname{Ent}(D \mid a) &= \sum_{k=1}^{n} \frac{C_{D_a^k}}{C_D} \operatorname{Ent}\left(D_a^k\right) \\
&= \sum_{k=1}^{n} \frac{C_{D_a^k}}{C_D} \left( -\sum_{i=1}^{m} \frac{C_{D_a^k}^i}{C_{D_a^k}} \log_2 \frac{C_{D_a^k}^i}{C_{D_a^k}^k} \right) \\
&= -\sum_{k=1}^{n} \frac{C_{D_a^k}}{C_D} \left( \sum_{i=1}^{m} \frac{C_{D_a^k}^i}{C_{D_a^k}} \log_2 \frac{C_{D_a^k}^i}{C_{D_a^k}} \right)
\end{aligned}
\tag{2.2}
$$

其中，$n$ 表示按条件 $a$ 的分类后的一级类数量；$C_{D_a^k}$ 表示集合 $D$ 在条件 $a$ 的分类条件下，一级类 $k$ 中包含的样本数量；$C_D$ 为样本集合 $D$ 的总数量；$m$ 表示在条件 $a$ 的分类条件下，一级类 $k$ 中包含的二级类数量；$C_{D_a^k}^i$ 表示在条件 $a$ 的分类条件下，一级类 $k$ 所包含的二级类 $i$ 中所包含的样品数量，即在条件 $a$ 的分类下，分出 $a_1, a_2, \cdots, a_k, \cdots, a_n$ 组，先分别求出这 $n$ 组各自的信息熵，然后加权平均得到总的信息熵。

3. 交叉熵

交叉熵可以衡量在给定的真实分布下，使用非真实分布所指定的策略消除系统的不确定性所需要付出的努力的大小。交叉熵用分布 $q$ 来表示分布 $p$ 的平均编码长度。

有关于样本集的两个概率分布 $p(x)$ 和 $q(x)$，其中 $p(x)$ 为真实分布，$q(x)$ 为非真实分布。

如果用真实分布 $p(x)$ 来衡量识别一个样本所需要编码长度的期望值 $H(p)$（此期望值即平均编码长度），则

$$
H(p) = \sum_x \left( p(x) \ln \frac{1}{p(x)} \right) = -\sum_x p(x) \ln p(x) \tag{2.3}
$$

如果使用非真实分布 $q(x)$ 表示来自真实分布 $p(x)$ 的平均编码长度，则

$$
H(p,q) = \sum_x \left( p(x) \ln \frac{1}{q(x)} \right) = -\sum_x p(x) \ln q(x) \tag{2.4}
$$

因为用 $q(x)$ 编码的样本来自非真实分布 $q(x)$，所以 $H(p,q)$ 中的概率是 $q(x)$，此时就将 $H(p,q)$ 称为交叉熵。

4. KL 散度

KL(Kullback-Leibler)散度也称为相对熵或信息增益，是两个概率分布 $P$ 和 $Q$ 差别的非对称性的度量。

KL 散度的性质如下：

(1) KL 散度是非负的，当且仅当 $p=q$ 时，KL 散度 $D_{\mathrm{KL}}=0$，即 $P$ 和 $Q$ 在离散型变量的情况下是相同的分布，或者在连续型变量的情况下是几乎处处相同的。

(2) KL 散度不是真的距离；KL 散度(相对熵、信息增益)可以用来衡量两个概率分布之间的差异。

(3) KL 散度是指用分布 $q$ 来表示分布 $p$ 额外需要的编码长度。KL 散度并不满足距离的概念，因为 KL 散度不是对称的且不满足三角不等式。在信息论中，KL 散度等价于两个概率分布的信息熵的差值。

设 $p(x)$、$q(x)$ 是离散随机变量 $x$ 中取值的两个概率分布，$p(x)$ 通常表示数据、观察结果或测量的概率分布，$q(x)$ 表示理论结果，则 $p(x)$ 对 $q(x)$ 的 KL 散度(相对熵)是

$$
\begin{aligned}
D_{\mathrm{KL}}(p \mid q) &= E_{p(x)}\left(\ln \frac{p(x)}{q(x)}\right) \\
&= E_{p(x)}(\ln p(x) - \ln q(x)) \\
&= \sum_{x}(p(x)\ln p(x) - p(x)\ln q(x))
\end{aligned} \tag{2.5}
$$

相对熵 = 交叉熵 − 信息熵，即

$$
D_{\mathrm{KL}}(p \mid q) = H(p,q) - H(p) \Leftrightarrow H(p,q) = H(p) + D_{\mathrm{KL}}(p \mid q) \tag{2.6}
$$

5. JS 散度

JS(Jensen-Shannon)散度又称 JS 距离，是 KL 散度的一种变形。JS 散度用于度量两个概率分布的相似度，基于 KL 散度的变体，解决了 KL 散度的非对称问题。一般地，JS 散度是对称的，其取值是 0～1，定义如下：

$$
D_{\mathrm{JS}}(P_1 \mid P_2) = \frac{1}{2} D_{\mathrm{KL}}\left(P_1 \middle| \frac{P_1+P_2}{2}\right) + \frac{1}{2} D_{\mathrm{KL}}\left(P_2 \middle| \frac{P_1+P_2}{2}\right) \tag{2.7}
$$

JS 散度不同于 KL 散度主要有两方面：

(1) 值域范围，JS 散度的值域范围是[0,1]，相同为 0，相反则为 1。

(2) 对称性，即 $D_{\mathrm{JS}}(P_1 \mid P_2) = D_{\mathrm{JS}}(P_2 \mid P_1)$。

6. $f$ 散度

在概率统计中，$f$ 散度是一个函数，这个函数用来衡量两个概率密度 $p$ 和 $q$ 的区别，也就是衡量这两个分布的相同性或者不同性。$p$ 和 $q$ 是同一个空间中的两个概率密度函数，它们之间的 $f$ 散度可以用如下方程表示，即

$$D_f\left(p\,|\,q\right)=\int_x q(x)f\left(\frac{p(x)}{q(x)}\right)\mathrm{d}x \tag{2.8}$$

### 2.2.2　隐私计算

隐私计算是指在保证数据提供方不泄露原始数据的前提下，对数据进行分析计算的一系列技术，保障数据在流通和融合过程中可用不可见。广义的隐私计算是指以保护数据隐私的同时实现计算任务为目的，所使用一系列广泛的技术的统称，使得在多方协作计算过程中，数据可用不可见、价值可流通、可度量、可保护、可管理[1]。隐私计算技术实现需要依赖可信执行环境、秘密共享、同态加密、差分隐私等保证。

1. 同态加密

自 1978 年被提出以来，同态加密一直被誉为密码学的圣杯。其本质是指加密的密文可以在不需要密钥方参与的情况下，支持各类代数运算。通过同态加密的数据可以发送给云服务提供商或其他隐私计算参与方而不用担心信息泄露，十分适合用于分布式云计算平台。同态加密是一类非对称公钥加密方案，公钥可以分发给其他人，私钥用于解密以获得原始数据。

同态加密方案由 KeyGen、Encrpyt、Decrypt 和 Evaluate 共四个函数构成：

KeyGen$(\lambda)\to(\mathrm{pk},\mathrm{sk})$ 为密钥生成函数，在给定加密参数 $\lambda$ 后，生成公钥、私钥对(pk, sk)。

Encrpyt$(\mathrm{pt},\mathrm{pk})\to\mathrm{ct}$ 为加密函数，使用给定公钥 pk 将目标明文数据 pt 加密成密文 ct。

Decrypt$(\mathrm{sk},\mathrm{ct})\to\mathrm{pt}$ 为解密函数，使用综合密钥 sk 将目标密文数据 ct 解密成明文 pt。

Evaluate$(\mathrm{pk},\pi,\mathrm{ct}_1,\mathrm{ct}_2,\cdots)\to(\mathrm{ct}_1',\mathrm{ct}_2',\cdots)$ 为求值函数，给定公钥 pk 与准备在密文上进行的运算函数 $\pi$，求值将一系列的密文输入 $(\mathrm{ct}_1,\mathrm{ct}_2,\cdots)$ 转化为密文输出 $(\mathrm{ct}_1',\mathrm{ct}_2',\cdots)$。

根据同态加密算法所支持的同态操作类型和次数，现有同态加密方案可分为

部分同态、近似同态、层级同态和全同态四种方案。2009 年，Gentry 提出了第一个切实可行的全同态加密方案[2]。

2. 差分隐私

差分隐私与密码学中的隐私定义不同，密码学方法保证的是计算过程的隐私性，即难解性，而差分隐私保证的是计算结果的隐私性，依赖随机性；强调的是提供有意义的整体数据统计量的同时，通过随机性保护个体数据的隐私，即保护的是个体数据的隐私，而非群体数据的隐私。

一个受信任的数据监管方 $C$，拥有一组数据 $X = X_1, X_2, \cdots, X_n$。该数据监管方的目标是给出一个随机算法 $A(D)(D \subseteq X)$，描述数据子集 $D$ 的某种指定信息，同时 $A(D)$ 保证所有个体的隐私。

## 2.3　智能决策与优化

马尔可夫决策过程为解决不确定性环境下的学习和规划问题提供了坚实的数学基础和统一的理论框架。

### 2.3.1　马尔可夫决策过程

马尔可夫决策过程可以定义为一个四元组 $(S, A, P, R)$，其中 $S$ 为包含所有状态的有限集合；$A$ 为智能体的所有动作集合；$P$ 为转移函数，$P(s'|s,a) \to [0,1]$ 表示在状态 $s$ 下执行动作 $a$ 转移到状态 $s'$ 的概率；$R$ 是奖励函数，$R(s'|s,a) \in \mathbf{R}$ 表示在状态 $s$ 下执行动作 $a$ 转移到状态 $s'$ 所获得的奖励。

有限状态空间和动作空间的大小分别为 $|S| = K$ 和 $|A| = N$，因此可以使用 $\{s_1, s_2, \cdots, s_K\}$ 表示有限状态集合，$\{a_1, a_2, \cdots, a_N\}$ 表示有限动作集合。状态空间和动作空间可以是离散的也可以是连续的，本节主要考虑具有离散状态空间和动作空间的 MDP 问题。

马尔可夫决策过程中状态的转移只和当前状态及在当前状态上执行的动作有关，即

$$P(s'|s_t, a_t, s_{t-1}, a_{t-1}, \cdots) = P(s'|s_t, a_t) \tag{2.9}$$

这是 MDP 模型和其他更一般的模型之间最典型的区别。奖励函数定义了问题学习的目标，即最大化收到的总奖励，是 MDP 中最重要的部分。

一个 MDP 策略可以看作一个映射，就是状态空间中的每个状态到动作空间上的动作的选择概率之间的映射。广义的 MDP 策略是随机性策略，即在同一状

态下，策略 $\pi$ 会根据一定的概率分布选择不同的动作，$\pi(a|s)$ 给出了在状态 $s$ 下执行动作 $a$ 的概率，表示为 $\pi: S \times A \to [0,1]$。确定性 MDP 策略也是状态空间到动作空间的映射，表示为 $\pi: S \to A$。确定性策略在状态 $s$ 下，根据策略 $\pi(s)$ 给出要执行的动作。

在智能体与环境的交互过程中，给定策略 $\pi$ 和环境状态 $s_0$，智能体根据策略 $\pi$ 选择动作 $a_0$，即 $\pi(s_0) = a_0$。动作 $a_0$ 被执行之后，根据转移函数和奖励函数，环境状态转移到 $s_1$，并获得立即奖励 $r_0$。智能体不断与环境交互，将产生以下序列，即 $s_0, a_0, r_0, s_1, a_1, r_1, \cdots$。

在无限规划时限的情况下，策略 $\pi$ 在状态 $s$ 下的期望累积奖励为策略 $\pi$ 的值函数，记为 $V^\pi(s)$，则

$$V^\pi(s) = E_\pi\left\{\sum_{k=0}^{\infty} \gamma^t r_{t+k} \mid s_t = s\right\} \tag{2.10}$$

MDP 模型关于确定性策略 $\pi$ 的值函数的贝尔曼方程为

$$V^\pi(s) = \sum_{s'} P(s' \mid s, \pi(s))\left[R(s' \mid s, \pi(s)) + \gamma V^*(s')\right] \tag{2.11}$$

类似地，$Q^\pi(s,a)$ 给出在状态 $s$ 下执行动作 $a$，然后服从策略 $\pi$ 的情况下所获得的期望累积折扣奖励值，其贝尔曼方程为

$$Q^\pi(s,a) = \sum_{s' \in S} P(s'|s,a)\left(R(s,a) + \gamma V^\pi(s')\right) \tag{2.12}$$

其中，$V^\pi(s')$ 可以递归表示成 $V^\pi(s') = Q^\pi(s', \pi(s'))$。

MDP 问题的求解就是找到一个最优策略，而 MDP 的值函数是判断最优策略的一种准则，许多针对 MDP 的学习方法通过学习值函数来计算最优策略。令最优策略 $\pi^*$ 对应的值函数和状态-动作值函数分别为 $V^*$ 和 $Q^*$，那么根据贝尔曼最优等式，$V^*$ 和 $Q^*$ 满足：

$$V^*(s) = \max_{a \in A} Q^*(s,a) \tag{2.13}$$

即

$$V^*(s) = \max_{a \in A}\left\{\sum_{s' \in S} P(s' \mid s,a)\left(R(s,a) + \gamma V^*(s')\right)\right\} \tag{2.14}$$

在给定最优状态值函数 $V^*(s)$ 的情况下，可以根据以下规则选择最优动作，即

$$\pi^*(s) = \arg\max_{a \in A} V^*(s) \tag{2.15}$$

类似地，在给定最优状态-动作值函数 $Q^*$ 的情况下，最优动作选择根据以下规则进行，即

$$\pi^*(s) = \arg\max_{a \in A} Q^*(s,a) \tag{2.16}$$

这种策略称为贪婪策略。精确求解式(2.7)或者式(2.8)就可以找到 MDP 问题的最优解，但是在很多情况下，由于计算复杂度问题，精确求解往往是行不通的。

### 2.3.2　多智能体规划决策

对于集中式多智能体系统，可以建模成多智能体部分可观马尔可夫决策过程(MPOMDP)；对于分散式多智能体系统，可以建模成分散型部分可观马尔可夫决策过程(Dec-POMDP)[3]。

MPOMDP 问题可以简化成一个 POMDP 问题 $\langle S, A, O, T, \Omega, r \rangle$，由中心控制器执行联合动作并获得联合观测[4]，其中：

$S$ 为状态集合。一个状态定义为 $s = \left[ v, \left( s_R^1, s_R^2, \cdots, s_R^N \right), \left( s_I^1, s_I^2, \cdots, s_I^N \right) \right] \in S$，其中 $v$ 为智能体的当前位置集合，$s_R^n \in R^n$（$R^n$ 为威胁状态集合）和 $s_I^n \in I^n$（$I^n$ 为信息状态集合）为顶点 $v_n \in V$ 的威胁和信息状态。记 $s_e = \left[ \left( s_R^1, s_R^2, \cdots, s_R^N \right), \left( s_I^1, s_I^2, \cdots, s_I^N \right) \right] \in S_e$ 为环境中每个位置的信息和威胁状态。

$A$ 为联合动作集合。智能体选择各自相邻顶点进行访问作为一个联合动作。

$O$ 为联合观测集合。对于智能体当前位置及其位置的信息和威胁状态，定义为一个联合观测，$o = \left\{ v, \left\{ o^i, \forall v_i \in v \right\} \right\} \in O$，其中 $o^i = \left( s_R^i, s_I^i \right)$ 为智能体 $i$ 获得的观测。

$T$ 为状态转移概率的集合。假设位置状态的转移为确定性的且由智能体的联合动作的目的地确定。$s_e$ 按照一个包括 $\prod_{n=1}^{N} K_R^n K_I^n$（$K$ 为 $R^n$ 和 $I^n$ 的大小）个状态的离散时间马尔可夫链进行转换。

$\Omega$ 为观测概率集合。由于问题中一个观测确切为某些状态的局部，从而若 $o$ 与某个状态一致，则观测概率 $\Omega(o \mid s', a) = 1$，反之 $\Omega(o \mid s', a) = 0$。

$r: A \times O \to R$ 为奖励函数。$r(a, o)$ 为执行联合动作并获得观测时的奖励值：

$$r(a,o)=\sum_{v_i\in v}\left(\alpha\frac{1}{n_{v_i}}f^i\left(s_I^i\right)-(1-\alpha)c^i\left(s_R^i\right)\right)$$

其中，$n_{v_i}$ 为同时访问顶点 $v_i$ 的智能体个数；$c$ 为代价；$\alpha$为权值系数。

不确定条件下多智能体分散式序贯决策制定问题可以采用 Dec-POMDP 进行建模，该模型可以描述环境以及其他智能体相关信息的不完整性或局部性。由于 Dec-POMDP 问题的高度复杂性，使其很难扩展并应用于大规模智能体问题中[5]。对于一组弱耦合的智能体在不确定性环境下的决策过程，由于其具有稀疏交互性质，可以采用变换依赖部分可观马尔可夫决策过程(transition-dependent POMDP, TD-POMDP)模型对状态空间、动作空间和观测空间进行一定程度的解耦[6]，并通过解耦后的局部状态之间和局部观测之间的变换依赖关系以及奖励值依赖关系来保持智能体之间的弱耦合性质，从而实现将 Dec-POMDP 模型分解成由弱耦合的大量局部 POMDP 模型构成的集合，这些局部 POMDP 模型之间通过变换依赖关系实现相互影响。TD-POMDP 模型可以表达为元组$\left\langle M,\{S_m\},\{A_m\},\{O_m\},\{\Omega_m\},\{r_m\},\{\bar{m}_m\},\{T_m^U\},\{T_m^L\},T\right\rangle$，其中：

$M=\left\{A_1,A_2,\cdots,A_{|M|}\right\}$ 为智能体的集合。$|M|=1$ 的 TD-POMDP 等价于单智能体的 POMDP 模型。

$S_m\subseteq U_m\times L_m\times N_m$ 为智能体 $m$ 的局部状态空间，即非受控、局部可控和非局部可控特征空间的交叉乘积。

$A_m$ 为智能体 $m$ 的局部动作空间。

$O_m$ 为智能体 $m$ 的局部观测空间。

$\Omega_m:A_m\times S_m\times O_m\to[0,1]$ 为智能体 $m$ 的局部观测函数。

$r_m:S_m\times A_m\to\mathbf{R}$ 为智能体 $m$ 的局部奖励值函数。从而，所有智能体的局部回报值组合得到智能体团队的奖励值 $r(s,a)=\sum_{m=1}^{|M|}r\left(s_m,a_m\right)$。

$\bar{m}_m$ 为智能体 $m$ 的共同模式特征，其中每个特征至少与一个其他智能体相关。这种共同模式特征使得 TD-POMDP 具有模式依赖的性质。

$T_m^U:U_m\times U_m\to[0,1]$ 为非受控特征的转移函数。

$T_m^L:S_m\times A_m\times L_m\to[0,1]$ 为局部可控特征的转移函数。

$T$ 为规划的时间长度。

### 2.3.3　网络化分布式优化

网络化多智能体系统中的智能体具备学习能力，可以感知网络环境，智能体之间可以相互交换信息，根据自身所处的状态及获取的信息及时调整自己的决策。网络化多智能体系统是技术实现的主体，分布式优化方法是技术实现的途径。相比集中式优化算法，分布式优化算法的鲁棒性更强。

在网络化分布式优化的相关研究中，优化算法的设计、收敛性证明以及收敛速率、时间复杂度、空间复杂度、通信复杂度的分析是需要关注的关键问题。设计出高效的分布式优化算法以及对其收敛性和收敛速率进行分析是优化理论研究中的重要任务。优化问题的全局代价函数一般定义为各个智能体的局部代价函数之和，即

$$\min f(x) = \sum_{i=1}^{n} f_i(x)$$

其中，$f_i:\mathbf{R}^d \to \mathbf{R}$ 为智能体 $i \in \{1,2,\cdots,n\}$ 的代价函数；$x$ 为决策向量。每个智能体只能利用从邻居处获取的信息，当每个智能体的代价函数是不变的且为凸函数时，网络化分布式优化需要设计有效算法求解全局优化问题，分析收敛性和收敛速率；当每个智能体的代价函数是动态变化的且是凸函数时，网络化分布式优化需要针对时间范围 $T$，设计具有后悔值(regret)界的优化问题 $\min F(x) = \sum_{t=1}^{T}\sum_{i=1}^{n} f_i^t(x)$ 的求解方法，并分析后悔值的上界。

分布式优化问题可描述为一个由 $n$ 个智能体通过互联而形成的网络化多智能体系统，用 $G=(V,E)$ 表示，其中 $V=\{1,2,\cdots,n\}$ 表示智能体的集合，$E \subset V \times V$ 表示边的集合。分布式离线优化问题中，每个智能体的代价函数为凸函数，且整个网络的代价函数为各自局部代价函数之和。对于这类问题，Bertsekas 等[7]很早就给出了分析框架。分布式在线优化问题的整个网络的目标是最小化全局代价函数，即

$$\min F(x) = \sum_{t=1}^{T}\sum_{i=1}^{n} f_i^t(x)$$

其中，$f_i^t:\mathbf{R}^d \to \mathbf{R}$ 为智能体 $i \in \{1,2,\cdots,n\}$ 在 $t \in \{1,2,\cdots,T\}$ 轮的局部代价函数；$T$ 为时域范围，每个智能体只知道自己的代价函数且是随时间动态变化的，并且智能体只能在 $t$ 轮开始后才知道此变化。

近年来，在线优化问题有着与现实情境更加贴合的设置，使得在线凸优化方法的相关研究[8]吸引了大批研究者，特别是在与博弈论结合紧密的分布式无悔学习领域[9]围绕后悔值的上界和算法加速的相关研究。

## 2.4　多智能体博弈对抗

根据智能体之间的关系，多智能体博弈对抗问题可分为协作式团队博弈、竞争式零和博弈和混合式一般和博弈，其中协作式团队博弈追求最大化团队收益、通过协同合作来实现目标；竞争式零和博弈追求最大化自身收益，通常采用纳什均衡策略；混合式一般和博弈既有合作又有竞争，即组内协作、组间对抗。多智能体博弈对抗问题典型场景如图 2.1 所示。

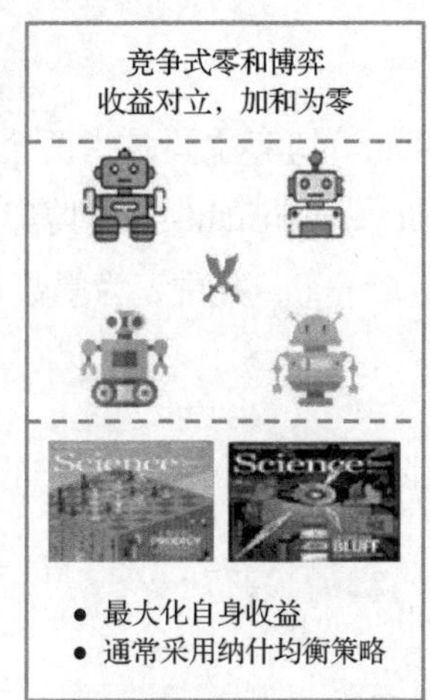

图 2.1　多智能体博弈对抗问题典型场景

### 2.4.1　协作式团队博弈

在协作式团队博弈中，智能体共享博弈目标，但由于自私性的存在，各智能体可以从不同的利益角度出发选择行动，故协作式团队博弈根据目标收益的划分方法不同，可分为三大类[10]。

1. 完全协作式博弈

完全协作式博弈可以用多智能体马尔可夫决策过程建模，假设智能体是同质的，收益是可交换的，通常假设目标是共享一致的。

2. 团队平均收益博弈

团队平均收益博弈可以用网络结构化多智能体马尔可夫决策过程(networked multi-agent MDP)建模，假设智能体有不同的收益函数，但共享目标，即 $R=\frac{1}{N}\sum_{i=1}^{N}R_i$。

3. 随机势博弈

随机势博弈中假设智能体有不同的收益函数，但所有智能体的共同利益可以采用一个势函数进行描述。这种类型的博弈有纯策略纳什均衡[11]。

### 2.4.2 竞争式零和博弈

在竞争式零和博弈中，智能体之间利益有冲突，行动表现出对抗性，其可分为三大类。

1. 两人零和/常和博弈

两人零和(two player zero-sum)博弈主要是指两个智能体的收益之和为零，即 $R^1+R^2=0$。两人常和(two player constant-sum)博弈主要是指两个智能体的收益之和为固定的常数值，即 $R^1+R^2=c$，其中 $c$ 为常数。

2. 两队零和博弈

两支队伍目标相反，每支队伍内部目标一致共享，但两支队伍收益之和为零，即 $R^1=\sum_{i\in\{1,2,\cdots,N_1\}}\frac{R^{1,i}}{N_1}$，$R^2=\sum_{j\in\{1,2,\cdots,N_2\}}\frac{R^{2,j}}{N_2}$，$R^1+R^2=0$。

3. 调和(哈密顿)博弈

正如石头-剪刀-布博弈，调和博弈也称为哈密顿博弈，可以看成一类广义的零和博弈。

### 2.4.3 混合式一般和博弈

混合式一般和博弈是一类混合型场景，其中既可能包含合作也可能包含竞争，每个智能体都是自利的，其收益可能与其他智能体有冲突，智能体之间在目标上没有约束关系，这类模型的求解通常比较困难，当前大多数多智能体学习方法无法提供收敛性保证[12]。当前围绕着这类博弈模型的研究主要聚焦于纳什均衡、相关均衡和斯塔克尔伯格(Stackelberg)均衡的求解以及基于元博弈的策略学习上。

## 2.5 本章小结

本章主要介绍了分布式人工智能数理基础，首先简要介绍了图与网络基础、信息论与隐私计算；其次围绕马尔可夫决策过程、多智能体规划决策、网络化分布式优化三个方面介绍了智能决策与优化基础理论；最后介绍了多智能体博弈对抗的三大类博弈（协作式团队博弈、竞争式零和博弈、混合式一般和博弈）的基础知识。

## 参考文献

[1] 陈凯, 杨强. 隐私计算[M]. 北京: 电子工业出版社, 2022.

[2] Gentry C. Fully homomorphic encryption using ideal lattices[C]. Proceedings of the 41st Annual ACM Symposium on Theory of Computing, New York, 2009: 169-178.

[3] Oliehoek F A, Amato C. A Concise Introduction to Decentralized POMDPs[M]. Cham: Springer International Publishing, 2016.

[4] Pynadath D V, Tambe M. The communicative multiagent team decision problem: Analyzing teamwork theories and models[J]. Journal of Artificial Intelligence Research, 2002, 16: 389-423.

[5] Bernstein D S, Givan R, Immerman N, et al. The complexity of decentralized control of Markov decision processes[J]. Mathematics of Operations Research, 2002, 27(4): 819-840.

[6] Witwicki S J. Abstracting influences for efficient multiagent coordination under uncertainty[D]. Michigan: University of Michigan, 2011.

[7] Bertsekas D, Tsitsiklis J. Parallel and Distributed Computation: Numerical Methods[M]. Massachusetts: Athena Scientific, 2015.

[8] Hazan E. Introduction to online convex optimization[J]. Foundations and Trends® in Optimization, 2016, 2(3-4): 157-325.

[9] Celli A, Marchesi A, Farina G, et al. Decentralized no-regret learning algorithms for extensive-form correlated equilibria[C]. International Joint Conference on Artificial Intelligence, Virtual, 2021: 4755-4759.

[10] Yang Y D, Wang J. An overview of multi-agent reinforcement learning from game theoretical perspective[J/OL]. 2020: arXiv: 2011.00583. https://arxiv.org/abs/2011.00583. [2023-12-01].

[11] Mguni D. Stochastic potential games[J/OL]. 2020: arXiv: 2005.13527. https://arxiv.org/abs/2005.13527. [2023-12-01].

[12] Hu J L, Wellman M P. Nash *Q*-learning for general-sum stochastic games[J]. Journal of Machine Learning Research, 2004, 4(6): 1039-1069.

# 第3章　分布式人工智能基本原理

## 3.1　分布式系统与人工智能

分布式人工智能本质上是一类去中心化的人工智能，从早期聚焦分布式问题求解与多智能体规划的相关研究，经过计算机博弈与分布式决策等领域的探索，到如今依托“数据+算法+算力”的分布式学习(机器学习、深度学习、强化学习)时代，分布式人工智能已然成为当下最为广泛研究的课题。从20世纪80年代末分布式人工智能相关著作的出版[1]，到近年来伴随着深度学习技术带来的人工智能第三次浪潮，特别是借助计算机博弈作为测试场，分布式人工智能相关技术已然取得了重大突破。从2002年开始，国际智能体及多智能体系统协会每年举办智能体与多智能体系统国际会议(AAMAS)，从2019年起，国内已经举办了三届分布式人工智能会议，为通用人工智能、多智能体系统、分布式学习和计算博弈论等领域的科研人员和从业者提供了共同的平台。

### 3.1.1　分布式系统演进

1. 分布式系统

早期分布式系统(distributed system)的形式化建模主要采用逻辑描述的方式[2]。为了刻画分布式系统，可以采用计算机领域的逻辑功能分布的概念。分布式系统是具有分散或分布式内存和处理资源的节点集，整个系统支持多进程、进程间通信、共享内存等。早期这类系统有点对点网络、过程控制系统、传感器网络和网格计算等。Steen 等[3]给出了分布式系统的层次化逻辑描述，如图3.1所示。

2. 自主系统

自主系统(autonomous system)是指可应对非程序化或预设的情景，具有一定自我管理和自我引导能力的系统，其中自主化被认为是自动化的外延，是智能化和更高能力的自动化。在系统科学和计算科学中，自主系统被定义为一个可以独立运行的组件或单元[4]。自主系统被认为是从反射式、指令式和自适应式智能发展而来的最先进的智能系统。在智能科学和计算智能中，一个层次化智能模型(hierarchical intelligence model, HIM)被引入以揭示智力水平及其复杂性和困难性[5]，如图3.2所示。根据该模型，人类和自主系统的智能水平是从反射性、指令性、自适应性，到自主性和认知性智能的聚合。

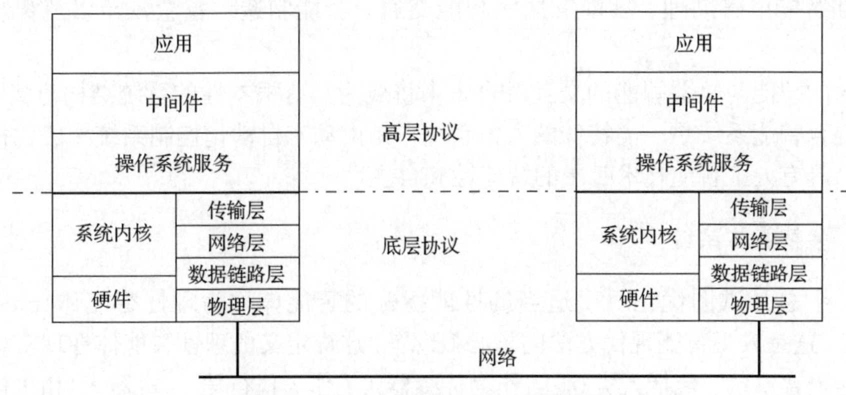


图 3.1　分布式系统的层次化逻辑描述

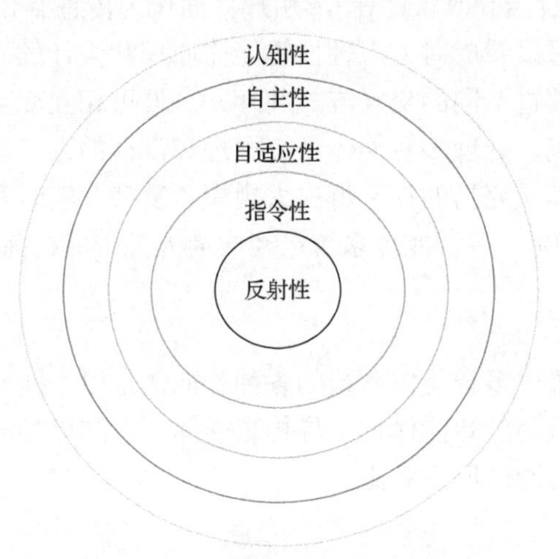


图 3.2　自主系统的层次化智能模型

3. 智能系统

智能系统(intelligent system)通常是指能产生人类智能行为的计算机系统，其中人工智能技术是智能系统的赋能器，其能够运用大量领域专家的知识与经验，并且模拟领域专家解决问题的思维过程，利用感知、学习、推理、判断，有效地处理复杂问题。智能系统具有环境适应能力，通过与环境的交互，适应环境并做出相应的反应。智能系统的相关研究可以从系统组织框架、组织原理、协同策略、进化机制与性能评价等方面展开。

智能系统主要包括智能感知、智能计算和执行等模块。近年来，学术界主要围绕信息物理系统、自主无人系统、人机协同系统、工业智能控制系统、机器人系统等展开了广泛研究[6]。同时，各式各样的智能系统，极大地改善了人们的生活，如智能语言助理、智能家居、智能交通、智能制造、智慧校园以及智慧城市等。

人的智能与机器智能的交互融合未来将成为具有根本性的系统结构范式[7]。人机混合智能系统是一类特殊的人机系统，是由动态自动化控制系统构成的机器对象，具有人工智能技术赋予的智能性和自主性。

### 3.1.2 多智能体系统

一个总是试图优化一个适当的性能指标的智能体称为理性智能体(rational agent)，这是人工智能现代方法的核心概念[8]。这样定义的理性智能体在现实生活中是相当普遍的，包括人类(眼睛作为传感器，手作为执行器)、机器人(相机作为传感器，车轮作为执行器)或软件(图形用户界面作为传感器和执行器)。从这个角度来看，人工智能可以看成对人工理性智能体原理和设计的研究。然而，智能体通常与其他智能体通过不同的交互方式共存，一群可相互交互的智能体组成的系统称为多智能体系统，处理多智能体系统原理和设计的人工智能相应子领域称为分布式人工智能，其研究目的在于解决大规模、复杂、实时和非完备信息的现实问题。经过多年的发展，多智能体系统已经成为人工智能的前沿学科和研究热点。

#### 1. 智能体设计

通常情况下，组成多智能体系统的各种智能体是以不同方式设计的。基于不同硬件或实现不同行为的智能体称为异构智能体，这与以相同方式设计并先天具有相同功能的同构智能体形成对比。

#### 2. 环境

智能体需要处理静态或动态环境(随时间变化)。大多数针对单个智能体的现有人工智能技术都是针对静态环境开发的，因为这些环境更容易处理，并且允许进行更严格的数学处理。在多智能体系统中，从每个智能体的角度来看，仅仅是多个智能体的存在就会使环境看起来是动态、非平稳的。

#### 3. 感知

在多智能体系统中，各智能体通过分布式的传感器收集信息，智能体可能观察到空间上(出现在不同的位置)、时间上(到达不同的时间)或语义上(需要不同的解释)不同的数据。智能体可以观察不同的事物，这使得世界对每个智能体来说都是部分可观察的，而部分可观察性下的多智能体的规划问题是一个挑战。传感器融合，即智能体如何最佳地结合它们的感知，以增加它们对当前状态的集体知识是多智能体系统感知面临的首要问题。

4. 控制

与单智能体系统相反，多智能体系统中的控制通常是分散的。这意味着每个智能体的决策在很大程度上取决于智能体本身。由于鲁棒性和容错性，分散控制优于集中控制。然而，并不是所有的智能体系统协议都可以轻松地分发。多智能体决策问题一般可用博弈论来建模，在共享相同利益的协作或团队多智能体系统中，分布式决策加快了异步计算速度，但也带来了需要设计协调机制的问题。

5. 知识

在单智能体系统中，通常假设智能体已知自己的行为，但不一定知道其行为如何影响世界。在多智能体系统中，每个智能体对当前世界状态的认知水平可能存在很大差异。在一个涉及两个同质智能体的团队多智能体系统中，每个智能体可能知道另一个智能体的可用动作集，两个智能体可能知道(通过通信)当前的感知，或者可以根据一些共享的先验知识推断彼此的意图。一般来说，在多智能体系统中，每个智能体在决策时还必须考虑到其他智能体的知识。

### 3.1.3 分布式人工智能

作为人工智能的一个子领域，分布式人工智能的相关研究逐渐聚焦至多智能体学习相关问题的研究。早期关于多智能体学习，学术界展开了研讨式分析。2003 年，Shoham 等[9]将多智能体强化学习需要研究的问题划分为分布式人工智能、均衡、智能体和描述性四个研究范围，为学术界展开相关研究奠定了基础。2007 年，Gordon[10]给出了多智能体学习需要的范畴；Shoham 等[11]提出如果多智能体学习是答案，那么什么是问题；Stone[12]提出了多智能体学习不是答案，而是问题；Sandholm[13]对相关工作进行了总结，特别强调了均衡学习。近年来，一些研究试图将深度学习、群体智能等耦合起来用于研究分布式人工智能[14]和可信分布式人工智能[15]。

1. 集中-分散-联网

对于分布式多智能体系统，可以采用集中、分散或联网的方式组织学习，如图 3.3 所示[16]。集中式结构存在中央控制器，可以聚合来自各个智能体的信息，如联合行动、联合奖励和联合观察，甚至为所有智能体设计策略。中央控制器和智能体之间交换的信息可以包括来自智能体的一些私有观察，以及控制器为每个智能体设计的局部策略。对于分散式结构，智能体通过时变通信网络进行连接，因此本地信息可以通过仅与每个智能体的邻居进行信息交换而跨网传播。对于联网式结构，智能体完全去中心化，彼此之间没有明确的信息交换；相反，每个智能体基于其本地观察做出决策，而不需要任何协调或数据聚合。

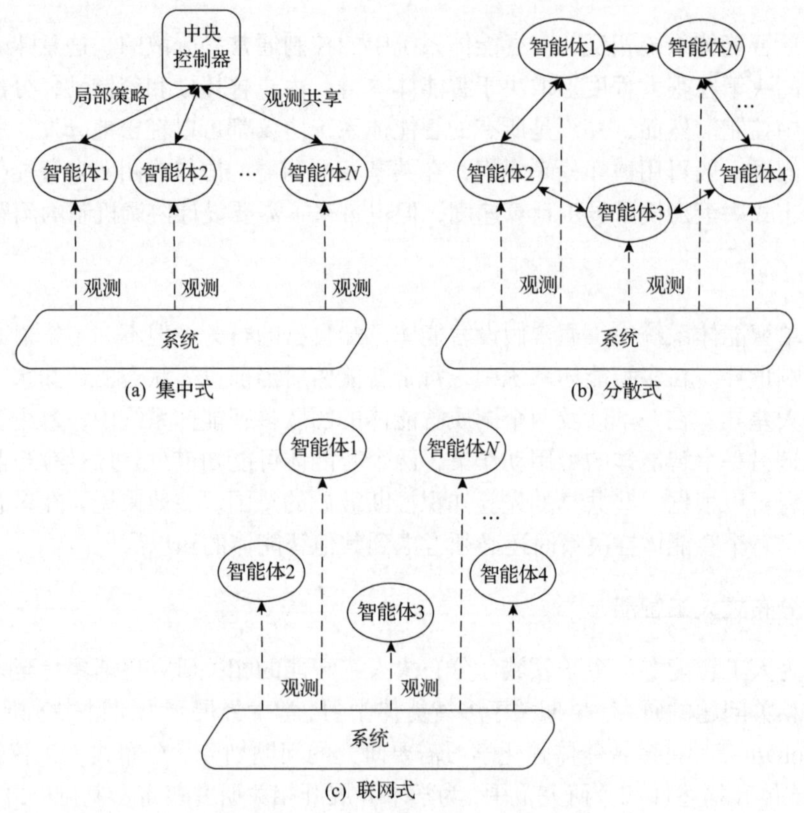


图 3.3　多智能体系统的三种信息结构

2. 合作-竞争-混合

合作环境中所有的智能体都相互协作以实现一些共享的目标。竞争环境通常被建模成零和游戏，在计算上，求解两方或多方零和博弈非常困难，即使是最简单的三人矩阵博弈，也被认为是有向图的多项式校验参数（polynomial parity arguments on directed graph, PPAD）完全的[17]。与完全合作和完全竞争的环境形成鲜明对比的是，混合环境极具挑战性，因此不太容易被理解。即使在最简单的两人一般和正则式博弈中，求解纳什均衡也是 PPAD 完全的[18]。

3. 涌现-同步-交流

对于由多个智能体构成的群体，当许多小的个体相互作用后产生了大的整体，而这个整体展现了构成它的个体所不具备的新特性的现象就是涌现（emergence），这是复杂系统的核心特征，也是复杂性科学的重要研究方向。

由多智能体构成的复杂网络系统，同步性问题一直是焦点，探索网络的同步行为，可用于研究复杂网络的演化机制和变化趋势，以备控制和利用。

智能体之间的互动通常与某种形式的交流(communication)联系在一起。通常，多智能体系统中的交流被视为双向过程，其中所有智能体都可能是消息的发送者和接收者。交流可以在合作智能体之间的协调或自利智能体之间的谈判等多种情况下使用。

## 3.2　分布式人工智能形态

### 3.2.1　群体智能

群体智能是近年来人工智能的一个重要学科领域，相关研究起源于对蚁群、蜂群等简单社会性生物群体行为的观察与模仿[19]，最早于 1989 年由 Beni 等[20]在研究细胞机器人的自组织现象问题时提出。通常认为，群体智能是由一定规模的个体通过相互协作在整个群体系统宏观层面表现出的分散、自组织的生物物体智慧，分布式、去中化的智能行为。尽管个体的智能水平极其有限，但却能够通过相互协作与分工，整体涌现出高度的集体智慧，完成高难度任务，这为复杂问题的求解提供了新视角。历经 30 多年的研究与发展，群体智能的聚焦点由最初的蚁群优化、粒子群优化等算法研究，逐步发展到集群系统智能、联网群体智能、人机物融合群体智能等相关研究。群体智能通常有两种实现机制：一种是自上而下有组织的群体智能行为，形成分层有序的组织架构；另一种为自下而上自组织群体智能涌现，使得整个群体涌现出个体不具备的新属性。在科技部启动的《科技创新 2030——“新一代人工智能”重大项目指南》中，也将群体智能列为人工智能领域的五大持续攻关方向之一。

1. 蚁群优化

蚁群相较一只蚂蚁能更有效地找到食物源与巢穴之间的最短路径。为了寻找食物，蚂蚁会从巢穴开始随机向各个方向探索，一旦其中一只蚂蚁找到了食物，就会回到巢穴并在路径上留下一种名为信息素的化学物质，其他蚂蚁检测到信息素后并遵循相同的路径来搬运食物，蚂蚁的路径访问频率与路径上的信息素浓度相关，其他觅食蚂蚁会在这些路径上留下信息素，大多数蚂蚁会沿着这些路径寻找食物，并在路径上添加信息素。这种基于信息素的间接交流机制是蚁群内部知识共享的基础，并让蚂蚁找到更好的觅食路径。

蚁群优化(ant colony optimization, ACO)算法是一类仿生学算法，是受蚂蚁觅食中使用信息素策略启发的一种群体式优化算法。Dorigo 等[21]于 1996 年提出的蚁群优化算法为元启发式研究做出了重要贡献，也为后来群体智能的相关研究给出了指引，原理如图 3.4 所示。在自然界中，蚂蚁觅食过程中，蚁群总能够寻找到一条从蚁巢到食物源的最优路径。蚁群优化算法最初的目的是找到旅行商问题中的最短路径。

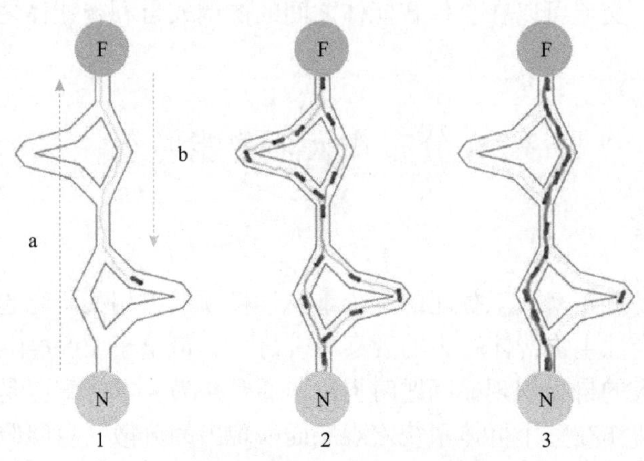


图 3.4　蚁群优化算法原理图

2. 粒子群优化

当一群鸟在随机搜索食物时，在某个区域只有一块食物，并且所有的鸟都不知道食物在哪里，但是它们知道当前的位置离食物还有多远。鸟群在整个搜寻过程中，通过相互传递各自的信息，让其他鸟知道自己的位置，通过这样的协作，来判断自己找到的是不是最优解，同时也将最优解的信息传递给整个鸟群，最终，整个鸟群都能聚集在食物源周围，即找到了最优解。

Shi 等[22]于 2002 年基于对鸟群捕食行为的研究，提出了粒子群优化(particle swarm optimization, PSO)算法，原理如图 3.5 所示。粒子群优化算法与模拟退火算法相似，是一类进化计算算法，从随机解出发，通过迭代寻找最优解，使用适应度来评价解的品质，但比遗传算法规则更为简单，没有交叉(crossover)和变异(mutation)操作，通过追随当前搜索到的最优值来寻找全局最优解。在粒子群优化算法中，每个优化问题的解都是搜索空间中的一只鸟，即“粒子”。所有的粒子都有一个由优化的函数决定的适应度值(fitness value)，同时每个粒子还有一个速度决定它们飞翔的方向和距离，然后粒子就追随当前的最优粒子在解空间中搜索。粒子群优化算法是一种并行算法，具有实现容易、精度高、收敛快的特点。

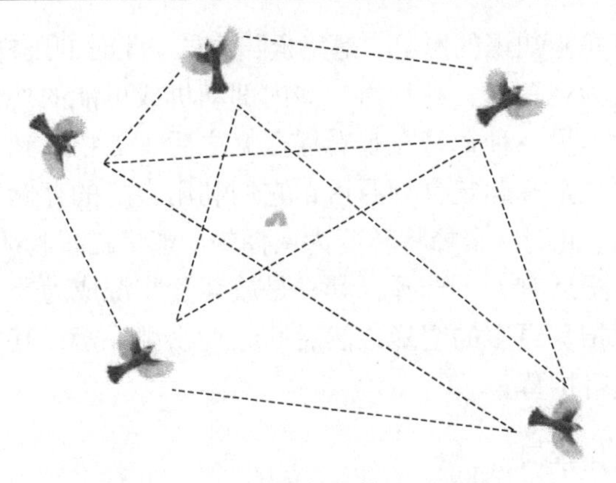

图 3.5　粒子群优化算法原理图

3. 人工蜂群

蜂蜜是一种群居昆虫，虽然单个昆虫的行为极其简单，但是由单个简单的个体所组成的群体却表现出极其复杂的行为。蜂群产生群体智能的最小搜索模型包含三个基本的组成要素和两种基本的行为模型，即食物源、雇佣蜂和非雇佣蜂，为食物源招募蜜蜂和令蜜蜂放弃某个食物源。真实的蜜蜂种群能够在任何环境下，以极高的效率从食物源(花朵)中采集花蜜，同时能适应环境的改变。

Karaboga 等[23]于 2008 年基于蜂群的采蜜行为提出了人工蜂群(artificial bee colony, ABC)算法，这是一种模仿蜜蜂采蜜机制而产生的群体智能优化算法，原理如图 3.6 所示。在蜜蜂群体智能形成的过程中，蜜蜂之间的信息交流是最重要的环节，而舞蹈区是蜂巢中最重要的信息交换地。采蜜蜂在舞蹈区通过跳摇摆舞与其他蜜蜂共同分享食物源的信息，观察蜂则通过采蜜蜂所跳的摇摆舞来获得当前食物源的信息，并且观察蜂要以最小的资源耗费来选择到哪个食物源采蜜。因此，蜜蜂被招募到某个食物源的概率与食物源的收益率成正比。初始时刻，蜜

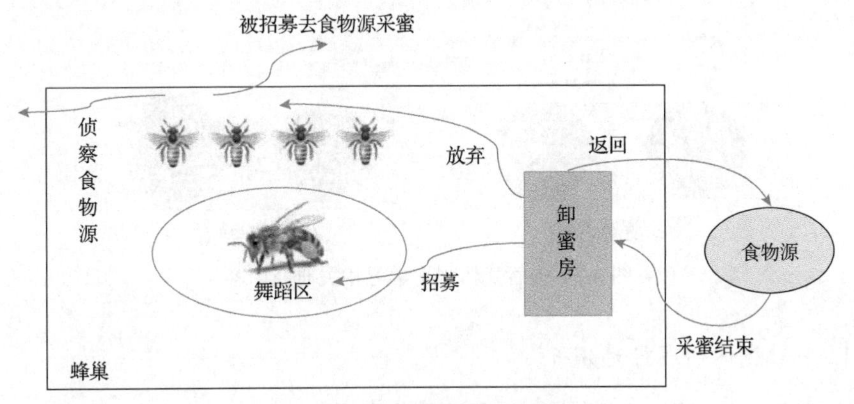


图 3.6　人工蜂群算法原理图

蜂的搜索不受任何先验知识的影响，是完全随机的。此时的蜜蜂有以下两种选择，一种是蜜蜂转变成为观察蜂，并且由一些内部动机或可能的外部环境自发地在蜂巢附近搜索食物源；另一种蜜蜂在观看摇摆舞之后，被招募到某个食物源，并且开始开采食物源。在蜜蜂确定食物源后，它们利用自身的存储能力来记忆位置信息并开始采集花蜜。此时，蜜蜂将转变为雇佣蜂。蜜蜂在食物源处采集完花蜜后，回到蜂巢并卸下花蜜后有如下选择：其一是放弃食物源成为非雇佣蜂，跳摇摆舞为所对应的食物源招募更多的蜜蜂，然后回到食物源采蜜；其二则是继续在同一食物源采蜜而不进行招募。

### 3.2.2　多智能体强化学习

受深度强化学习的影响，自 2016 年开始多智能体强化学习得到了快速发展，相关研究内容如图 3.7 所示，其中集中式强化学习方法将多智能体系统看成一个具有中央控制单元的单智能体系统，虽然其依靠统一学习和调度，但面临着效率低、维数高等问题。分布式强化学习方法中每个智能体均拥有决策能力，每个智能体可以根据自身观察到的环境状态自主决策。根据智能体是否与其他智能体交互，将分布式多智能体强化学习方法分为独立式强化学习方法和协同式强化学习方法，其中协同式强化学习方法在智能体之间加入了协调合作机制，让多智能体能够在决策前考虑单个智能体之间的相互影响，使得智能体的策略最终满足合理性和收敛性，是目前主流的多智能体强化学习方法。

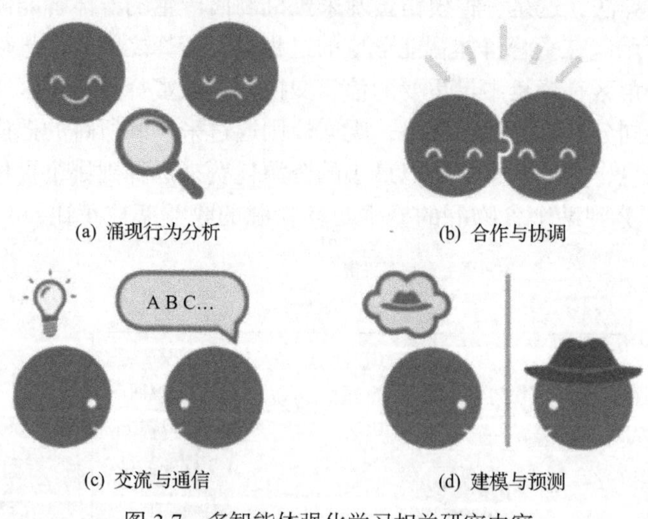


图 3.7　多智能体强化学习相关研究内容

1. 多智能体涌现行为分析

这种方法主要将单智能体的深度强化学习算法应用在多智能体系统中，进行分析测试算法是否能在动态环境中学习到合作交流等行为。Tampuu 等[24]利用独立的深度 $Q$ 网络(DQN)算法在乒乓球竞争环境中查看两个智能体是否能学习到竞争行为。事实证明，在零和博弈的环境中，独立的算法也能学习到较好的策略。在独立的多智能体强化学习中，自对弈是一个常见的方法，在固定其他策略的同时学习自身策略，有助于帮助算法收敛。Rovatsos 等[25]提出了 Malthusian 强化学习算法，该算法使用到了自对弈技巧，极大地减缓了环境的不稳定性问题。相关典型方法如表 3.1 所示。

**表 3.1　多智能体涌现行为分析**

| 作者及文献 | 算法及贡献 |
| --- | --- |
| Tampuu 等[24] | 在乒乓球竞争环境中训练了两个 DQN 智能体并分析奖励对行为的影响 |
| Rovatsos 等[25] | 训练 DQN 智能体解决连续社会困境(sequential social dilemmas) |
| Bansal 等[26] | 在竞争的 MuJoCo 场景中训练策略近端优化(policy proximal optimization, PPO)智能体 |
| Raghu 等[27] | 在攻防游戏中训练 PPO、异步优势行动-评价(asynchronous advantage actor-critic, A3C)和 DQN 智能体 |
| Lazaridou 等[28] | 学习协作智能体之间涌现出的通信语言 |

2. 多智能体合作与协调

这种方法不考虑或者少有考虑智能体之间是如何进行交流的问题。相较于学习交流需要智能体之间出现显式的通信信道，此类工作更加注重与多智能体系统自身的协调与协作。通过结合博弈论的相关工作，这部分内容更加关注多智能体系统本身的数学模型。在合作的多智能体环境中，大部分合作的智能体每个时间步获得相同的奖励。早期的多智能体合作方法大部分考虑集中式评价、集中式执行的思想，然而完全集中式的学习会导致模型过于复杂，无法适应大规模环境。Foerster 等提出了多智能体学会通信协作的多智能体强化学习算法[29]，并针对如何复用历史经验，提出了稳固经验池的 FingerPrints 算法[30]。Lowe 等[31]提出了基于深度确定性策略梯度(deep deterministic policy gradient, DDPG)算法的扩展算法——多智能体深度确定性策略梯度(multi-agent deep deterministic policy gradient, MADDPG)算法，这种算法提出使用集中训练-分散执行的方式进行学习，该方法极大地降低了学习代价。这种集中训练-分散执行的框架也成为大部分基于合作方法的范式。Palmer 等[32]提出可以使用“宽容”思想面对多智能体系统中的不稳定性问题，使用带权值的双 $Q$ 网络来缓解过估计问题，同时还改进了优先经验池使其更适合多智能体系统。此外，一些研究关注多智能体合作环境中的信度分配问题，即如何评估每个智能体的动作对当前奖励的影响。基于这一点，Foerster 等[33]提出了基于反事实多智能体策略梯度(counterfactual multi-agent policy gradients, COMA）的基线算法来评估每个智能体的动作对当前奖励的贡献度，而后通过优势函数加速算法收敛，该算法的思想被许多研究人员借鉴[34-36]。而另外，Sunehag 等[37]通过分解值函数简化中心化的评价网络，从而提出了值分散网络（value- decomposition network, VDN），即将全局的值函数分解为多个智能体本地值函数的累加，进一步简化了中心的评价网络。随后，Rashid 等[38]证明了只要全局值函数关于本地值函数的映射是单调递增即可。基于这一点，其提出了 $Q$ 值混合（Qmix）网络。通过利用神经网络求得本地值函数耦合的权值，然后利用本地值函数加权得到全局值函数。至此，VDN 可以看成 Qmix 的一种特例。随着注意力机制的成熟，Rashid 等提出将注意力参与到值函数的信息融合中，计算值函数的同时利用注意力机制计算全局信息，但只使用本地信息进行决策。基于合作的方法的一个通用问题是难以扩展智能体数量，一旦环境中智能体数量发生改变，算法将无法应用。相关典型方法如表 3.2 所示。

**表 3.2　多智能体合作与协调算法**

| 算法 | 基类算法 | 贡献 |
|---|---|---|
| FingerPrints[30] | IQN | 指纹信息调节值函数处理经验回放机制的冲突 |
| MADDPG[31] | DDPG | Critic 使用来自其他智能体的信息动作训练 |
| Lenient-DQN[32] | DQN | 通过宽恕次优解来逼近最优纳什均衡实现合作 |
| COMA[33] | Actor-Critic | 提出了一种反事实优势函数优化多智能体信度分配 |
| H-DRQN[34] | DRQN | 利用两种学习速率和更新的值结合策略实现协作 |
| WDDQN[35] | IQN | 宽容处理、加权双重估计和优先级经验重放 |
| FTW[36] | IQN | 提出了基于群体学习的两级架构 |
| VDN[37] | IQN | 将联合动作值函数进行分解来实现单个智能体的协调 |
| Qmix[38] | IQN | 将整体的值函数进行分解并通过网络进行整合 |

3. 多智能体交流与通信

这种方法的思想是在独立学习的基础上加入可交流的模块来帮助智能体之间达成合作交流或者竞争的目的。此部分工作通常考虑部分可观环境中的一组协作智能体，其中智能体需要通过信息交互来最大化它们的联合奖励。这种方法主要学习智能体之间何时进行交流、如何进行交流等。Rashid 等[39]提出了增强智能体间学习（reinforced inter-agent learning, RIAL）和微分智能体间学习（differentiable inter-agent learning, DIAL）算法，两种算法都是利用神经网络拟合值函数以及智能体之间的信息交流，同时也将参数共享的理念引入多智能体强化学习中，简化了多智能体强化学习的模型复杂度。Facebook 提出了一种名为 CommNet[40]的网络结构，智能体之间的信息交流通过求和运算进行聚合，这种方法类似于图网络中的聚合思想，可以有效地处理环境中动态变化的智能体数量。阿里巴巴提出了一种名为 BiCNet[41]的多智能体强化学习方法，这种方法的思想类似于双向循环神经网络，通过双向循环神经网络使每个智能体具有全局观测性，同时可以处理动态数量的环境。此外，一些研究使用注意力机制，可以智能地选择每个时刻智能体之间的通信关系，并且计算通信信息。相关典型算法如表 3.3 所示。

**表 3.3　多智能体交流与通信的典型算法**

| 算法 | 基类算法 | 贡献 |
| --- | --- | --- |
| RIAL[39] | DRQN | 使用单一网络来训练执行环境和通信行动的智能体 |
| DIAL[39] | DRQN | 学习时使用梯度共享，执行时使用交流动作 |
| CommNet[40] | Multiplayer NN | 在单一网络上使用连续矢量信道进行通信 |
| BiCNet[41] | 双向 RNN | 当交流发生在潜在空间时，使用 Actor-Critic 范式 |

4. 多智能体建模与预测

这种方法会对对手的策略进行建模，这类工作的关注点在于对多智能体系统中的其他智能体的策略进行预测。通过这种显式的策略评估和建模，让智能体之间更加协调地合作是这部分工作的最终目的。在该研究方向中，智能体通过对其他智能体的策略进行建模，推断其他智能体的行为。深度强化对手网络（deep reinforce opponent network, DRON）[42]是最早提出的利用深度神经网络对智能体进行建模的研究。深度策略推理算法（deep policy inference Q-network, DPIQN）和引入长短时循环神经网络的深度循环策略推理算法（deep recurrent policy inference Q-network, DRPIQN）[43]通过制定辅助手段来额外学习这些策略特征，直接从其他智能体的原始观察中进行学习，无需像 DRON 一样采用手工特征（handcrafted features），即人工选取的特征。自身及其他建模算法（self other-modeling, SOM）[44]提出智能体可以使用自己的策略来预测其他智能体的行为，并以在线方式更新其对其他智能体隐藏状态的信念。神经虚拟自对弈算法（neural virtual self-play, NFSP）[45]将虚拟自对弈方法与神经网络近似函数相结合，是一种在不完美信息中不需要先验知识就能学习到近似纳什均衡的端到端的强化学习技术。深度认知层次算法（deep cognitive hierarchy, DCH）[46]采用深度学习与认知层次理论结合，构建关于智能体的 $K$ 层嵌套信念。对手学习意识的学习（learning with opponent- learning awareness, LOLA）[47]则通过引入新的学习规则对对手策略参数更新进行预测，并对预测的行为做出最佳响应，通过对对手状态-动作轨迹的观察，采用最大似然估计求得对手策略参数的估计值，对手建模技术的引入解决了对抗环境下对手策略参数未知的问题，但对于风格复杂多变的对手，往往应对困难。Rabinowitz 等[48]提出了一种使得机器可以学习他人心理状态的心智理论神经网络(theory of mind network, ToMnet)，通过观察智能体的行为，使用元学习对它们进行建模，可得到一个对智能体行为具备强大先验知识的模型，该模型能够利用少量的行为观测，对智能体的特征和心理状态进行更丰富的预测。贝法斯心智推理算法(Bayes-ToMop)[49]基于心智理论，利用深度强化学习和贝叶斯策略重用以有效地检测和处理使用平稳或高级推理策略的对手。极大极小多智能体深度确定策略梯度(minimax multi-agent deep deterministic policy gradient, M3DDPG)[50]算法对 MADDPG 算法进行了扩展，从鲁棒强化学习中引入极大极小思想，假设环境中的其他智能体都会对自身产生负面影响，利用“最坏噪声”提升智能体的鲁棒性。相关典型方法如表 3.4 所示。

**表 3.4 多智能体建模与预测的典型算法**

| 算法 | 贡献 |
|---|---|
| DRON[42] | 用网络来推断对手的行为和标准的 DQN 架构 |
| DPIQN、DRPIQN[43] | 通过辅助任务从高级对手行为的原始观察中学习策略 |
| SOM[44] | 利用智能体的策略推断另一个智能体的目标 |
| NFSP[45] | 通过两个神经网络计算近似纳什均衡 |
| DCH[46] | 策略可以过度适应对手 |
| LOLA[47] | 感知对手学习的智能体自身学习算法 |
| ToMnet[48] | 用端到端可微模型学习沟通，再用反向传播训练 |
| Bayes-ToMop[49] | 使用贝叶斯策略重用、心智理论、深度网络来应对对手 |
| M3DDPG[50] | 考虑其他智能体，提出融合极大极小思想的鲁棒强化学习方法 |

### 3.2.3 复杂网络与集群协同

1. 复杂网络同步

从大自然中鸟群或鱼群的聚集、青蛙或知了的鸣叫、萤火虫同时闪光到观众鼓掌掌声一致，不难发现同步是一类重要的非线性现象，并广泛存在于自然界中。同步反映了一类最常见的协作关系，即起始于不同初始状态的两个及两个以上个体的耦合系统，经过一段时间后最终达到完全相同的状态。

Kuramoto 同步模型[51]表明，在一个有限个相同振子耦合的系统中，系统的总体动力学特性可以用一个简单的相位方程来表示，无论各个振子之间的耦合强度多么微弱，耦合系统最终可达到相位同步。Barahona 等[52]采用主稳定函数法研究了复杂网络完全同步问题。

2. 集群一致性

集群一致性问题主要研究如何使联网的智能体在某些状态或输出达成一致。一致性理论是集群系统分析的基础理论之一，在集群分布式估计、分布式优化、协同控制和协同决策等方面有着重要的应用[53]。

在集群一致性问题中，网络的拓扑结构扮演着重要的角色。若网络拓扑为无向图，则为实现一致性，通常要求网络为连通图[54]；若网络拓扑为有向图，则为实现一致性，通常要求网络为有根图[55]，即网络中存在某一顶点，使得该顶点到网络中其他任一顶点都存在有向通路，满足这样性质的顶点即有根图的根。

## 3.3　分布式人工智能涌现机理

### 3.3.1　生物群智涌现

分布式人工智能涌现机理的相关研究可以追溯至生物集群的群智涌现机理的相关探索。生物集群行为属于社会学、生物学、神经科学以及行为生态学等多个领域的交叉研究聚焦点。研究者从不同的视角将生物集群的群体智能涌现行为总结为八类[56]：集体行进、群体聚集、群体避险、协作筑巢、分工捕食、社会组织、交互通信和形态发生。

### 3.3.2　演化博弈动力学

在漫长的生物演化过程中，个体、种群与环境相互影响、相互制约和共同演化，呈现出不同的群落生态。演化博弈论与演化稳定策略(evolutionarily stable strategy, ESS)为研究生物种群的动态交互关系提供了博弈模型与解概念[57]。2006年，Nowak[58]在《科学》杂志发表文章，总结了生物集群演化博弈的五种机制：亲属选择、直接互惠、间接互惠、网络互惠和集群选择。演化博弈的系统动力学一般可分为确定性动力学和随机性动力学，其中确定性动力学主要包括复制动态动力学、logit动力学、布朗-纳什-冯·诺依曼(Brown-Nash-von Neumann, BNN)动力学和Smith动力学等，随机性动力学中策略更新规则的方式主要包括Moran过程、Wright-Fisher过程、模仿过程和基于期望的策略更新过程等。

### 3.3.3　群集动力学

根据对象的不同，群集动力学的建模方法也不同，主要分为三类[59]：欧拉法、拉格朗日法与仿真模拟法。欧拉法是一种宏观建模方法，采用偏微分方程来描述整个群体的密度、数量变化等属性。拉格朗日法是一种面向个体的建模方法，通常采用常微分方程或差分方程来描述个体的状态。仿真模拟法可以同时面向宏观与微观进行建模，根据从生物行为中抽取的一般化规则来设计个体交互规则、个体运行方式。

欧拉法由于采用了理论较为完备的偏微分方程来描述群集现象，可解释性比较强，无须对环境空间进行离散化处理，适合大规模密集行为建模。正是由于忽略了个体，该方法构建的宏观模型无法从个体视角分析群体行为。拉格朗日法与欧拉法最大的不同在于其将个体的信息纳入模型中，特别适合鱼群、鸟群、蜂群等具有形态形变的集群建模。仿真模拟法借助总结的行为模式规则，如Reynolds[60]提出的分离(separation)、对齐(alignment)与凝聚(cohesion)规则，建模个体之间的交互规则，迭代至相对稳定的状态表征了群体的运动模型。

## 3.4　本 章 小 结

本章主要介绍了分布式人工智能的基本原理，首先从分布式系统、多智能体系统过渡至分布式人工智能；其次从群体智能、多智能体强化学习、复杂网络与集群协同三个方面介绍分布式人工智能形态；最后从生物群智涌现、演化博弈动力学与群集动力学三个视角简述了分布式人工智能涌现机理。

### 参 考 文 献

[1] Bond A H, Gasser L G. Readings in Distributed Artificial Intelligence[M]. San Mateo: Morgan Kaufmann, 1988.

[2] Weiss G. Multiagent Systems: A Modern Approach to Distributed Artificial Intelligence[M]. Massachusetts: MIT Press, 1999.

[3] Steen M, Tanenbaum A S. A brief introduction to distributed systems[J]. Computing, 2016, 98(10): 967-1009.

[4] Russell S, Norvig P. A modern, agent-oriented approach to introductory artificial intelligence[J]. ACM SIGART Bulletin, 1995, 6(2): 24-26.

[5] Wang Y X, Pitas I, Plataniotis K N, et al. On future development of autonomous systems: A report of the plenary panel at IEEE ICAS'21[C]. IEEE International Conference on Autonomous Systems, Montreal, 2021: 1-9.

[6] 刘河, 杨艺. 智能系统[M]. 北京: 电子工业出版社, 2020.

[7] 赵云波, 康宇, 朱进. 人机混合智能系统自主性理论和方法[M]. 北京: 科学出版社, 2021.

[8] Russell S J, Norvig P, Davis E. Artificial Intelligence: A Modern Approach[M]. 3rd ed. Upper Saddle River: Prentice Hall, 2010.

[9] Shoham Y, Powers R, Grenager T. Multi-agent reinforcement learning: A critical survey[R]. San Francisco: Stanford University, 2003.

[10] Gordon G J. Agendas for multi-agent learning[J]. Artificial Intelligence, 2007, 171(7): 392-401.

[11] Shoham Y, Powers R, Grenager T. If multi-agent learning is the answer, what is the question?[J]. Artificial Intelligence, 2007, 171(7): 365-377.

[12] Stone P. Multiagent learning is not the answer. It is the question[J]. Artificial Intelligence, 2007, 171(7): 402-405.

[13] Sandholm T. Perspectives on multiagent learning[J]. Artificial Intelligence, 2007, 171(7): 382-391.

[14] 王静逸. 分布式人工智能: 基于 TensorFlow RTOS 与群体智能体系[M]. 北京: 机械工业出版社, 2020.

[15] Ağca M A, Faye S, Khadraoui D. A survey on trusted distributed artificial intelligence[J]. IEEE Access, 2022, 10: 55308-55337.

[16] Zhang K Q, Yang Z R, Başar T. Multi-agent reinforcement learning: A selective overview of theories and algorithms[M]//Handbook of Reinforcement Learning and Control. Cham: Springer International Publishing, 2021: 321-384.

[17] Papadimitriou C H. On inefficient proofs of existence and complexity classes[J]. Annals of Discrete Mathematics, 1992, 51: 245-250.

[18] Chen X, Deng X T, Teng S H. Settling the complexity of computing two-player Nash equilibria[J]. Journal of the ACM, 2009, 56(3): 1-57.

[19] Kennedy J F, Eberhart R C, Shi Y H. Swarm Intelligence[M]. San Francisco: Morgan Kaufmann Publishers, 2001.

[20] Beni G, Wang J. Swarm intelligence[C]. Proceedings for the 7th Annual Meeting of the Robotics Society of Japan, Tokyo, 1989: 425-428.

[21] Dorigo M, Maniezzo V, Colorni A. Ant system: Optimization by a colony of cooperating agents[J]. IEEE Transactions on Systems, Man, and Cybernetics Part B: Cybernetics, 1996, 26(1): 29-41.

[22] Shi Y, Eberhart R C. Empirical study of particle swarm optimization[C]. Proceedings of the Congress on Evolutionary Computation, Washington, 2002: 1945-1950.

[23] Karaboga D, Basturk B. On the performance of artificial bee colony (ABC) algorithm[J]. Applied Soft Computing, 2008, 8(1): 687-697.

[24] Tampuu A, Matiisen T, Kodelja D, et al. Multiagent cooperation and competition with deep reinforcement learning[J]. PLoS One, 2017, 12(4): e0172395.

[25] Rovatsos M, Belesiotis A. Advice taking in multiagent reinforcement learning[C]. Proceedings of the 6th International Joint Conference on Autonomous Agents and Multiagent Systems, New

York, 2007: 1-3.

[26] Bansal T, Pachocki J, Sidor S, et al. Emergent complexity via multi-agent competition[C]. International Conference on Learning Representations, Vancouver, 2018: 1-12.

[27] Raghu M, Irpan A, Andreas J, et al. Can deep reinforcement learning solve Erdos-Selfridge-Spencer games[C]. International Conference on Machine Learning, Hanoi, 2018: 4238-4246.

[28] Lazaridou A, Peysakhovich A, Baroni M. Multi-agent cooperation and the emergence of (natural) language[J/OL]. 2016: arXiv: 1612.07182. https://arxiv.org/abs/1612.07182.pdf. [2023-12-01].

[29] Foerster J N, Assael Y M, de Freitas N, et al. Learning to communicate with deep multi-agent reinforcement learning[C]. Proceedings of the 30th International Conference on Neural Information Processing Systems, New York, 2016: 2145-2153.

[30] Foerster J, Nardelli N, Farquhar G, et al. Stabilising experience replay for deep multi-agent reinforcement learning[C]. Proceedings of the 34th International Conference on Machine Learning, New York, 2017: 1146-1155.

[31] Lowe R, Wu Y, Tamar A, et al. Multi-agent actor-critic for mixed cooperative-competitive environments[C]. Proceedings of the 31st International Conference on Neural Information Processing Systems, New York, 2017: 6382-6393.

[32] Palmer G, Tuyls K, Bloembergen D, et al. Lenient multi-agent deep reinforcement learning[C]. Proceedings of the 17th International Conference on Autonomous Agents and MultiAgent Systems, New York, 2018: 443-451.

[33] Foerster J, Farquhar G, Afouras T, et al. Counterfactual multi-agent policy gradients[C]. Proceedings of the AAAI Conference on Artificial Intelligence, New Orleans, 2018, 32(1): 1146-1155.

[34] Omidshafiei S, Pazis J, Amato C, et al. Deep decentralized multi-task multi-agent reinforcement learning under partial observability[C]. International Conference on Machine Learning, Singapore, 2017: 2681-2690.

[35] Zheng Y, Meng Z P, Hao J Y, et al. Weighted double deep multiagent reinforcement learning in stochastic cooperative environments[M]//Lecture Notes in Computer Science. Cham: Springer International Publishing, 2018: 421-429.

[36] Jaderberg M, Czarnecki W M, Dunning I, et al. Human-level performance in 3D multiplayer games with population-based reinforcement learning[J]. Science, 2019, 364(6443): 859-865.

[37] Sunehag P, Lever G, Gruslys A, et al. Value-decomposition networks for cooperative multi-agent learning based on team reward[C]. Proceedings of the 17th International Conference on Autonomous Agents and MultiAgent Systems, New York, 2018: 2085-2087.

[38] Rashid T, Samvelyan M, Schroeder C, et al. Qmix: Monotonic value function factorisation for deep multi-agent reinforcement learning[C]. International Conference on Machine Learning,

Hanoi, 2018: 4295-4304.

[39] Rashid T, Farquhar G, Peng B, et al. Weighted Qmix: Expanding monotonic value function factorisation for deep multi-agent reinforcement learning[J]. Advances in Neural Information Processing Systems, 2020, 33: 10199-10210.

[40] Sukhbaatar S, Szlam A, Fergus R. Learning multiagent communication with backpropagation[C]. Proceedings of the 30th International Conference on Neural Information Processing Systems, New York, 2016: 2252-2260.

[41] Peng P, Wen Y, Yang Y D, et al. Multiagent bidirectionally-coordinated nets: Emergence of human-level coordination in learning to play StarCraft combat games[J/OL]. 2017: arXiv: 1703.10069. https://arxiv.org/abs/1703.10069.pdf. [2023-12-01].

[42] He H, Boyd-Graber J, Kwok K, et al. Opponent modeling in deep reinforcement learning[C]. Proceedings of the 33rd International Conference on International Conference on Machine Learning, New York, 2016: 1804-1813.

[43] Hong Z W, Su S Y, Shann T Y, et al. A deep policy inference Q-network for multi-agent systems[C]. Proceedings of the 17th International Conference on Autonomous Agents and MultiAgent Systems, New York, 2018: 1388-1396.

[44] Raileanu R, Denton E, Szlam A, et al. Modeling others using oneself in multi-agent reinforcement learning[C]. International Conference on Machine Learning, Hanoi, 2018: 4257-4266.

[45] Heinrich J, Silver D. Deep reinforcement learning from self-play in imperfect-information games[J/OL]. 2016: arXiv: 1603.01121. https://arxiv.org/abs/1603.01121.pdf. [2023-12-01].

[46] Lanctot M, Zambaldi V, Gruslys A, et al. A unified game-theoretic approach to multiagent reinforcement learning[C]. Proceedings of the 31st International Conference on Neural Information Processing Systems, New York, 2017: 4193-4206.

[47] Foerster J, Chen R Y, Al-Shedivat M, et al. Learning with opponent-learning awareness[C]. Proceedings of the 17th International Conference on Autonomous Agents and MultiAgent Systems, New York, 2018: 122-130.

[48] Rabinowitz N, Perbet F, Song F, et al. Machine theory of mind[C]. International Conference on Machine Learning, Hanoi, 2018: 4218-4227.

[49] Yang T, Hao J, Meng Z, et al. Bayes-ToMoP: A fast detection and best response algorithm towards sophisticated opponents[C]. AAMAS, Montreal, 2019: 2282-2284.

[50] Li S H, Wu Y, Cui X Y, et al. Robust multi-agent reinforcement learning via minimax deep deterministic policy gradient[J]. Proceedings of the AAAI Conference on Artificial Intelligence, 2019, 33(1): 4213-4220.

[51] Acebrón J A, Bonilla L L, Pérez Vicente C J, et al. The Kuramoto model: A simple paradigm for synchronization phenomena[J]. Reviews of Modern Physics, 2005, 77(1): 137-185.

[52] Barahona M, Pecora L M. Synchronization in small-world systems[J]. Physical Review Letters, 2002, 89(5): 054101.

[53] 陈浩，王祥科，杨健. 面向集群一致性的抗毁性网络分析与设计[J]. 指挥与控制学报, 2022, 8(2): 189-197.

[54] Chen H, Wang X K, Shen L C, et al. Formation flight of fixed-wing UAV swarms: A group-based hierarchical approach[J]. Chinese Journal of Aeronautics, 2021, 34(2): 504-515.

[55] Yi X L, Yang T, Wu J F, et al. Distributed event-triggered control for global consensus of multi-agent systems with input saturation[J]. Automatica, 2019, 100: 1-9.

[56] 郭斌，刘思聪，於志文. 人机物融合群智计算[M]. 北京：机械工业出版社, 2022.

[57] Smith J M. Evolution and the Theory of Games[M]. Cambridge: Cambridge University Press, 1982.

[58] Nowak M A. Five rules for the evolution of cooperation[J]. Science, 2006, 314(5805): 1560-1563.

[59] Brambilla M, Ferrante E, Birattari M, et al. Swarm robotics: A review from the swarm engineering perspective[J]. Swarm Intelligence, 2013, 7(1): 1-41.

[60] Reynolds C W. Flocks, herds and schools: A distributed behavioral model[C]. Proceedings of the 14th Annual Conference on Computer Graphics and Interactive Techniques, New York, 1987: 25-34.

# 第 4 章　分布式人工智能计算框架

数据、算法、算力是智能时代的三要素，其中算力是基础设施，是海量数据与人工智能算法的庞大需要，其推动着学术界与产业界着力开放各类框架。

## 4.1　分布式机器学习框架

### 4.1.1　Hadoop 框架

Hadoop①是由 Apache 基金会基于 Java 语言开发的分布式系统基础架构，可在大量计算机组成的集群中实现海量数据的分布式计算[1]，其生态系统如图 4.1 所示。使用 Hadoop 存储业务数据、用户数据，可以为用户提供利用集群来开发分布式程序。当前很多框架构成了以 Hadoop 为核心的生态圈，主要包括 Spark（计算引擎）、Storm（数据流处理系统）、ZooKeeper（分布式协调服务）、Caravel（报表）、Nutch（爬虫）、MongoDB（数据库）、Solr（企业级搜索应用）、Logstash（数据处理工具）、Kibana（可视化平台）、ElasticSearch（搜索服务器）、Drill（分布式查询引擎）、NoSQL（数据库）、CouchBase（非关系型数据库）、Tableau（可视化数据智能分析工具）、Zeppelin（交互式数据分析框架）、Avro（数据序列化系统）、Cassandra（可扩展的多主数据库，没有单点故障）、Chukwa（一种用于管理大型分布式系统的数据收集系统）、HBase（支持大型表的结构化数据存储可扩展的分布式数据库）、Hive（一种提供数据汇总和即席查询数据的仓库基础结构）、Mahout（可扩展的机器学习和数据挖掘库）、Pig（用于并行计算的高级数据流语言和执行框架）和 Submarine（一个统一的人工智能平台，允许工程师和数据科学家在分布式集群中运行机器学习和深度学习工作负载）等。

Hadoop 依靠三大核心技术，即 HDFS（Hadoop distributed file system, Hadoop 分布式文件系统）、MapReduce 和 Yarn，解决了大数据存储与大数据分析问题，其中 HDFS 是可扩展、容错性强、高性能的分布式文件系统，主要负责存储、异步复制、一次写入多次读取。MapReduce 为分布式人工智能计算框架，主要在 HDFS 上运行，包括映射（map）和归约（reduce）两个过程。Yarn 为资源调度和管理系统。Hadoop 的分布式文件系统具有高容错性，可以部署在价格低廉的硬件上，并且可提供高吞吐量的数据流式访问，特别适合超大数据集的应用程序。下面分

---

① https://hadoop.apache.org。

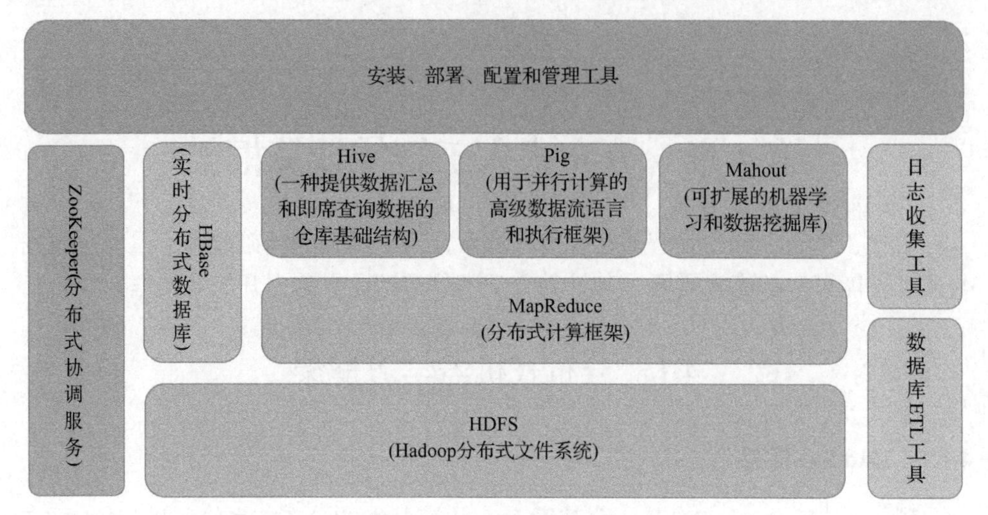


图 4.1　Hadoop 生态系统

ETL 指数据提取、转换和加载(extract，transform and load)

别介绍三个核心模块的工作原理。

1. HDFS 架构原理

HDFS 是一种分布式文件系统，可提供对应用程序数据的高吞吐量访问。作为一个分布式数据库，HDFS 最主要的作用是为 Hadoop 生态中各系统提供存储服务。HDFS 主要包含 6 项服务：NameNode 负责管理文件系统的 NameSpace 及客户端对文件的访问，维护和管理 DataNode 的主守护进程，记录存储在集群中的所有文件的元数据；DataNode 管理它所在节点上的数据存储，执行文件系统客户端底层的读写请求，定期向 NameNode 发送心跳报告及 HDFS 的整体健康状态。

2. MapReduce 计算引擎

MapReduce 是基于 Yarn 的系统，用于并行处理大数据集[2]。MapReduce 作为海量数据的计算引擎，并行运行多台机器，为数据提供快速运算；可以轻松地编写应用程序，以可靠、容错的方式并行处理大型硬件集群(数千个节点)上的大量数据(多太字节(TB)数据集)。

3. Yarn 资源调度和群集资源管理

Yarn 为用于资源调度和群集资源管理的框架。Yarn 的基本思想是将资源管理和作业调度、监视的功能拆分为单独的守护程序[3]，目的是拥有一个全局的资源管理器(resource manager, RM)和每个应用程序的主应用(application master, AM)。

### 4.1.2　Spark 框架

Spark[①]是由加利福尼亚大学伯克利分校算法、机器与人类实验室采用 Scala 语言开发的大规模数据处理统一分析引擎，是一个可以实现快速通用的集群计算平台[4]，其生态系统如图 4.2 所示。该平台扩展了 MapReduce 的计算模型，高效支持更多计算模式，如交互式查询和流处理。与 MapReduce 不同的是，可以将作业中间输出的结果保存在内存中，不再需要读写 HDFS，特别适合用于大数据挖掘、分布式机器学习等领域。

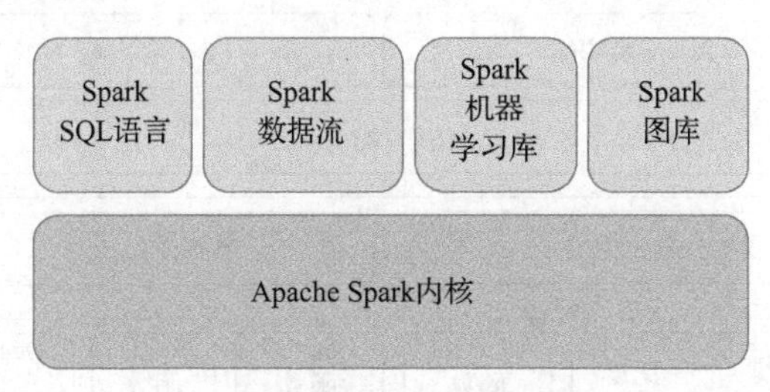


图 4.2　Spark 生态系统

1. Spark 简介

Spark 本质上是一个分布式内存计算框架，其作为计算引擎没有存储功能，可以单独集群部署、在 Yarn 上部署和本地部署。相较于 MapReduce，Spark 支持基于内存的计算，是一款快速、通用、可扩展的大数据分析引擎。

2. Spark 机器学习

作为优秀的分布式内存计算引擎，Spark 拥有非常完美的生态，Spark MLlib 是基于 SparkCore 框架的机器学习框架[5]，支持分类、聚类、回归、降维、最优化和神经网络等模型；Spark GraphX 利用 Spark 作为计算引擎，实现大规模图计算功能；Spark Streaming 是 Spark 核心应用程序接口（application programming interface, API）的一个扩展，可以提供高吞吐量、容错机制的实时流数据处理。

## 4.2　分布式深度学习框架

### 4.2.1　Tensorflow 框架

Tensorflow 最初是由谷歌大脑研究小组的研究人员和工程师开发的，作为当前流行的深度学习框架，支持在中央处理单元（central processing unit, CPU）和图形

① https://spark.apache.org。

处理单元(graphic processing unit, GPU)上运行，支持单机和分布式训练[6]，其详细框架如图 4.3 所示。灵活的架构可以在多种平台上展开计算。采用数据流图来表示数值计算，其中节点在图中表示数据操作，图中的线表示在节点间相互联系的输入、输出关系，线可以输送多维数据数组，即张量，这正是取名 Tensorflow 的原因。Tensorflow 有两类编程接口，即 Python 和 C++，支持 Java 语言和 Go 语言，可以在 ARM 移动平台上进行编译与优化，拥有非常完备的生态与生产环境。

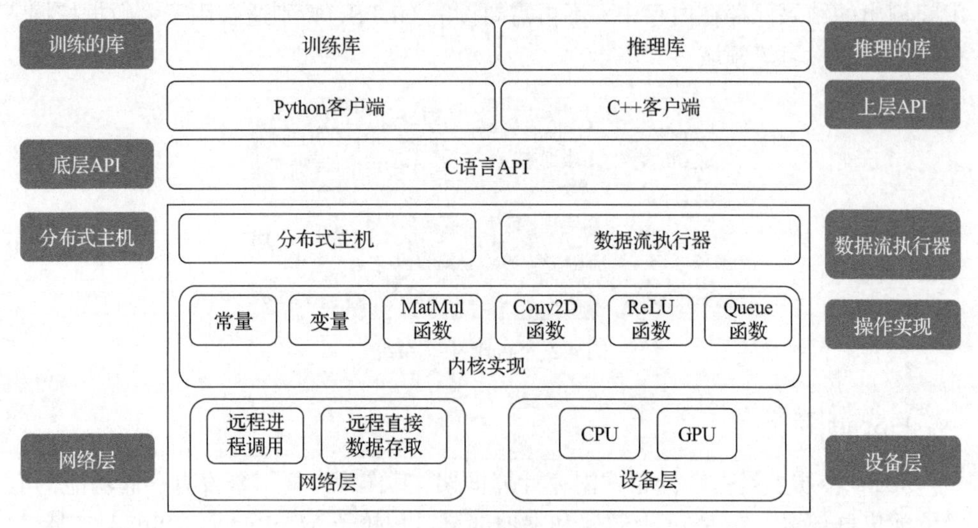


图 4.3　Tensorflow 详细架构

1. 计算图

Tensorflow 中完成计算首先需要构建一个计算图，按照计算图启动一个会话，在会话中完成变量赋值、计算。计算图由节点和线组成，节点表示操作符或算子；线表示计算间的依赖关系。实线表示有数据传递依赖，传递的数据即张量，虚线通常表示控制依赖，即执行的先后顺序。当前主要包含三类计算图构建方式：静态计算图、动态计算图以及自主图(Autograph)。

2. 张量

在 Tensorflow 中，张量是对运算结果的引用，运算结果多以数组的形式存储，通常包含三个重要属性，即名字、维度和类型。

3. 模型会话

模型会话主要用来执行构造好的计算图，同时会话拥有和管理程序运行时的所有资源。当计算完成后，需要通过关闭会话来协助系统回收资源。

### 4.2.2　PyTorch 框架

PyTorch[①]是由 Facebook 的研究人员于 2017 年推出的，其前身是 Torch 框架，可以提供各种张量操作并通过自动求导进行梯度计算[7]，其模块构成如图 4.4 所示。此前 Torch 使用了小众化的 Lua 语言，因此没有得到广泛的关注。通过对 Torch 进行重构，增加自动求导实现高效动态图框架，2018 年推出的 PyTorch 吸收了 Caffe 2 和 ONNX 模块，使得算法可以从研究原型快速部署，方便构建各种动态神经网络，支持使用 GPU、张量处理单元(tensor processing unit, TPU)进行加速计算，支持模型保存、部署与分布式训练。

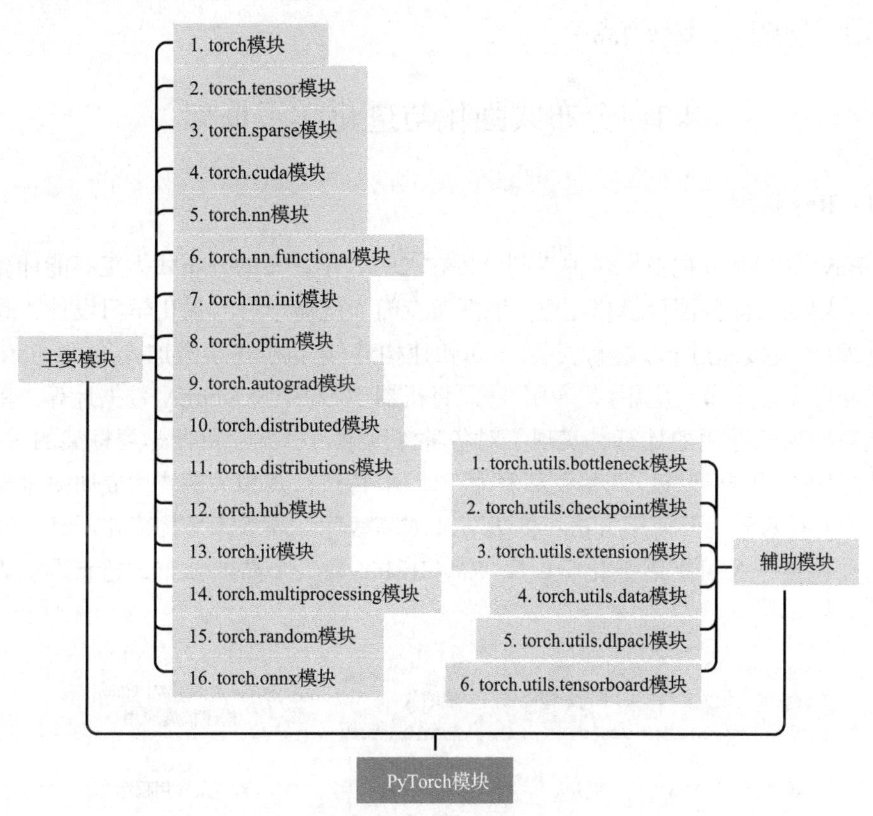


图 4.4　PyTorch 相关模块构成

1. 自动求导

由于 PyTorch 包含自动求导机制，是所有神经网络的核心，能为张量的所有操作提供自动求导功能。autograd.Variable 是最核心的类，包装了一个张量 Tensor，

---

① https://pytorch.org。

支持所有在其上定义的操作，可以调用反向传播函数 backward 自动计算出所有的梯度。它是一个在运行时定义(define-by-run)的框架，因此意味着反向传播是根据代码如何运行来决定的，并且每次迭代可以是不同的。

2. 动态计算图

PyTorch 的动态计算图框架主要是由自动求导机制保证的，动态计算图在数据计算的同时来构建，即在程序前向传播的过程中构建，主要用来进行反向传播。每次前向传播时从头开始构建计算图，所以不同的前向传播就可以有不同的计算图，可以很方便查看中间过程变量。相比搭建网络结构时关系每一层的计算方式，动态计算图更关注数据节点。

## 4.3 分布式强化与进化学习框架

### 4.3.1 Ray 框架

Ray①是加利福尼亚大学伯克利分校在 2017 年发布的分布式人工智能计算框架，采用动态任务图计算模型[8]。该框架专门为机器学习与强化学习设计，具有轻量级(可直接通过 pip 进行安装)、可快速构建(单机程序函数加入 ray.remote 装饰器便可支持分布式应用)、通用性强(将机器学习模型、numpy 数据计算、单一的函数抽象成通用的计算，实现了对各种深度学习框架、机器学习框架的适配)和性能优异(集合训练、调参及部署为一体)等特点，其相关模块构成如图 4.5 所示。Ray 有两种主要使用方法：低级 API 或高级库。高级库是构建在低级 API 之上的，包括一个可扩展强化学习库 Ray RLlib 和一个高效分布式超参数搜索库 Ray.tune[9]。

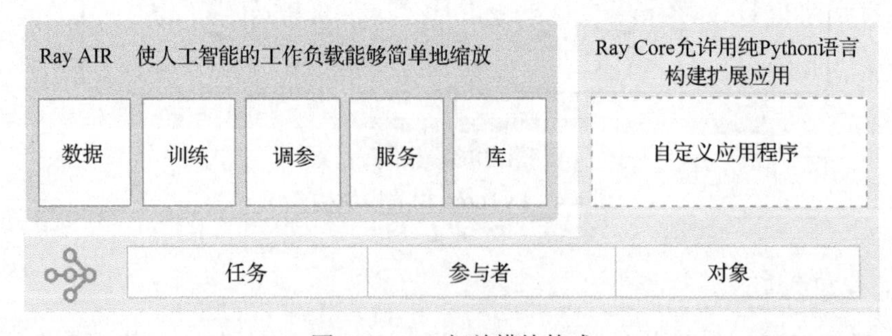


图 4.5 Ray 相关模块构成

① https://www.ray.io。

1. 动态任务图

Ray 应用的基础是动态任务图，它和深度学习框架中的计算图不同。计算图一般用于表征神经网络，在单个应用中执行多次，而 Ray 的动态任务图用于表征整个应用，并仅执行一次。动态任务图对于前台是未知的，随着应用的运行而动态地构建，且一个任务的执行可能创建更多的任务。

2. RLlib 工业级强化学习

RLlib 是一个用于强化学习的开源库，为企业级、高度分布式的强化学习工作负载提供支持，同时为各种各样的行业应用程序维护统一和简单的 API。RLlib 旨在支持多种深度学习框架（目前支持 TensorFlow 和 PyTorch），并可通过简单的 Python API 使用。

### 4.3.2 Mava 框架

Mava[10]是一个用于构建多智能体强化学习系统的库，为多智能体强化学习提供了有用的组件、抽象、实用程序和工具，并允许对多进程系统训练和执行进行简单的扩展，同时提供高度的灵活性和可组合性。Mava 目前支持的环境包括 PettingZoo[11]、SMAC[12]、Flatland-RL[13]和 OpenSpiel[14]等。

1. 训练范式

Mava 框架的核心是系统的概念。系统是指完整的多智能体强化学习算法，由以下特定组件组成：执行器（executor）、训练器（trainer）和数据集。执行器是系统的一部分，负责与环境交互，将每个智能体采取的行动和观察到的下一个状态作为观测集合。训练器负责从最初由执行器收集的数据集中采样数据，并更新系统中每个智能体的参数，原理如图 4.6 所示。数据集以字典集合的形式存储执行者收集的所有信息，用于操作、观察和奖励，并带有与各个智能体 ID 对应的键。

2. 分布式系统训练

Mava 采用 Acme 的大部分设计理念，即为新研究（即构建新系统）提供高水平的可组合性，以及使用相同的底层多智能体强化学习系统代码。Mava 使用 Launchpad 来创建分布式程序。在 Mava 中，系统执行器（负责数据收集）分布在多个进程中，每个进程都有一个环境副本。每个进程收集和存储数据，训练器使用这些数据来更新每个执行器中使用的所有参与者网络的参数。

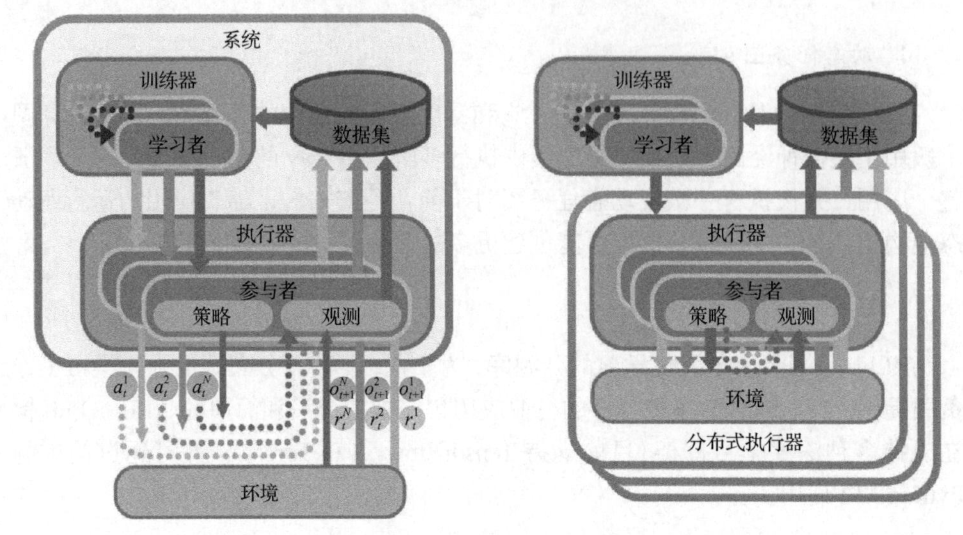


图 4.6　训练器范式原理图

### 4.3.3　EvoTorch 框架

2022 年 8 月，长短期记忆网络(long short term memory, LSTM)提出者 Juergen Schmidhuber 创办的人工智能公司 NNAISENSE 宣布正式推出首个开源进化算法库 EvoTorch①，为行业提供进化算法。受生物进化的启发，研究人员使用了基于种群的进化技术，提出了超越人类设计的人工智能的设计。可以用 EvoTorch 解决的问题类型包括黑箱优化问题(连续或离散)、强化学习任务以及监督学习任务。

1. 主要模块

EvoTorch 主要包含 3 个模块(图 4.7)：①搜索器是一个 search algorithm 实例，它将迭代地生成候选解种群，使用适应度函数度量种群，然后更新它自己的内部变量，以尝试在后续迭代中生成更高质量的解。②problem 是一个问题实例，它从搜索器接收种群，并用计算出的适应度值更新种群的单个解。problem 类支持使用 Ray 的智能体池进行向量化和(或)并行化的各种方法，这意味着问题可以以非常高效的方式实现。③任意数量的记录器，且每个记录器都是 logger 的一个实例，它们观察搜索器的状态并以各种有用的方式处理该状态，例如，将搜索器状态打印到标准输出，或在一个远程日志系统(如 sacred 或 mlflow)中存储关于进化实例运行的统计信息。

① https://evotorch.ai。

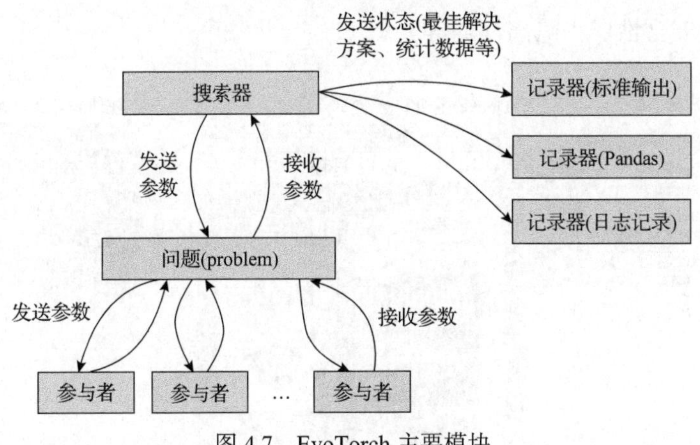


图 4.7　EvoTorch 主要模块

2. 与 Ray 集成

EvoTorch 建立在开源 PyTorch 机器学习库上。NNAISENSE 还将 EvoTorch 与用于扩展 Python 和人工智能应用程序的开源 Ray 框架集成，可以利用 Ray 集群，在多个 CPU 和多台机器上运行评估。由于不是每一个适应度函数都可以如此直接地向量化或放置在具备统一计算设备架构(compute unified device architecture, CUDA)功能的设备上。为了提供加速，EvoTorch 集成了开箱即用的 Ray 来支持并行运算。进化可以与神经网络配对，用网络权值的在线适应来代替替缓慢而密集的反向传播训练过程。这意味着研究人员实时训练神经网络，而不是离线训练历史数据。进化算法还有另一个作用，就是可以建立一个持续学习的模型。与标准的基于梯度的替代方案相比，进化算法不需要可微的成本函数，并且更适合现代硬件上的大规模并行化。

## 4.4　云网端前沿计算

### 4.4.1　Docker

Docker①容器是一个开源的应用容器引擎，区别于虚拟机，可以为各类程序提供启动快、资源利用率高和快速构建标准化的运行环境，其本质上是一个用于开发、交付和运行应用程序的开放平台[15]，原理如图 4.8 所示。开发者可以将应用打包至容器内，然后以 Docker 镜像的形式发布至镜像仓库中以供其他机器使用。相比于传统的虚拟化方式，Docker 具有以下特点：启动速度快、资源占用少、环

① https://www.docker.com。

境更轻量、安全性弱、隔离性弱等。

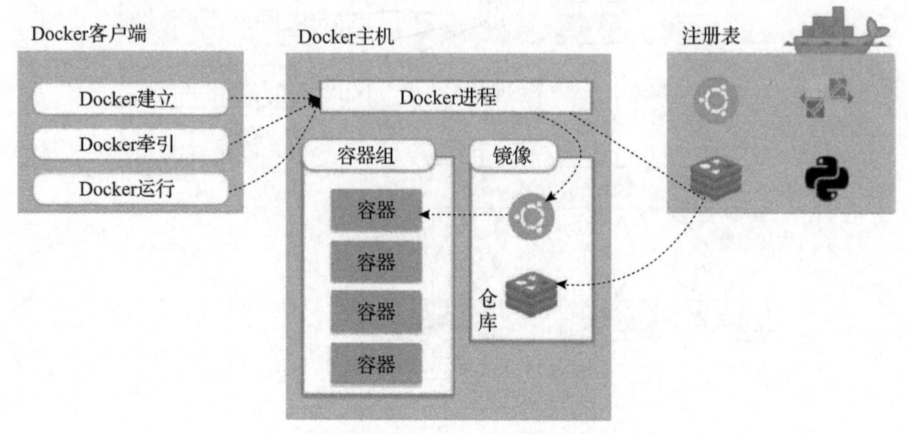


图 4.8　Docker 容器原理图

1. 镜像

Docker 镜像是一个独立的文件系统，可以利用 Dockerfile 模板文件来构建。Dockerfile 是一个用来构建镜像的文本文件，内容包含了一条条构建镜像所需的指令和说明，利用每条命令创建层次结构。当运行容器时，使用的镜像如果在本地不存在，Docker 就会自动从 Docker 镜像仓库中下载，并默认是从 Docker hub 公共镜像源下载的。

2. 容器

Docker 主要利用容器来运行应用程序。容器是由镜像创建的运行实例，可以支持启动、停止、导入与导出、进入和删除等操作。容器一般采用沙箱机制，每个容器间是相互隔离的，在启动时创建一个可写层作为最上层。

3. 仓库

Docker 仓库主要负责存储与分发镜像，是镜像文件存放的场所。与 Github 代码仓库类似，仓库通常还会采用标签来区分同一个软件的不同镜像版本。公有镜像仓库可以被任何人访问，而私有镜像仓库一般为公司或内部使用。

### 4.4.2　KubeEdge 边缘计算框架

KubeEdge[16]是一个开源的边缘计算框架，分为 cloud 端(云端)和 edge 端(边端)，通过云端对各边端的节点进行管理，框架如图 4.9 所示。基于 Kubernetes 将容器化应用程序编排功能扩展至边缘主机，实现云和边之间的部署及元数据同步。

KubeEdge 还支持消息队列遥测传输(message queuing telemetry transport, MQTT)协议，允许开发人员编写客户逻辑，并在边端启用设备通信的资源约束。

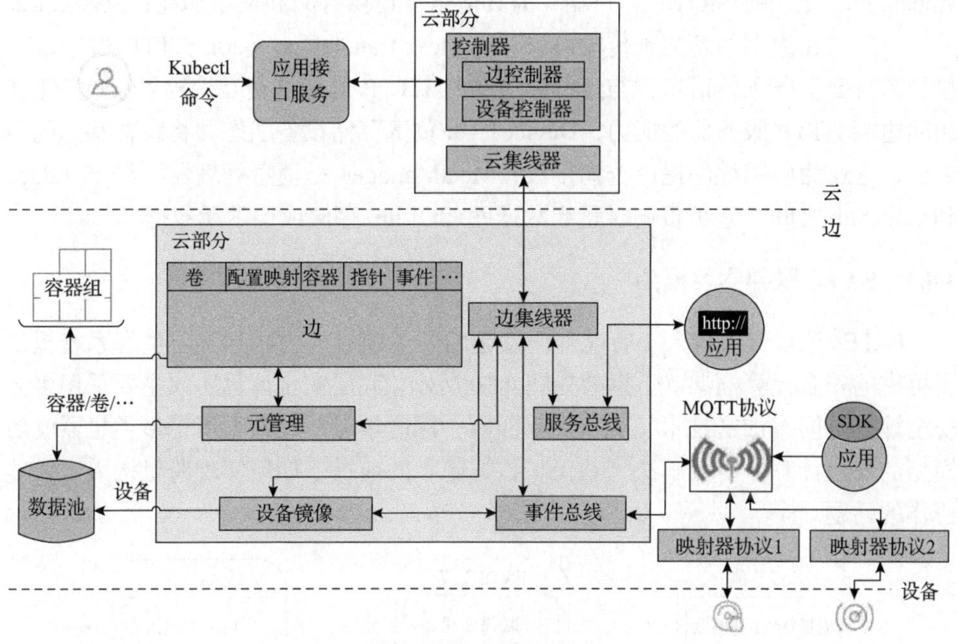


图 4.9　KubeEdge 框架

SDK 指软件开发工具包

1. Kubernetes

Kubernetes 又称 K8s，是 Google 发布的一个容器编排引擎，用于自动化部署、大规模可伸缩、应用容器化管理的开源系统；支持自动上线和回滚、存储编排、自动装箱、自我修复、服务发现与负载均衡、批量执行等。

2. 云端

CloudHub 是一个 Web Socket 服务端，负责监听云端的变化，缓存并发送消息到 EdgeHub；EdgeController 是一个扩展的 Kubernetes 控制器，管理边缘节点和 Pods 的元数据以确保数据能够传递到指定的边缘节点；DeviceController 是一个扩展的 Kubernetes 控制器，管理边缘设备，确保设备信息、设备状态的云边同步。

3. 边端

EdgeHub 是一个 Web Socket 客户端，负责与边缘计算的云服务交互，具有同步云端资源、报告边缘主机和设备状态变化到云端等功能；Edged 是运行在边缘节点的代理，用于管理容器化的应用程序；EventBus 是一个与 MQTT 服务器(mosquitto)交互的 MQTT 客户端，为其他组件提供订阅和发布功能；ServiceBus 是一个运行在边端的超文本传输协议(hypertext transfer protocol, HTTP)客户端，接受来自云上服务的请求，与运行在边端的 HTTP 服务器交互，提供通过 HTTP 访问边端 HTTP 服务器的能力；DeviceTwin 负责存储设备状态并将设备状态同步到云，它还为应用程序提供查询接口；MetaManager 是消息处理器，位于 Edged 和 Edgehub 之间，它负责向轻量级数据库(SQLite)存储或检索元数据。

### 4.4.3 FATE 联邦学习框架

FATE①是微众银行人工智能部门发起的开源项目，为联邦学习生态系统提供了可靠的安全计算框架[17]，框架如图 4.10 所示。底层安全计算协议主要采用多方安全计算与同态加密技术，支持逻辑回归、深度学习、迁移学习等多类机器学习模型的安全计算，有效解决了在保护数据隐私的前提下如何实现跨机构人工智能协作的问题。

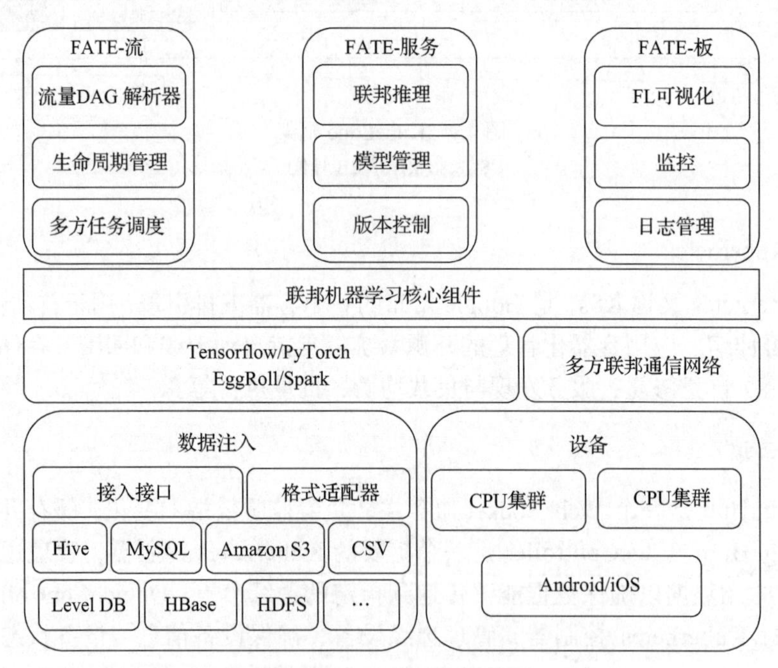


图 4.10 FATE 框架示意图

DAG 指有向无环图(directed acyclic graph)

① https://fate.fedai.org。

1. 技术支撑

底层是 Tensorflow/PyTorch（深度学习）、EggRoll/Spark（分布式人工智能计算框架、分布式计算和存储抽象）和多方联邦通信网络（跨站点网络通信抽象）。上层为联邦安全协议（Paillier 同态加密[18]、仿射同态加密[19]、RSA 与 DH 密钥交换[20]等），包含了目前联邦学习所有的算法功能。

2. 算法库及应用场景

在安全协议的基础上构建联邦学习算法库（纵向联邦学习、横向联邦学习、联邦迁移学习等）。围绕实际场景，FATE 在技术架构顶层构建了联邦区块链、联邦多云管理、联邦模型可视化平台、联邦建模 pipeline 调度以及联邦在线推理等。

## 4.5　数据-人工智能-认知全栈中台

中台的本质是为了避免数据的重复加工，提升效能和数据化运营效率，通过服务化的方式，提高共享能力，赋能相关应用，更好地支持业务发展和创新，有助于多领域、多部门、多系统之间的协同，三大中台产品如图 4.11 所示。中台是平台化的自然演进，构筑智能化基座，驱动分布式人工智能创新升级，亟须设计全栈式的人工智能赋能中台，通过去中心化的组织模式，增加复用能力。

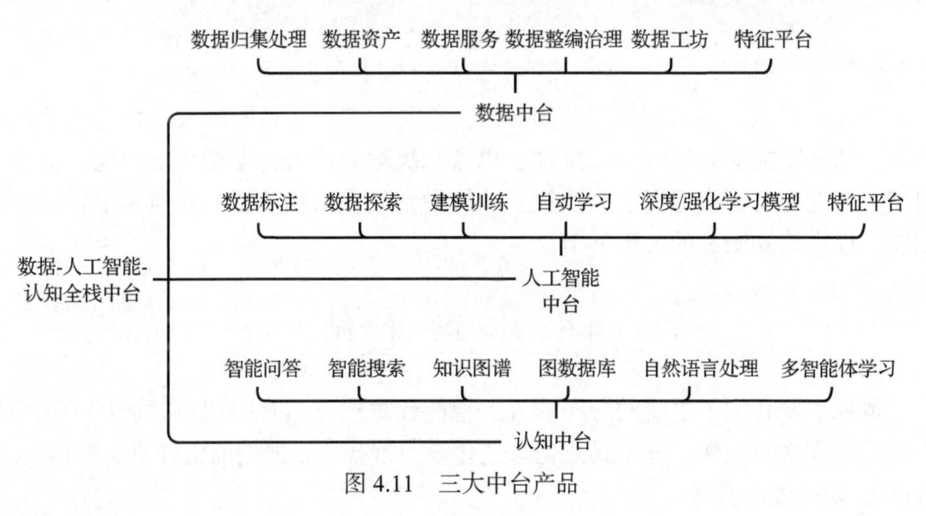


图 4.11　三大中台产品

### 4.5.1　数据中台

构建集引接汇聚、归集处理、整编治理、融合集成、服务赋能为一体化的数据中台体系，可实现数据资源的统一管理、高效使用和精准保障。其中数据归集处理主要是针对不同运行环境、不同业务系统、不同数据库类型的数据资源，通过在线或离线的方式，将其归集(抽取转换)为统一的数据库类型。数据整编治理主要是针对不同来源、不同类型、不同格式的各业务领域数据资源经过统一标准、统一编码、统一量纲、统一数值等操作，使其相互关联、相互匹配、相互融合。数据融合集成主要是以处理抽取后的数据为基础，面向任务、专题，以实体形式对数据再抽取、再组织。

### 4.5.2 人工智能中台

人工智能中台是实现人工智能技术应用快速研发、共享复用和高效部署管理的智能化基础底座，是智能化能力汇聚的关键基础设计。人工智能中台可以满足即时响应、敏捷开发、快速交付、持续迭代等核心诉求。作为模块化、标准化的平台工具，可以摆脱资源重复建设、数据流通壁垒。人工智能中台的发展方向是全栈式、集约化、自动化，通过不断完善人工智能开发框架、数据处理、模型构建、部署监测等研发工具链，加速建立全栈智能技术服务体系，形成从基础算力、基础系统、框架与平台到智能应用的软硬协同的全栈人工智能技术支撑能力，探索孕育基础和垂直行业人工智能中台，提供整体方案的选型和设计服务，实现人工智能能力的集约化生产和管理，并通过自动化能力不断降低应用门槛，推动智能技术与垂直行业场景的快速融合。基础核心能力深度协同适配，构建繁荣多样的人工智能中台生态体系。

### 4.5.3 认知中台

从计算智能、感知智能到认知智能，这是大多数人认同的人工智能技术发展路径。认知智能主要以理解、推理、思考和决策为代表，强调认知推理、自主学习能力，能理解、会思考、会决策。认知中台处在依赖数据中台与人工智能中台赋能，提供认知服务的关键环节。

## 4.6 本 章 小 结

本章主要介绍了主要的分布式人工智能计算框架，包括分布式机器学习框架、分布式深度学习框架、分布式强化与进化学习框架、云网端前沿计算、数据-人工智能-认知全栈中台等。

### 参 考 文 献

[1] Ghazi M R, Gangodkar D. Hadoop, MapReduce and HDFS: A developers perspective[J]. Procedia Computer Science, 2015, 48: 45-50.

[2] Dean J, Ghemawat S. MapReduce[J]. Communications of the ACM, 2008, 51(1): 107-113.

[3] Vavilapalli V K, Murthy A C, Douglas C, et al. Apache Hadoop Yarn: Yet another resource negotiator[C]. Proceedings of the 4th Annual Symposium on Cloud Computing, New York, 2013: 1-16.

[4] Salloum S, Dautov R, Chen X J, et al. Big data analytics on Apache Spark[J]. International Journal of Data Science and Analytics, 2016, 1(3-4): 145-164.

[5] Meng X R, Bradley J, Yavuz B, et al. MLlib: Machine learning in Apache Spark[J/OL]. 2015: arXiv: 1505.06807. https://arxiv.org/abs/1505.06807.pdf. [2023-12-01].

[6] Abadi M. TensorFlow: Learning functions at scale[C]. Proceedings of the 21st ACM SIGPLAN International Conference on Functional Programming, New York, 2016: 1.

[7] Paszke A, Gross S, Massa F, et al. PyTorch: An imperative style, high-performance deep learning library[C]. Proceedings of the 33rd International Conference on Neural Information Processing Systems, Vancouver, 2019: 8026-8037.

[8] Moritz P, Nishihara R, Wang S, et al. Ray: A distributed framework for emerging AI applications[C]. Proceedings of the 13th USENIX Conference on Operating Systems Design and Implementation, New York, 2018: 561-577.

[9] Liang E, Liaw R, Nishihara R, et al. Ray RLLib: A composable and scalable reinforcement learning library[J/OL]. 2017: arXiv: 1712.09381. https://arxiv.org/abs/1712.09381.pdf. [2023-12-01].

[10] Pretorius A, Tessera K, Smit A P, et al. Mava: A research framework for distributed multi-agent reinforcement learning[J/OL]. 2021: arXiv: 2107.01460. https://arxiv.org/abs/2107.01460.pdf. [2023-12-01].

[11] Terry J, Black B, Grammel N, et al. PettingZoo: Gym for multi-agent reinforcement learning[C]. Proceedings of the 35th Conference on Neural Information Processing Systems, Online Hosting, 2021: 15032-15043.

[12] Samvelyan M, Rashid T, de Witt C S, et al. The StarCraft multi-agent challenge[C]. Proceedings of the 18th International Conference on Autonomous Agents and MultiAgent Systems, New York, 2019: 2186-2188.

[13] Mohanty S, Nygren E, Laurent F, et al. Flatland-RL: Multi-agent reinforcement learning on trains[J/OL]. 2020: arXiv: 2012.05893. https://arxiv.org/abs/2012.05893.pdf. [2023-12-01].

[14] Lanctot M, Lockhart E, Lespiau J B, et al. OpenSpiel: A framework for reinforcement learning in games[J/OL]. 2019: arXiv: 1908.09453. https://arxiv.org/abs/1908.09453.pdf. [2023-12-01].

[15] Anderson C. Docker software engineering[J]. IEEE Software, 2015, 32(3): 102-115.

[16] Wang S A, Hu Y X, Wu J. KubeEdge.AI: AI platform for edge devices[J/OL]. 2020: arXiv: 2007.09227. https://arxiv.org/abs/2007.09227.pdf. [2023-12-01].

[17] Yang Q A, Liu Y, Cheng Y, et al. Federated learning[J]. Synthesis Lectures on Artificial Intelligence and Machine Learning, 2019, 13 (3) : 1-207.

[18] Fazio N, Gennaro R, Jafarikhah T, et al. Homomorphic Secret Sharing from Paillier Encryption[M]//Provable Security. Cham: Springer International Publishing, 2017: 381-399.

[19] Loyka K, Zhou H, Khatri S P. A homomorphic encryption scheme based on affine transforms[C]. Proceedings of the 2018 on Great Lakes Symposium on VLSI, Chicago, 2018: 51-56.

[20] Milanov E. The RSA algorithm[J]. RSA Laboratories, 2009, 9 (2) : 1-11.

# 第 5 章　分布式人工智能学习方法

## 5.1　分布式学习与优化方法

人工智能自 1956 年正式被提出，经历近 70 年的演进，已然成为当下应用最为广泛的前沿交叉学科。机器学习是人工智能应用最为广泛的一个分支，然而随着数据量的增长，不断提高的模型复杂度使得单机节点无法承载，数据量庞大、计算资源需求多使得传统的机器学习方法无法得到很好的应用。而试图利用多台机器的计算资源，提高整体可扩展性和效率的分布式机器学习技术应运而生。伴随着云计算和大数据技术的发展，早期一些关于分布式的核心研究聚焦在如何进行数据的分布式存储与并行计算。Google 基于分布式文件存储与任务并行处理的需求，设计了分布式文件系统和任务分解整合 MapReduce 模型。随之是大数据智能与各类大数据分布式机器学习平台 Hadoop、Spark 和 Flink 等的出现。分布式机器学习主要依赖三大并行技术：计算并行、数据并行和模型并行[1]。计算并行针对计算量过大的问题，主要采用共享内在的多纯种或多机并行运算方式来提高计算效率。数据并行是早期的主流分布式学习方法，即所有的计算机器设备自行维护一份参数，反向传播时同步梯度，但该方法不适用于模型参数比较多的情形。模型并行的提出着力于减少参数通信量，主要包括层内并行和层间并行，但仍面临参数同步与更新问题。近年来，多数机器学习与深度学习框架都是基于分布式框架设计的。

### 5.1.1　边缘计算

边缘智能场景中可以利用人工智能技术为边端赋能，这是一种面向现实场景的人工智能应用与表现形式，其中可以通过边缘节点设备获得更多更丰富的数据，反向来看边缘节点可以利用人工智能模型提供更智能化的服务。作为一个新兴领域，边缘计算通过把计算、存储、网络、应用资源下沉到边端为用户提供低时延服务，为云端分担了工作负荷。典型边缘计算应用场景如图 5.1 所示。

1. 从云到边

随着云计算与物联网技术的发展，特别是智能家居、智能交通、智能城市、智能战场等现实需求的驱动，物联网智能化的边缘计算得到了迅速的发展。与云平台聚焦的功能点不一样的是，边缘计算更靠近终端设备。在云网端架构中，这

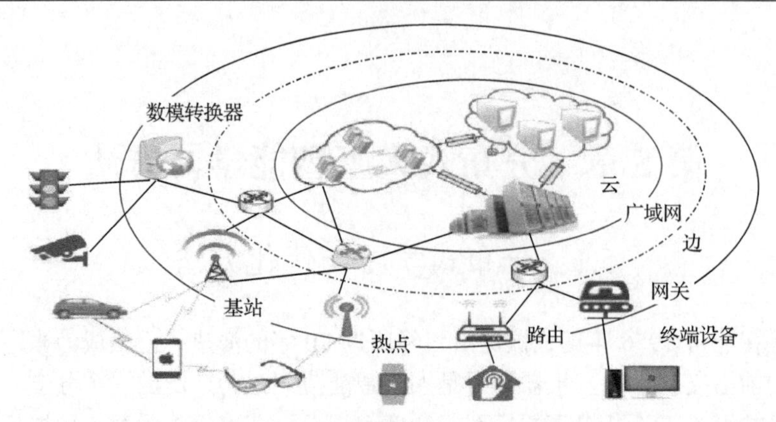


图 5.1　典型边缘计算应用场景[2]

类边缘设备与边缘网络一起融合了网络传输、计算、存储等能力，可以提供更便捷快速的响应速度、更安全的请求，有效降低了带宽消耗[3]。与传统的计算模式相比，边缘计算具有更高效的处理效率、更低的成本，可降低发生故障的概率，保护数据隐私、提升数据的安全性等[4]。实现边缘计算的方式主要有三种，即移动边缘计算、雾计算和微云计算。

亚马逊于 2017 年发布的 AWS greengrass 软件实现了边缘计算与 AWS cloud 的无缝连接，微软于 2018 年推出了 Azure IoT edge 边缘计算服务，谷歌于 2018 年推出了硬件芯片和软件堆栈。随着 Kube edge 等边缘计算开源平台的发布，基于 Kubernetes 可以将容器化应用程序编排功能扩展到 Kube edge 的主机，实现了云与边缘之间的部署和元数据同步。

2. 模型训练

1) 训练架构

边缘分布式深度神经网络训练架构可以分成以下三种模式：集中式，深度神经网络模型在云数据中心训练；分散式，每个计算节点使用它的本地数据在本地训练自己的深度神经网络模型，并通过共享本地训练更新来获得全局深度神经网络模型；混合式，结合了集中式和分散式模块的特点，边缘服务器可以通过分散式更新来训练深度神经网络模型，或者使用云数据中心来集中式训练。

2) 支撑技术

边缘计算的支撑技术主要有以下技术：联邦学习，优化隐私问题，通过聚合本地计算更新在服务器上训练共享模型；聚合频率控制，在给定资源预算下，确定本地更新和全局参数聚合之间的最佳权衡；梯度压缩，梯度量化和梯度稀疏化；深度神经网络划分，选择一个划分点来尽可能地减少延迟；知识迁移学习，首先基于一个基础的数据集和任务来训练一个基础网络，然后在一个目标数据集和任务中将学到的特征迁移到第二个目标网络进行训练；gossip 训练、多设备间随机 gossip 通信是完全异步和分散的。

3) 关键性能指标

边缘计算的关键性能指标可分为以下指标：训练损失，表示训练好的深度神经网络模型与训练数据的匹配度；收敛性，即衡量一个分散方法是否能够收敛以及多快能收敛到要求；隐私性，是否实行隐私保护取决于原始数据是否被卸载到边缘；通信成本，其受原始输入数据大小、传输方式和可用带宽的影响；延迟，由计算延迟和通信延迟组成，计算延迟依赖于边缘节点的性能，通信延迟可能因传输的原始数据大小或中间数据大小以及网络连接带宽而异；能源效率，主要受目标训练模型和使用设备资源的影响。

3. 模型推理

1) 推理架构

推理架构主要有以下四种类型：基于边缘的推理架构，深度神经网络模型推理在边缘服务器上完成，预测结果将返回设备中；基于设备的推理架构，移动设备从边缘服务器获取深度神经网络模型，并在本地执行模型推理；基于边缘-设备的推理架构，设备运行深度神经网络模型到一个特定层后将中间数据发送到边缘服务器，边缘服务器将执行剩余层并将预测结果发送到设备上；基于边-云的推理架构，设备主要负责输入数据的收集，深度神经网络模型则在边缘和云上执行。

2) 支撑技术

支撑技术主要有以下技术：模型压缩，即通过权值剪枝和量化，来减小内存和计算量；模型划分，指计算卸载到边缘服务器或移动设备，延迟和能量优化；模型早退，决定部分深度神经网络模型是否提前退出推理；边缘缓存，即对相同任务先前结果重用的快速响应；输入过滤，即输入差异检测；模型选择，即输入优化和精度感知；多租用支持，即多个基于深度神经网络的任务调度和资源高效性；特殊应用程序优化，即对特定的基于深度神经网络的应用程序进行优化。

3) 关键性能指标

关键性能指标主要包括以下指标：延迟，整个推理过程中所占用的时间，包括预处理、模型推理、数据传输和后处理所用时间；精度，从推理中获得的正确预测输入样本数量和总输入样本数量的比值；隐私性，其依赖于处理原始数据的方式；通信开销，其依赖于深度神经网络的推理方式和可用带宽；内存占用，其主要被原始深度神经网络模型大小和加载大量深度神经网络参数的方法所影响。

### 5.1.2　联邦学习

由于传统的分布式机器学习方法一般需要先将集中管理的数据采取数据、模型分块并行的方式进行学习，面临着数据隐私被管理方泄露的风险，极大地阻碍了分布式机器学习技术的实用化进程。联邦学习作为一种着眼数据安全和隐私保护的分布式机器学习技术，受到了数据监管与隐私保护行业的广泛关注。解决数据孤岛问题、保护数据安全与隐私是联邦学习应运而生的主动力。从早期规范与标准的制定，到社区与生态的建立，各类开源工具(PySyft、FATE、Paddle FL 等)的提出，联邦学习已然成为一种人工智能新范式。联邦学习通用框架如图 5.2 所示[5]，从形式上看，联邦学习可以看成边缘计算的一种特殊形式，即把终端用户当作边端，参与数据处理，一些研究直接面向边缘设备网络设计联邦学习方案[6]。

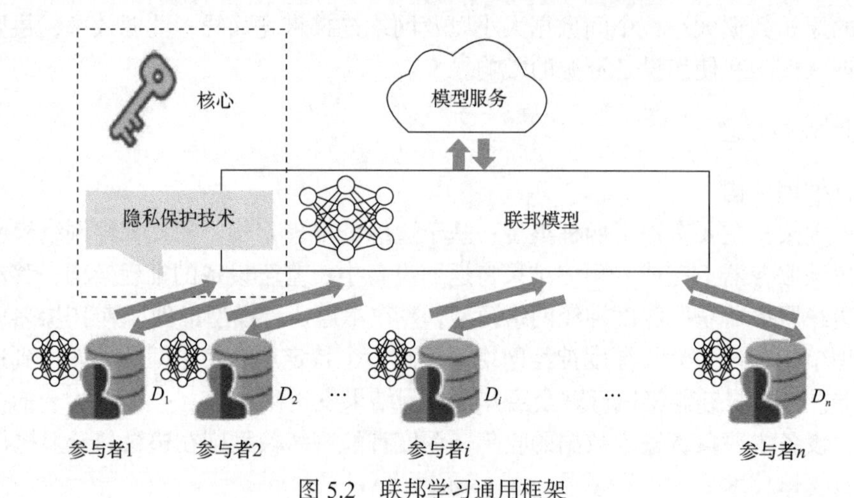


图 5.2　联邦学习通用框架

1. 联邦学习工作原理

联邦学习本质上是采用分布式机器学习的模型训练方式，通过隐私计算的方法来确保训练过程中数据的隐私。联邦学习的实现主要依赖三大支柱：可信计算环境、联邦学习方法、数据与模型算子[7]。

1) 可信计算环境

值得信赖的计算环境，是提供安全计算方案的硬件环境，为数据和代码的运行提供安全的空间，以确保机密性(confidentiality)、完整性(integrity)和可用性(availability)。提供可信计算环境的设备通常有四个模块，即开放执行环境、可信执行环境、外部永久存储器和非永久存储器，这类设备一般采用片上子系统实现，各类主流芯片架构平台(ARM、Intel、AMD)均有自己的可信执行环境模块。而对于不可信的计算环境，通常采用安全多方计算方式，运用加密算法来保障数据安全。

2) 联邦学习方法

联邦学习采用的算法主要可以分为三大类，即联邦机器学习方法、中心联邦优化方法、联邦迁移学习方法。联邦机器学习方法主要是指在联邦学习中可以直接使用的经典机器学习方法，主要包括线性模型、递归神经网络[8]、卷积神经网络[9]、梯度提升决策树(gradient boosting decision tree, GBDT)[10]等。中心联邦优化方法与常规优化方法的不同之处在于学习时只需对参与方的数据进行单机优化，在中央服务器进行聚合操作即可，主要方法有 FedAvg[11]、FedProx[12]、FedPer[13]等。联邦迁移学习方法比传统的迁移方法有着更高的要求，主要方法有 FedHealth[14]、FTL[15]等。

3)数据与模型算子

数据与模型算子主要完成数据预处理与模型训练抽象。数据预处理算子主要完成样本对齐、特征相似度分析、特殊对齐、特征分离、特征缺失值填充、数据指标分析等；模型训练抽象算子主要完成损失函数计算、梯度计算、正则化，以及激活函数、优化器、联邦影响因子和激励机制的设置等。

2. 联邦学习范式

当前，联邦学习范式主要分三大类：横向(horizontal)联邦学习、纵向(vertical)联邦学习和联邦迁移学习[16]，如图 5.3 所示。横向联邦学习适用于参与方数据有相同数据特征的情形，即数据与参与方是一一对应的，但参与方之间的数据是不同的；纵向联邦学习适用于参与方有相同数据样本但不具有相同数据特征的情形；联邦迁移学习适用于参与方数据样本和特征重叠较少的情形，需要将源域数据的特征迁移至目标域参与计算。具体来说各种范式的应用场景可以作如下区分[17]。

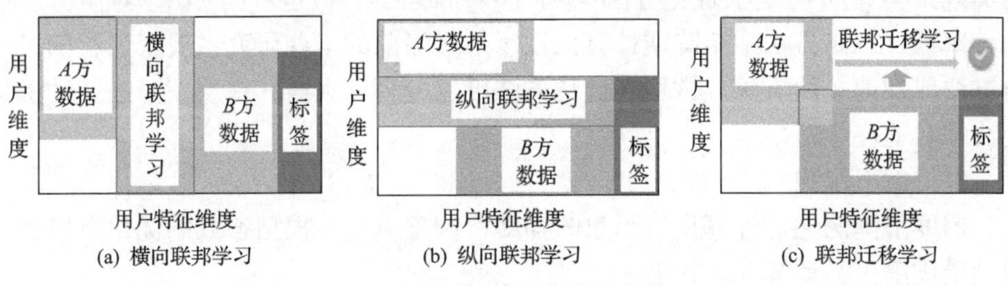


图 5.3　联邦学习范式的分类

1)横向联邦学习

横向联邦学习是当前应用场景最多的范式，特别适用于跨设备场景，即云-端服务框架，通过去中心化、分布式的建模方式在保证用户个人隐私的前提下，利用不同用户的数据。学习过程可以形式化为[16]

$$X_A = X_B,\quad Y_A = Y_B,\quad I_A \neq I_B,\quad \forall D_A, D_B$$

其中，$D_A$为用户 $A$ 的数据集；$D_B$为用户 $B$ 的数据集；$X_A$为用户 $A$ 的数据特征；$X_B$为用户 $B$ 的数据特征；$I_A$为用户 $A$ 的数据用户样本；$I_B$为用户 $B$ 的数据用户样本。

2）纵向联邦学习

纵向联邦学习适用于跨机构场景，即将多个参与方数据集中的数据特征拼接在一起，通过同态加密等方式确保数据的隐私安全。学习过程可以形式化为[16]

$$X_A \neq X_B, \quad Y_A \neq Y_B, \quad I_A = I_B, \quad \forall D_A, D_B$$

3）联邦迁移学习

联邦迁移学习将联邦学习与迁移学习相结合，主要利用迁移学习将源域与目标域联合起来进行学习，弥补数据不足或标签不足，本质上是一种基于知识迁移的联邦学习模式。学习过程可以形式化为[16]

$$X_A \neq X_B, \quad Y_A \neq Y_B, \quad I_A \neq I_B, \quad \forall D_A, D_B$$

从联邦学习范式的生命周期来看，可以区分为离线训练与在线推理两个阶段，学习过程中安全性主要依赖安全多方计算、差分隐私、同态加密等方式保证，学习过程中还需要应对数据中毒攻击、模型攻击等对抗性攻击挑战，以保证学习的鲁棒性。

### 5.1.3　优化理论

1. 机器学习优化

在机器学习方法中，优化器又称优化算法，主要用于优化模型训练过程，以更少的迭代次数、更快的计算速度、更小的计算量优化最优解。优化目标（回归、分类或聚类等）不一样，优化方法（零阶、一阶或二阶等）也不同。由于零阶方法搜索效率低，二阶方法中矩阵逆计算比较复杂，当前的一些研究主要聚焦在随机一阶方法或加速一阶方法。常用的优化方法可以分为三大类：梯度下降法、动量优化法和自适应学习率。

1）梯度下降法

梯度下降法通过计算损失函数的梯度，调整下一步模型参数的优化方向，以得到最优解，其计算表达式为

$$w_{t+1} = w_t - \eta \nabla f\left(w_t\right)$$

其中，$w_t$ 为自变量参数；$\eta$ 为学习率；$\nabla$ 为函数的梯度算子。

此外还有一些标准梯度下降法的变体：批量梯度下降法、随机梯度下降法、小批量梯度下降法以及共轭梯度法等。

2）动量优化法

类似于惯性原理，动量优化法尝试利用历史梯度信息引导参数更快收敛，当前梯度方向与历史方向相同时，加强当前趋势。动量优化法[18]的计算表达式为

$$v_{t+1} = \alpha v_t - \eta \nabla f\left(w_t\right)$$

$$w_{t+1} = w_t + v_{t+1}$$

其中，$\alpha$ 为动量的超参数，若 $\alpha = 0$，则恢复成梯度下降，可以减少训练过程中可能产生的振荡，加速学习的速度。类似的方法有 Nesterov 动量法[18]。

3) 自适应学习率

自适应学习率根据不同的函数来确定学习率，例如，AdaGrad 方法[19]的计算表达式为

$$w_{t+1} = w_t - \frac{\eta}{\sqrt{s_t + \epsilon}} \cdot g_t$$

其中，$\eta$ 为学习率；$s_t$ 为梯度的平方累积；$g_t$ 为小批量随机梯度；$\epsilon$ 用于维持学习的稳定性。该方法在训练初期可加快学习率，后期防振荡。类似的方法有 RMSProp[20]、Adadelta[21]、Adam[22]、AMSGrad[23]等。

### 2. 分布式优化

对于分布式机器学习，利用分布式并行化方法，可以极大地提高机器学习算法的效率。常见的分布式机器学习算法主要有分布式随机梯度下降算法、分布式逻辑回归算法和分布式交替方向乘子法等[24]。

1) 分布式随机梯度下降算法

传统的随机梯度下降属于串行化方法，Zinkevich 等[25]提出了分布式随机梯度下降算法，基于 MapReduce 模型，在本地计算主节点合并学习的模型。

2) 分布式逻辑回归算法

在大规模数据中使用原本的逻辑回归方法可能会产生过拟合现象，引入正则化项作为约束是比较传统的方式。Gopal 等[26]提出了针对多元逻辑回归的并行化训练方法，并在 Hadoop 集群上验证了算法的收敛性。

3) 分布式交替方向乘子法

Gabay 等[27]很早就提出了分布式交替方向乘子法，该方法可以用于求解含有等式约束的目标函数最小化问题，利用对偶上升算法的可分解性以交替优化多变量目标函数，该方法被广泛应用于求解分布式一致性问题和分布式共享问题等。

### 3. 在线学习

相对离线的批(batch)学习，在线学习本质上是一类流(flow)学习。在线学习问题通常建模成一个连续的多轮博弈问题。根据在线学习问题的损失函数性质可将相应求解方法区分为在线凸优化方法与在线非凸优化方法。根据梯度信息可区分为零阶在线学习方法、一阶在线学习方法和二阶在线学习方法，其中零阶在线学习方法假设智能体仅能查询损失函数的值；一阶在线学习方法假设智能体不仅

能查询损失函数的值，也能查询损失函数的一阶梯度；二阶在线学习方法假设能查询一阶梯度和二阶梯度，然后做出决策。根据在线学习中使用计算节点的数量，在线学习方法可以分为单节点在线学习方法与多节点在线学习方法。单节点在线学习方法又称串行在线学习方法，多节点在线学习方法又称并行或分布式在线学习方法。

1）在线梯度下降方法

在线梯度下降（online gradient descent, OGD）方法[28]及其各种变种方法（在线近端梯度下降算法和在线镜面下降算法等）是广泛应用于求解在线学习问题的通用方法，其中梯度包括损失函数的梯度、随机梯度、次梯度和近端梯度等。如果损失函数 $f_t$ 可以写成 $f_t(x)=F(x)+R(x)$ 的形式，且其中 $F(x)$ 在可行集内是连续且可导的，$R(x)$ 是正则化项。那么在线近端梯度下降算法模型更新规则为

$$x_{t+1}=\arg\min_{x\in X}\langle g_t, x-x_t\rangle+R(x)+\frac{1}{2\eta_t}\|x-x_t\|^2$$

其中，$g_t\in\partial f_t(x_t)$。此时智能体的模型更新是通过隐式的方式来定义的。

2）在线镜像下降方法

在线镜像下降（online mirror descent, OMD）方法[29]的更新规则为

$$x_{t+1}=\arg\min_{x\in X}\langle g_t, x-x_t\rangle+\frac{1}{\eta_t}B_{\Phi}(x,x_t)$$

其中，$g_t\in\partial f_t(x_t)$；$B_{\Phi}(x,x_t)$ 为 Bregman 散度，定义为 $B_{\Phi}(u,v):=\Phi(u)-\Phi(v)-\langle\nabla\Phi(v),u-v\rangle$，与在线近端梯度下降算法相比，采用了更通用的距离定义。

Mateos 等不仅证明了分布式在线梯度下降算法，并证明了当损失函数为凸函数时静态后悔界为 $O(n\sqrt{T})$，而当损失函数为强凸函数时静态后悔界为 $O(n\log T)$。

3）在线正则化随风方法

在线正则化随风（follow-the-regularized-leader, FTRL）方法[30]作为在线梯度下降方法的重要分支，其更新规则为

$$x_{t+1}=\arg\min_{x\in X}\left\langle\eta\sum_{i=1}^{t}\nabla f_i(x_i), x\right\rangle+R(x)$$

在线正则化随风方法在更新模型时采用了累积梯度，其后悔界为 $O(\sqrt{T})$。

## 5.2　强化学习与演化计算方法

渐进演化作为后深度学习时代面临的问题，因此需要将基于梯度学习的机器

学习方法和演化计算结合起来，构造领域适应的高效学习方法[31]。当前强化学习与演化计算方法的理论支撑、基础方法及前沿方法如图 5.4 所示。

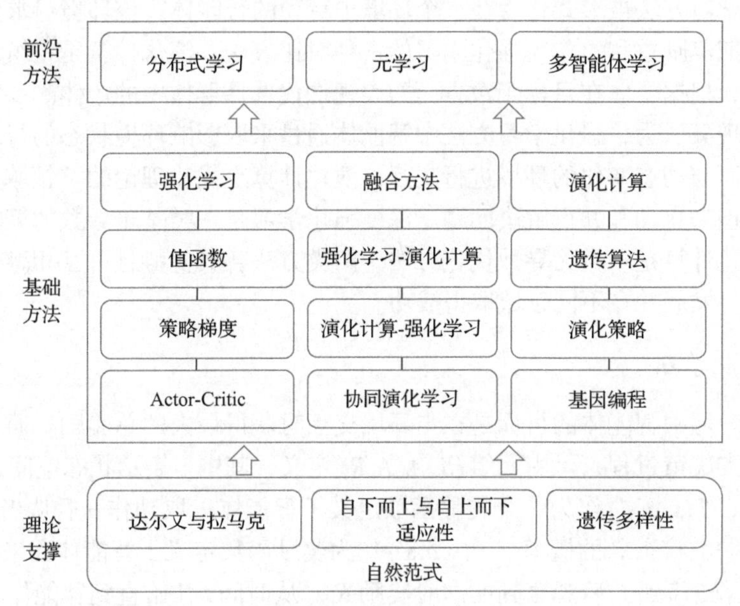


图 5.4　强化学习与演化计算方法的理论支撑、基础方法及前沿方法

### 5.2.1　理论支撑

自然的范式是所有科学领域的主要灵感来源，人类智能正是通过学习与演化的结合而发展起来的，其本质是通过交互式反馈学习掌握新技能，在种群代际传播过程中通过演化生成多样性后代并适应新环境。

随着达尔文进化论的发展，最适合的个体被选择“繁衍”下一代。与达尔文进化论相反，拉马克认为生物体随表型(phenotype)而变化，新获得的技能是生存所必需的，而未使用的能力则会丧失。拉马克认为生物体从简单进化到复杂，而达尔文主义只考虑适者生存[32]。

自然界中适应通常是自下而上的，这意味着种群会吸收各个解决方案的经验教训。在演化计算中，成功的方法通常采用自上而下的方法。遗传联系专门研究从群体中学习对个体的影响。相比之下，鲍德温效应具有自下而上的适应性，即将从单个解中学习的知识推广至种群。鲍德温效应表征了个体获得种群适应性优势的终身学习能力。

多样性在当前种群中引入了新的个体，以避免过早收敛到低质量个体。多样性作为遗传联系机制的补充，遗传联系为新产生的解决方案中的信息进行建模。

### 5.2.2 基础方法

强化学习方法被形式化为在一个环境中行动的智能体，该环境寻求优化其轨迹上的预期奖励总和。作为强化学习的一种对比方法，演化计算是一组无导数的优化方法，根据个体在目标函数方面的表现迭代选择群体中的个体。一种有趣的新型共生现象认为，强化学习方法中智能体通过采取影响环境状态的行动来完成任务，从而与动态变化的环境进行交互；演化计算是优化理论的子领域，通过采用演化原理来自动和并行解决问题。深度强化学习是一类基于导数的策略优化方法，而演化计算是一类无导数优化方法。两类方法各具优势且可互相融合，近年来两者并行发展并在不同领域取得成功。

1. 强化学习

强化学习中智能体的目标是在与环境交互时获得最大的总奖励，通常被建模为马尔可夫决策过程，可由元组 $(S, A, T, R)$ 定义，其中 $S$ 表示状态空间，$A$ 表示动作空间，$T(s,a,s')$ 作为一个转移函数定义了智能体采取动作 $a$ 后从当前状态 $s$ 转移到下一个状态 $s'$ 的概率，$R(s,a,s')$ 作为奖励函数定义了智能体在采取动作 $a$ 后状态从 $s$ 转移到 $s'$ 后观察到的即时奖励 $R$。从时间 $t$ 开始直到智能体与其环境之间的交互结束的总奖励表示为

$$G_t = \sum_{k=0}^{\infty} \gamma^k R_{t+k+1} \tag{5.1}$$

其中，$R_t$ 和 $G_t$ 分别表示即时奖励和在时间 $t$ 获得总奖励的随机变量；$\gamma \in (0,1)$ 表示对即时奖励和未来奖励进行加权的折扣因子。值函数是处于某种状态或采取某种特定行动的预期奖励。状态值函数 $V^{\pi}(s)$ 给出了状态 $s$ 遵循策略 $\pi$ 的预期奖励，为

$$V^{\pi}(s) = \sum_{a} \pi(a|s) \sum_{s',r} p(s',r|\ s,a)[r + \gamma V^{\pi}(s')] \tag{5.2}$$

动作值函数 $Q^{\pi}(s,a)$ 表示在状态 $s$ 中采取动作 $a$ 并在其后遵循策略 $\pi$ 的预期奖励，即

$$Q^{\pi}(s,a) = \sum_{s',r} p(s',r|s,a)\left[ r + \gamma \sum_{a'} \pi(a'|s') Q^{\pi}(s',a') \right] \tag{5.3}$$

智能体的动作选择过程受其策略控制，在一般的随机情况下，该策略根据已给定状态 $\pi(s, a)$ 为条件的动作空间上的概率分布来产生动作。强化学习及深度强

化学习方法的分类如下。

1）基于策略的方法

基于策略的方法显式地优化和存储策略，即直接在策略空间中搜索（近似）最优策略 $\pi^*$ 。基于策略的方法可以应用于连续、离散或混合（多动作）等动作空间。然而，这类方法方差高、样本效率低。

2）基于值函数的方法

基于值函数的方法根据状态值函数 $V^{\pi}(s)$ 和动作值函数 $Q^{\pi}(s,a)$ 学习值函数。然后，根据所学习的值函数提取策略。这类方法比基于策略的方法具有更高的样本效率。然而，在一般情况下，这些方法的收敛性是无法保证的。

3）基于 Actor-Critic 的方法

鉴于上述两种方法各有优缺点，基于 Actor-Critic 的方法试图将两者的优点结合到一个单一的方法架构中。Actor 是一种基于策略的方法，尝试学习最优策略，而 Critic 是一种基于价值的方法，评估参与者采取的行动。

4）基于模型的方法

基于模型的方法学习或利用环境的状态变换动力学模型，一旦智能体可以访问这样的模型，就可以使用模型来“想象”在不影响环境的情况下采取一组特定操作的结果。然而，对于许多问题，很难产生接近现实的模型。

深度强化学习是深度学习和强化学习的结合，使用深度神经网络来逼近强化学习的一个可学习函数。相应地，深度强化学习方法有三大类：基于值函数、基于策略和基于模型。例如，在基于策略的深度强化学习智能体的深度神经网络中将环境状态作为输入，并生成一个动作作为输出。动作选择过程由深度神经网络的参数 $\theta$ 控制。在训练阶段，使用反向传播方法优化参数的选择。

SARSA（state-action-reward-state-action）算法是一种无模型同策（on policy）方法，利用时间差异进行预测。智能体和环境之间的交互产生序列 $s_t,a_t,r_{t+1},s_{t+1},a_{t+1},\cdots$ ，当处于状态 $s_t$ 时，智能体采取行动，环境转移到状态 $s_{t+1}$ ，智能体观察到奖励 $r_{t+1}$ 。对于动作选择，SARSA 使用 $\varepsilon$ -贪婪方法，该方法以 $1-\varepsilon$ 的概率选择得到最大 $Q(s_t,a_t)$ 的动作。除此之外，它还均衡地从 $A$ 中提取一个动作，其新方程为

$$Q(s_t,a_t) \leftarrow Q(s_t,a_t)+\alpha\left[r_{t+1}+\gamma Q(s_{t+1},a_{t+1})-Q(s_t,a_t)\right] \tag{5.4}$$

$Q$-Learning 是一种异策（off policy）方法[33]，这意味着可通过任何策略获得的数据中学习最佳 $Q$ 值函数（不引入偏差），其更新规则为

$$Q(s_t,a_t) \leftarrow Q(s_t,a_t)+\alpha\left[r_{(t+1)}+\gamma \max_a Q(s_{t+1},a_{t+1})-Q(s_t,a_t)\right] \tag{5.5}$$

REINFORCE 是一种利用策略梯度方法的基本随机梯度下降方法[34]，它利用深度神经网络来近似策略 $\pi$ 并更新其参数 $\theta$。网络接收来自环境的输入，并在行动空间 $A$ 上输出概率分布。

深度 $Q$ 网络(DQN)将 $Q$ 学习与深度卷积神经网络相结合，深度卷积神经网络用于逼近最佳动作值函数(或 $Q$ 值函数)。然而，这样会导致深度强化学习智能体不稳定。为了解决这个问题，深度 $Q$ 网络对体验回放数据集进行采样，并使用仅在一定次数的迭代后才更新的目标网络。为了在迭代 $i$ 中更新网络参数，使用的损失函数为

$$L_i\left(\theta_i\right)=E_{(s,a,r,s')}\sim U(D)\left[\left(r+\gamma\max_{a'}Q\left(s',a';\overline{\theta}_i\right)-Q\left(s',a';\theta_i\right)\right)^2\right] \tag{5.6}$$

2. 演化计算

演化计算是一组基于种群的黑盒优化方法[35]，通常应用于连续搜索空间问题，以找到最优解。其中，演化计算不需要将问题建模为马尔可夫决策过程，目标函数 $f(x)$ 也不必是可微和连续的。目标函数解释了为什么演化计算是一类无梯度优化技术。其基本思想是将候选解决方案的抽样过程偏向于迄今为止发现的最佳个体，直到找到满意的解决方案。样本来自(多元)正态分布，其形状(即平均值 $m$ 和标准偏差 $\sigma$)由策略参数描述。这些可以在线修改，以提高搜索过程的效率。

遗传算法是最流行的演化计算方法之一，因为使用直观且易于实现。每个个体都有一个与适应度函数关联的适应度值。单个解的表示是方法高效的关键。遗传编程可解决计算机程序优化任务，每个计算机程序都由一棵树表示，其中内部节点是操作符，叶子是变量。遗传算子包括节点和子树的删除与添加。

(1+1)-ES(evolution strategy, 演化策略)是一种最简单的演化计算方法。首先，根据初始解集 $\left\{x_i,x_j\right\}$ 的均匀随机分布绘制父代候选解 $x_p$。所选的父代候选解 $x_p$ 及其适应度值进入演化循环。在每一代(或迭代)中，通过将不相关多元正态分布中提取的向量添加到 $x_p$，创建子代候选解 $x_o$，即

$$x_o=x_p+y\sigma,\quad y\sim N(0,I) \tag{5.7}$$

$(\mu/\rho^+,\lambda)$-ES 作为(1+1)-ES 的扩展，其不使用一个亲本产生一个后代，而是使用 $\mu$ 个亲本通过重组和突变产生 $\lambda$ 子代。在该方法的共同变异(即 $(\mu/\rho^+,\lambda)$-ES)中，下一代的父代选择仅从子代开始。而在正变异中，下一代父代的选择是由后代和父代结合而成的。方法名称中的 $\rho$ 表示用于生成每个子代的父代数量。$(\mu/\rho^+,\lambda)$-ES 演化的元素(或个体)由 $(x,s,f)$ 组成，其中 $x$ 是候选解，$s$ 是控制突

变显著性的策略参数，$f$ 对应 $x$ 的适应度值。在演化过程中可自动调整策略参数，称为自适应。因此，与(1+1)-ES不同，$(\mu/\rho^{+},\lambda)$-ES不需要外部控制设置来调整策略参数。

协方差矩阵自适应演化策略(covariance matrix adaptation evolution strategy, CMA-ES)是一类典型的无梯度优化方法[36]。为了搜索解空间，其从多元正态分布中对新搜索点(后代)的总体 $\lambda$ 进行采样，即

$$x_i^{g+1} = m^{(g)} + \sigma^{(g)} N\left(0, C^{(g)}\right), \quad i = 1,2,\cdots,\lambda \tag{5.8}$$

其中，$g$ 是代号；$x_i \in \mathbf{R}^n$ 是第 $i$ 子代；$m$ 和 $\sigma$ 分别为 $x$ 的平均值和标准偏差；$C$ 为协方差矩阵；$N(0, C^{(g)})$ 是多元正态分布。为了计算下一代 $m^{(g+1)}$ 的平均值，CMA-ES 根据其适应度值($\mu$ 候选解)计算最佳值的加权平均值，其中 $\mu < \lambda$ 表示父代种群的大小。

虽然自然演化策略(natural evolution strategies, NES)在许多方面与先前定义的演化计算方法相似，即使用梯度来充分更新搜索分布[37]。其基本流程包括：抽样，NES从搜索空间的概率分布(通常为高斯分布)中对个体进行抽样，最终目标是更新分布参数 $\theta$，最大化采样个体 $x$ 的平均适应度函数 $F(x)$；搜索梯度估计，通过评估先前计算的样本估计参数上的搜索梯度，实现更高预期适应性的最佳方向；梯度上升，NES沿估计梯度来计算梯度上升的程度。重复前面的步骤，直到满足停止条件。

3. 融合方法

交叉熵强化学习(cross-entropy method-reinforcement learning, CEM-RL)是一种融合方法[38]，将交叉熵方法(cross-entropy method, CEM)与双延迟深层确定性策略梯度(TD3)或深层确定性策略梯度(deep deterministic policy gradient, DDPG)方法相结合。CEM-RL体系结构由使用CEM生成的参与者群体和单个DDPG或TD3智能体组成。参与者为DDPG或TD3智能体生成多样化的训练数据，并将从DDPG或TD3获得的梯度周期性地插入CEM的总体中以优化搜索过程。

### 5.2.3　前沿方法

1. 分布式学习

在分布式学习中，多个强化学习智能体(或参与者)并行运行以加速学习过程；与多智能体强化学习不同，智能体不直接交互并在所选环境的单独实例中运行；每个智能体收集自己的学习经验，可以在学习过程中与其他智能体共享，以优化全局网络。Gorila是第一个面向深度强化学习的大规模分布式体系结构[39]。异步

优势行为-评价(A3C)作为 Gorila 的替代品[40],其中智能体在一台机器内作为 CPU 线程实现,这降低了 Gorila 强加的通信成本。批次 A2C(batch advantage actor-critic)试图利用 Gorila 和 A3C 的优势[41]，与 Gorila 类似，批处理 A2C 可以在 GPU 上运行。分布式近端策略优化(distributed proximal policy optimization, DPPO)具有与 A2C 类似的体系结构[42]，并使用近端策略优化(proximal policy optimization, PPO)方法进行学习。Ape-X[43]将优先体验缓冲区扩展到并行强化学习场景，并表明该方法具有高度可扩展性。Ape-X 体系结构由多个参与者、一个学习者和一个优先回放缓冲区组成。循环重放分布式 DQN(recurrent replay distributed DQN, R2D2)具有类似的体系结构[44]，但使用基于递归神经网络的强化学习智能体，其性能优于 Ape-X。重要性加权的执行者-学习者架构(IMPALA)可以支持单个或多个策略参数分布的同步学习器[45]。具有加速中心推理的可扩展高效深度强化学习(SEED RL)通过将推理转移到学习者身上改进了 IMPALA 系统[46]，采用 TUP 和 GPU，与其他方法相比有显著的改进。

OpenAI ES 是一种源自 NES 的方法[47],可直接优化策略的参数 $\theta$ 。OpenAI ES 的主要特点是共享随机种子的思想。新颖性搜索(novelty search, NS)演化策略(NS-ES)方法将 OpenAI ES 和 NS 相结合[48]，此外质量多样性(quality diversity, QD)可代替新颖性搜索[48]。

2. *元学习*

对于部分可观测环境，由于存在非平稳性，智能体需要面对混合环境，故可以采用元学习类方法。

元强化学习关注的是学习一种策略，该策略可以在任务或环境的分布中快速推广。模型不可知元学习(model agnostic meta-learning, MAML)通过学习模型的一组初始参数 $\theta_0$ 来实现元学习原则[49]，从而采取一些梯度步骤就足以使该模型适应特定任务。一阶元学习框架 Reptile[50]，类似一阶 MAML，不计算二阶导数，计算要求更低。基于梯度的元强化学习方法面临需要估计一阶和二阶导数、高方差和高计算需求等挑战。

ES 方法[51]结合了演化性搜索、演化策略和 MAML 的概念，以鼓励搜索其直接后代表现出行为多样性迹象的个体。ES 方法只能解决任务性能和可演化性一致的问题，为消除这一限制，有质量演化策略(quality evolvability strategy, QES)同时优化了任务性能和演化能力[52]。

3. *多智能体学习*

智能体数量规模上的扩展，对当前大部分方法提出了挑战。多智能体强化学习方法可简要分为如下几类：独立学习方法，每个智能体都将其他智能体视为环境的一部分，因此每个智能体都接受独立训练。这种方法不存在可扩展性问题，但从每个智能体的角度来看，环境非平稳；值函数分解方法，在完全合作的多智能体强化学习(multi-agent reinforce learning, MARL)环境中学习最佳行动值函数是一项挑战。为了协调智能体的行动，需要学习集中的行动值函数。然而，当智能体的数量很多时，学习这样一个函数是很有挑战性的；交流学习方法，协作环境可能允许智能体进行交流。

此外，一些研究将演化计算和多智能体强化学习(深度 $Q$ 网络)结合起来用于顺序博弈[53]，并展示了与经典多智能体强化训练相比，该模型的效率。例如，将 CMA-ES 扩展到多智能体框架，利用演化策略构建捕食者-食饵系统[54]。

### 5.2.4　方法集成框架

强化学习和深度学习的结合，使得深度强化学习可以提高样本效率，而演化计算具有鲁棒的收敛特性和探索策略。融合方法将深度强化学习和演化计算相结合，以实现两者的最佳效果。

可以从架构方案、模式类型、优化方法和表征方法四个方面设计智能博弈对抗问题求解的强化学习与演化计算的集成框架，如图 5.5 所示。

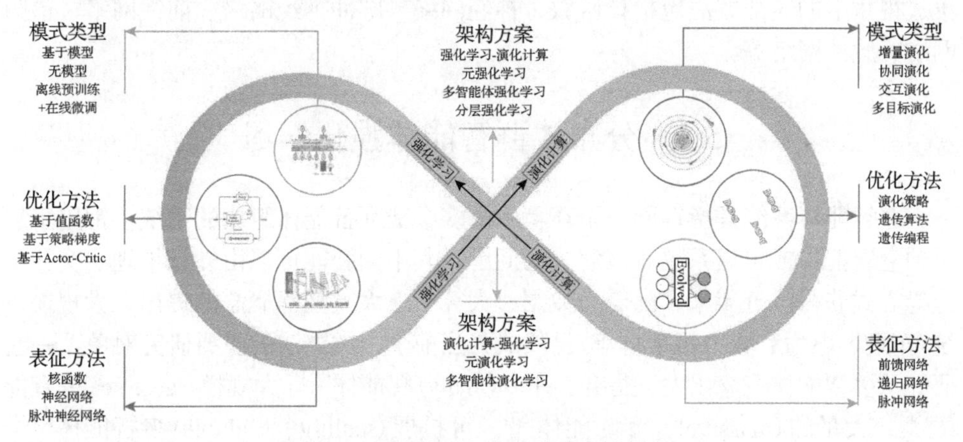


图 5.5　强化学习与演化计算集成框架

上述框架首先从架构方案入手对复杂问题进行结构设计，然后分析可以采用的模式类型，接着挑选合适的方法，最后设计问题表征，整体上具有松耦合、易扩展等特性。

1. 架构方案

通常根据智能博弈对抗问题的设定，通过问题分解、背景分析及主体设置等设计出问题求解的框架方案。集成视角下的架构方案包括：强化学习-演化计算、元强化学习、多智能体强化学习、分层强化学习、演化计算-强化学习、元演化学习、多智能体演化学习等。

2. 模式类型

智能博弈对抗问题中多主体与环境进行交互，策略的生成模式与算法的性能(样本效率、探索与利用)相关。集成视角下的模式类型包括基于模型的强化学习、无模型强化学习、离线预训练+在线微调、增量演化、协同演化、交互演化、多目标演化等。

3. 优化方法

作为模式类型对应算法的内嵌层，优化方法的选择与问题求解的效率十分相关。集成视角下的优化方法包括基于值函数的优化方法、基于策略梯度的优化方法、基于 Actor-Critic 的优化方法、演化策略、遗传算法、遗传编程等。

4. 表征方法

表征关系到编码方式的选择，策略的表征与问题求解的软硬件计算资源相关。集成视角下的表征方法包括核函数、神经网络、脉冲神经网络、前馈网络、递归网络、脉冲网络等。

## 5.3 分布式群智能体强化学习

多智能体系统是指在同一个环境中由多个交互智能体组成的系统，常用于解决独立智能体或单层系统难以解决的问题，其中的智能可以由知识推理、交互学习等方式获得。近年来，随着大数据、大算力、大模型等概念的提出，大规模系统(车辆、电力、无人机集群等)已然成为当前学习类方法的主要研究对象。一些研究从多智能体概念出发，提出了许多(many)智能体[55]、大规模(large scale)智能体[56]、大量的(massively)多智能体[57]、可扩展(scaling、scalable)多智能体[58,59]等概念。凭借各类视频游戏平台、作战仿真软件的支撑，对群(population)智能体的规模可扩展性强化学习方法、适用于多类场景的自适应强化学习方法的研究充满挑战。

### 5.3.1 分布式群智能体强化学习概述

1. 多智能体强化学习

多智能体强化学习通常可直接用马尔可夫博弈(Markov game)模型来建模，可由八元组$\langle N,S,A,T,R,O,Z,\gamma\rangle$表示，如图 5.6 所示，其中 $N$ 表示智能体的数量，并且是所有状态的集合；$s_t \in S$ 表示博弈在 $t$ 时刻的状态；$A = a_1 \times a_2 \times \cdots \times a_N$ 表示所有智能体的联合动作集合，$a \in A$ 表示某个特定的联合动作，$a_i^t \in A_i$ 表示第 $i$ 个智能体在 $t$ 时刻采取的动作；$T: S \times A \times S \to [0,1]$ 表示状态转移概率函数，$R = [r_1, r_2, \cdots, r_N]: S \times A \times S \to \mathbf{R}^N$ 表示联合奖励函数；$O = O_1 \times O_2 \times \cdots \times O_N$ 表示所有智能体联合观测的集合；$Z(s): S \to O$ 表示观测函数，控制所有智能体在状态 $s_t$ 时能够感知到的具体观测值；$\gamma$ 表示折扣因子。

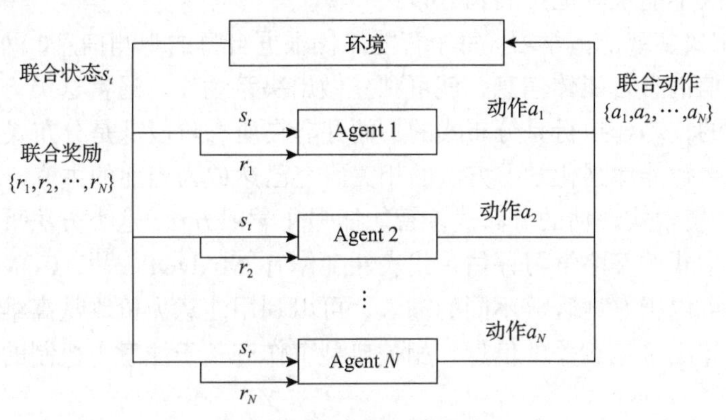


图 5.6　多智能体强化学习

相较用博弈论来描述多智能体系统的状态变化，对于协作型多智能体系统，由于智能体之间是协作关系，通常不考虑非协作方智能体的行为，故通常采用分散型部分可观马尔可夫决策过程(Dec-POMDP)来建模。近年来，由于深度强化学习技术的日渐成熟，一些新的研究尝试以深度强化学习为基础，在多智能体系统中进行深度强化学习扩展，提出了一系列多智能体强化学习方法。

正是由于多个智能体的存在，多智能体强化学习面临一系列挑战：

(1) 部分可观性。由于物理空间上的分离与自身局部感知能力，单个智能体仅能观测整个环境状态的一部分，故整体的状态空间是部分可观的。

(2) 非平稳性。多智能体系统中每个智能体仅能控制己方策略，且各方的策略之间没有强制约束关系，导致状态转移和奖励分配函数无法收敛至一个平稳分布，会使各智能体的新状态和得到的奖励不再是确定性的。

(3) 维度灾难性。动作空间大与智能体规模扩展，导致联合动作空间呈指数增长，整体维度巨大。

(4) 信用分配难。对于协作的多智能体系统，由于从环境反馈的奖励信号是由多个智能体的联合动作决定的，如何消除“懒”智能体滥竽充数的现象以使每个智能体的奖励分配符合真实贡献，如何兼顾公平，难度较大。

(5) 环境探索难。探索与利用是强化学习的基本问题，分别对应基于当前环境状态选择新动作来执行和利用已经探索学习到的策略选择最佳动作。

从集中式与分布式两个维度对多智能体强化学习的策略训练与动作执行进行分类，现有方法主要可划分为三大类：

(1) 独立式智能体学习。每个智能体采用完全独立的方式进行策略学习，但由于智能体之间没有任务信息共享，实际性能往往很不好。

(2) 集中式多智能体学习。多个智能体的策略训练与动作执行全部采用集中式的网络，而非采用显式地拆分成属于单个智能体的子网络。由于通常采用信息共享的方式，故不能很好地扩展到分布式环境。

(3) 分布式多智能体学习。每个智能体仅根据自身的观测信息、网络近邻智能体信息或通信消息智能体信息，就可独立做出决策动作。通常这类方法中策略训练是集中式的，动作执行是分布式的，而并非在所有阶段都是分布式的。

分布式多智能体强化学习方法的相关研究已然成为当前的主流，主要包括：

(1) 基于集中式评估的分布式多智能体强化学习方法。这类方法采用独立式行动执行和集中式的策略学习评估，代表性工作有 MADDPG[60]、COMA[61]。由于注意力机制可以很好地区分不同的输入，可以利用注意力机制从高维输入信息中寻找与智能体决策最相关的信息，相关典型工作有基于注意力机制的队友联合策略建模方法[62]。

(2) 基于联合动作值分解的分布式多智能体强化学习方法。这类方法将多智能体系统的联合动作值函数分解为个体动作值函数的某种特定组合，根据机制的不同可分为简单因子分解型、个体全局最大(individual global max, IGM)型和注意力机制型[63]。

(3) 基于协作交互的分布式多智能体强化学习方法。这类方法将智能体之间的协作交互关系纳入考虑，划定智能体的领域(agent neighborhood)，相关典型工作如利用协作图(coordination graph)来描述智能体之间的密切关系[64]。

(4) 基于联网通信的多智能体强化学习方法。这类方法利用联网多智能体之间的通信信息来学习，根据通信机制的不同，可划分为基于直接策略搜索的方法、基于值函数的方法、面向提升通信效率的方法、面向应急通信的方法等[65]。

2. 分布式群智能体强化学习

传统的多智能体强化学习方法对于少量智能体的应用场景效果比较明显，但对于智能体数据规模过大的场景，指数爆炸导致学习时的样本效率过低。如图 5.7 所示，为了应对大规模智能体，设计规模可扩展的多智能体强化学习方法已然成为当前研究的焦点。

依靠分布式训练框架 IMPALA，DeepMind 在开发《星际争霸》AlphaStar 时，采用了集中式训练分布式执行的范式设计了三大类智能体对象：主智能体(main agent)，为正在训练的智能体及其历史数据，通过采用优先级虚拟自对弈的方式

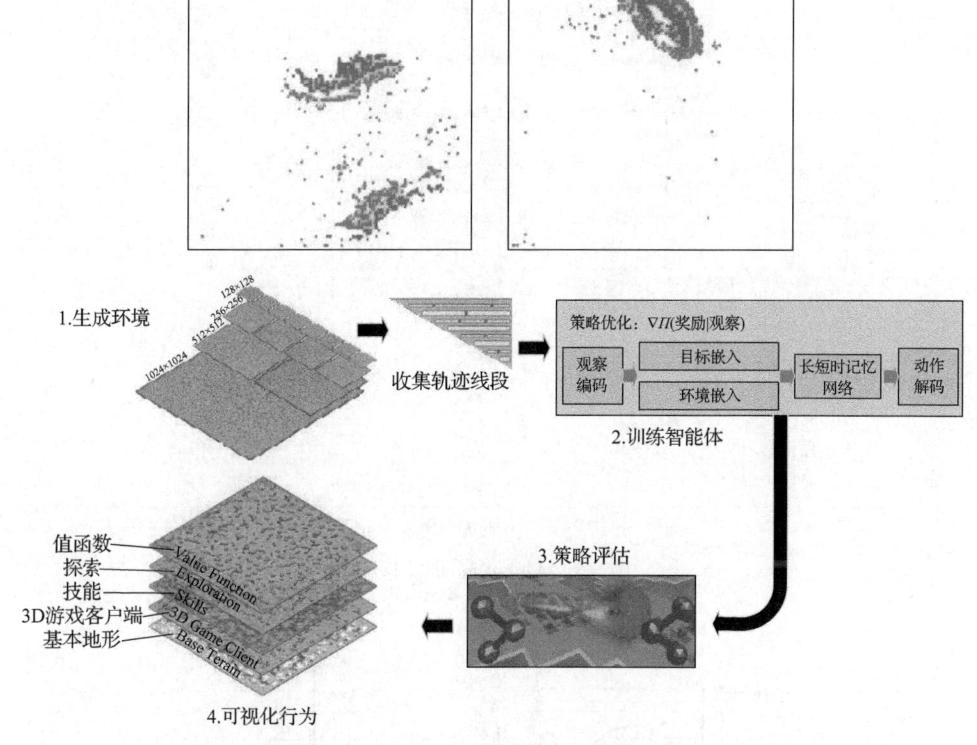


图 5.7 MAgent 场景与 Neural MMO(大型多人在线游戏)场景

来选取；联盟利用者(league exploiter)，能打败联盟中的所有智能体，按照有优先级虚拟自对弈的方式与全联盟的对手进行训练；主利用者(main exploiter)，能够打败所有的智能体。AlphaStar 训练框架如图 5.8 所示。

DeepMind 发布了关于真实世界博弈策略的陀螺猜想[66]，实证分析了多类博弈的策略空间满足此猜想，陀螺形博弈策略空间形态[66]如图 5.9 所示。策略之间的传递压制与循环压制并存，正如现实情景中“石头、剪刀、布”游戏一样，一直是个挑战问题，如何分析各类博弈的策略空间形态一直是一个开放式问题。

分布式群智能体强化学习包含两个群概念，即一群智能体和策略种群。需要研究的问题包括两种：一种是规模可扩展多智能体强化学习方法，即主要如何训练一群智能体；另一种为自适应深度强化学习，通过采用基于种群的训练方法，训练一个智能体种群。

### 3. 典型策略训练与学习平台

#### 1)典型可扩展多强化学习平台

MAgent[55]是一个支持多智能体强化学习研究和开发的平台。与以往单一或多

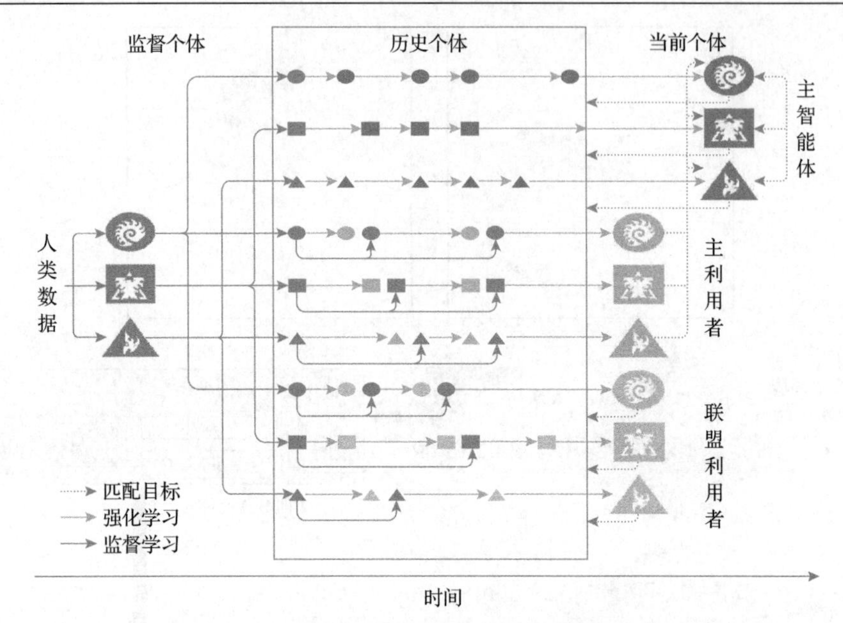


图 5.8 AlphaStar 训练框架

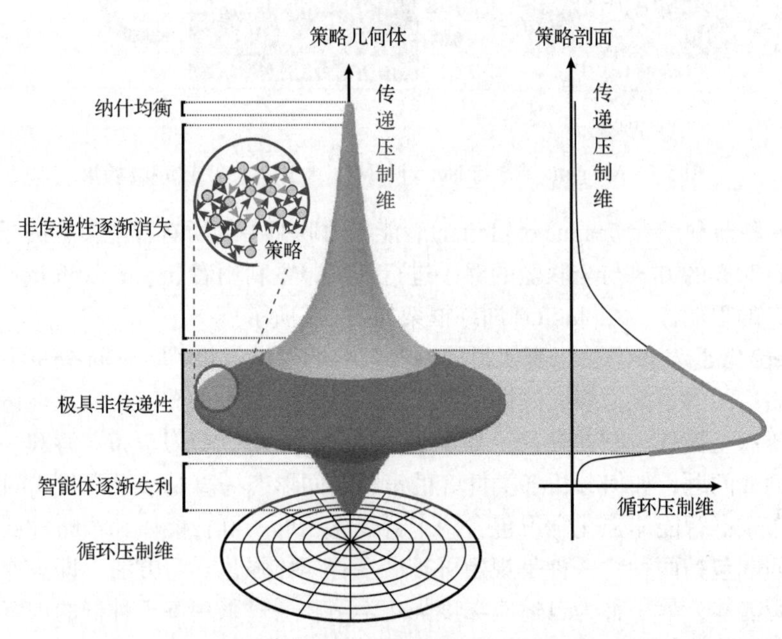


图 5.9 陀螺形博弈策略空间形态

智能体强化学习的研究平台不同，MAgent 旨在支持需要数百到数百万智能体的任务和应用。在一群智能体之间的互动中，它不仅可以研究智能体最优策略的学习算法，更重要的是可以观察和理解个体智能体的行为和人工智能社会中出现的社会现象，包括沟通语言、领导能力、利他主义。MAgent是高度可扩展的，可以在一个GPU服务器上托管多达100万个智能体。MAgent还为人工智能研究人员提供灵活的配置，以设计定制的环境和智能体。相关示例演示了在MAgent中可以通过从零开始学习涌现的集体智慧。

Neural MMO[57]是一个用于人工智能研究的大型多智能体环境。智能体在一个持久的游戏世界中搜寻资源并参与战斗，其在环境边缘的随机位置生成，必须获得食物和水，并避免被其他智能体打倒，以维持生命，踩在森林瓦片上或靠近水的地方，分别会重新获得食物供应或水供应。然而，森林瓦片的食物供应有限，随着时间的推移，食物会缓慢再生。智能体在战斗中使用三种战斗风格，分别是近战、远攻和法术。

Swarm-RL[67]是一类基于端到端的深度强化学习分布式控制四旋翼无人机集群的仿真实验平台，通过大规模多智能体端到端的强化学习，演示了学习无人机集群控制器的可能性，可以采用零样本迁移的方式将这些控制器的策略用于现实世界中四旋翼无人机的控制。通过训练神经网络参数化的策略，能够以完全分散的方式控制集群中的单个无人机。仿真实验展示了Swarm-RL先进的群集行为，在紧密队形中能执行攻击性动作，同时避免相互碰撞，打破和重新建立队形以避免与移动障碍物碰撞，并在“追赶-逃避”任务中有效协作。此外，Swarm-RL模拟环境中学习到的模型可以成功部署到真实的四旋翼无人机上。

2)典型自适应强化学习平台

EPC(演化种群课程)[58]是一类基于演化种群课程学习与注意力机制的扩展性多智能体学习环境。在每个学习阶段维护智能体集合，运用一种课程学习范式，通过循序渐进地增加训练主体的数量来扩大多智能体强化学习的规模。此外，EPC采用演化学习方法，即早期阶段在小种群中成功训练的智能体不一定是适应后期大规模种群的最佳备选。具体来说，EPC在每个阶段维护多个智能体集合，对这些集合执行混合匹配和微调，以提升智能体在下一阶段的适应性。

MALib[68]是由上海交通大学设计的基于种群的多智能体强化学习(PB-MARL)框架，其本质上是一个基于元博弈理论，具备策略评估与策略提升能力的多智能体博弈学习框架，如图5.10所示。MALib支持丰富的种群训练方法，如自对弈、策略空间响应预言机(policy space response oracle, PSRO)、联赛训练(league training)。由于底层采用Ray框架，支撑多类多智能体博弈对抗环境，如《星际争霸》、谷歌足球游戏、模型类、雅达利游戏和墨子兵棋平台等。

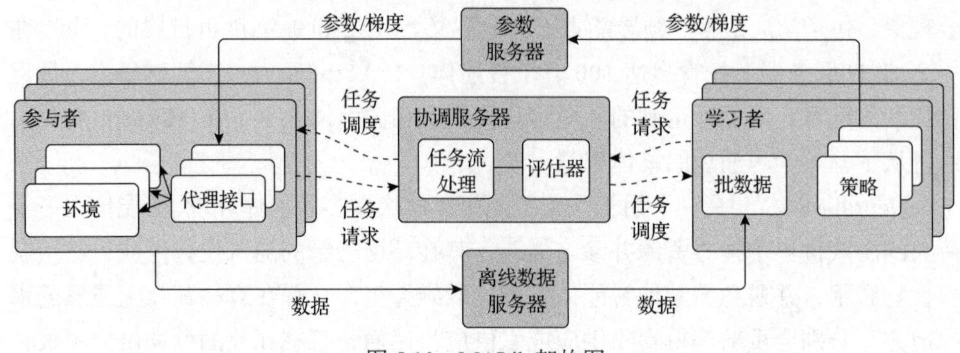


图 5.10　MALib 架构图

### 5.3.2　规模可扩展多智能体强化学习方法

对于大规模多智能体系统，处理大规模的动态变化是当前深度强化学习方法面临的突出挑战。如何为深度网络的状态输入设计满足动态变化(变长或变维)状态表示是这类问题的本质，相关建模框架与典型方法如表 5.1 所示。

表 5.1　相关建模框架与典型方法(规模可扩展多智能体强化学习方法)

| 类别 | 建模框架与典型方法 | 特点 |
|---|---|---|
| 集合置换不变性 | 深度集合[69] | 利用置换不变性设计满足集合数据处理的网络 |
| | 深度集合 $Q$ 值[70] | 将深度集合网络架构引入深度强化学习 |
| | 深度集群网络[71,72] | 利用深度集合架构对多无人机交互进行编码 |
| | 深度集合平均场[73] | 基于深度集合架构与平均场理论设计 PPO 算法 |
| 注意力机制 | 注意力关系型编码器[74] | 可以聚合任意数量邻近智能体的特征表示 |
| | 随机实体分解[75] | 采用随机分解来处理不同类型和数量的智能体 |
| | 基于注意力机制的深度集合[75] | 采用基于注意力机制的深度集合框架来控制集群 |
| | 通用策略分解 Transformer[76] | 利用 Transformer 来学习分组实体的策略 |
| | 种群不变 Transformer[77] | 设计具备种群数量规模不变的 Transformer |
| 图与网络理论 | 可分解马尔可夫决策过程[64] | 将状态变换函数分解为动态贝叶斯网络 |
| | 联网分布式部分可观马尔可夫决策过程[78] | 利用图表示部分可观的局部交互 |
| | 可分解分散型部分可观马尔可夫决策过程[79] | 利用协调图将状态变换函数分解成动态贝叶斯网络 |
| | 图卷积网络[80] | 直接利用图卷积网络学习大规模无人机编队控制策略 |
| | 基于聚合的图神经网络[81] | 利用聚合操作来处理维度变长的输入 |
| | 图 $Q$ 值混合网络[82] | 利用图神经网络与注意力机制学习值函数分解 |
| | 图注意力神经网络[83] | 设计群组间和个体间图注意力神经网络 |

续表

| 类别 | 建模框架与典型方法 | 特点 |
| --- | --- | --- |
| 图与网络理论 | 深度循环图网络[84] | 结合门控循环单元和图注意力模型 |
| | 深度协调图[85] | 设计基于超图表征智能体关系的图卷积神经网络 |
| | 超图卷积混合网络[86] | 基于超图卷积的值分解 |
| | 协作图贝叶斯博弈模型[87] | 构建满足智能体之间交互的非平稳交互图 |
| 平均场理论 | 平均场多智能体强化学习[88] | 基于平均嵌入设计满足多智能体的平均场 $Q$ 学习 |
| | 平均场博弈[89,90] | 基于智能体与邻居的交互图构建局部平均场博弈 |
| | 平均场控制[91] | 将多智能体强化学习转换成高维单智能体决策 |

1. 基于集合置换不变性的方法

可扩展性本质上是降低方法对输入的敏感度，与等变性(equivariant)不同，集合具备置换不变性(permutation invariance)的特性。深度集合(deep set)[69]是一类面向集合的深度学习框架。深度集合 $Q$ 值[70]设计了面向集合的深度强化学习框架。深度集群网络[71,72]是一类面向无人机集群控制、规划的强化学习框架，实现了四旋翼无人机集群的策略虚实迁移，如图 5.11 所示。深度集合平均场[73]以深度集合框架为基础，利用平均场理论设计 PPO 算法。

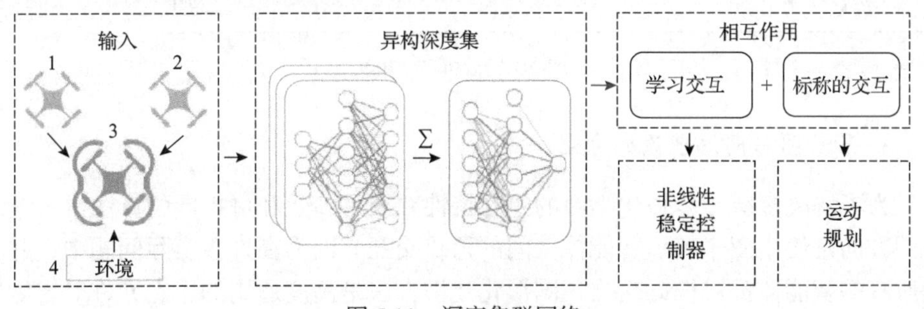


图 5.11　深度集群网络

2. 基于注意力机制的方法

与集合理论中集合置换不变性不同的是，基于注意力机制的方法更加强调智能体角色、重要性的不同。

1)一般注意力

注意力关系型编码器方法[74]采用社交注意力池化机制来学习每个邻居节点的重要性程序。随机实体分解方法[75]采用注意力机制与 Qmix 混合方法，利用随机分解来处理不同类型和数量的智能体。基于注意力机制的深度集合方法[75]将注意力与深度集合混合，采用基于注意力机制的深度集合框架来控制集群。

2) Transformer

作为一种新型的自注意力机制，Transformer 被用来构建注意力机制学习方法已经成为必然。通用策略分解 Transformer 方法[76]利用 Transformer 来学习分组实体的策略，消除了模型固定输入输出的约束，提升了模型的可扩展性，如图 5.12 所示。种群不变 Transformer 方法[77]采用了具备种群数量规模不变的 Transformer 结构。

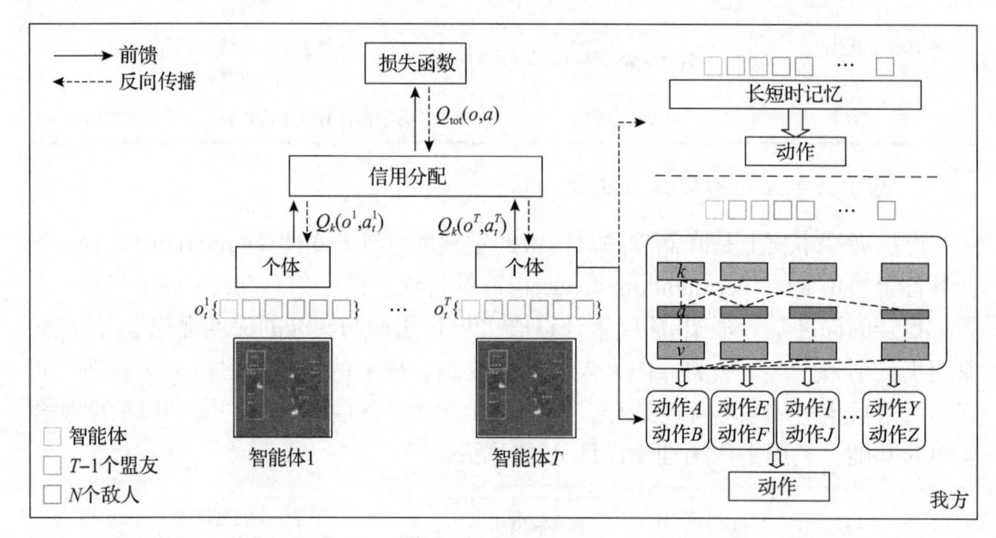


图 5.12　Transformer

3. 基于图与网络理论的方法

为了解决多智能体强化学习的组合特性并获得高效和可扩展的算法，一个流行的方向是使用图来表示智能体之间的稀疏交互，因为在许多实际问题中，并不是所有的智能体都可彼此交互。图形化建模方法是高度通用的，它允许对智能体之间的交互进行建模，这种建模比标准模型要稀疏得多。

1) 动态贝叶斯网络

一种常见的方法是假设问题的图式是可分解结构。考虑状态变换函数、观测与奖励函数可能具有独立性，将联合函数分解成小因子形式。可分解马尔可夫决策过程(factored MDP)模型[64]是一类使用基于图分解来实现可扩展性的框架之一。将状态转换模型分解为动态贝叶斯网络(dynamic Bayesian network, DBN)，如图 5.13 所示。联网分布式部分可观马尔可夫决策过程(networked distributed POMDP, ND-POMDP)模型[78]是一类融合了部分可观与协调图的统一框架。可分解分散型部分可观马尔可夫决策过程(factored Dec-POMDP)模型[79]可用于表示基于图的多智能体系统，与可分解马尔可夫决策过程模型类似，状态变换函数与观测模型可以表示成动态贝叶斯网络。

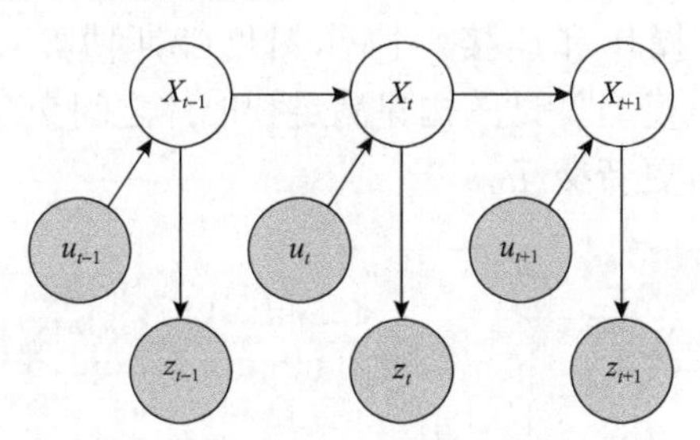


图 5.13　动态贝叶斯网络示意图

2) 图神经网络

图神经网络是直接利用图结构来描述大规模系统是一类面向现实多实体互联场景的可行方案。图卷积网络[80]是一类最早利用图网络设计分布式控制器来实现大规模无人机编队控制的方法。基于聚合的图神经网络[81]可以处理变长输入，从而实现数量规模比较大的情形。图 $Q$ 值混合网络[82]基于 Qmix 算法，利用图神经网络与注意力机制混合来应对值函数分解与奖励分配，如图 5.14 所示。图注意力神经网络[83]试图构建群组内注意力与个体间注意力网络，来学习智能体的状态表示。深度循环图网络[84]采用门控循环单元来处理输入，结合分层图注意力模型，提高模型的可扩展性。

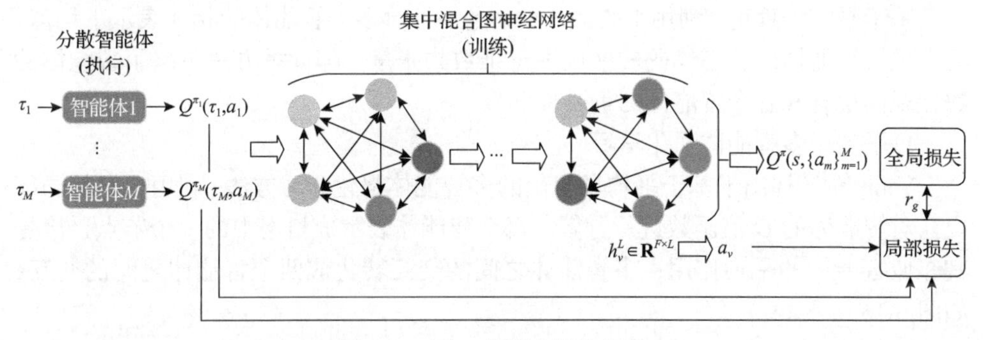


图 5.14　图 $Q$ 值混合网络框架

3) 复杂网络模型

复杂网络的相关研究包括小世界网络、渗流原理、动力学模型等。复杂网络理论长期以来专注于利用图理论来理解复杂的大规模系统。近年来，一个重要的新兴领域是研究处理网络节点间的高阶相互作用，已然超越了简单的成对相互作用。深度协调图[85]使用基于超图的图神经网络来学习智能体之间的交互，由于超图可以表征智能体之间的高阶交互。超图卷积混合网络[86]采用基于超图卷积的值分解方法，如图 5.15 所示。此外，一些研究将重点从图上动态系统转移至动态自适应图系统，同时考虑智能体的变化与智能体交互之间的变化。为了更加真实和适用于现实场景，多智能体系统不仅需要适应不断变化的环境，还需要适应系统中不断变化的交互、操作和连接。协作图贝叶斯博弈(collaborative graphical Bayesian game, CGBG)模型[87]试图构建满足智能体之间交互的非平稳交互图，使得智能体在每一步均可更新交互。

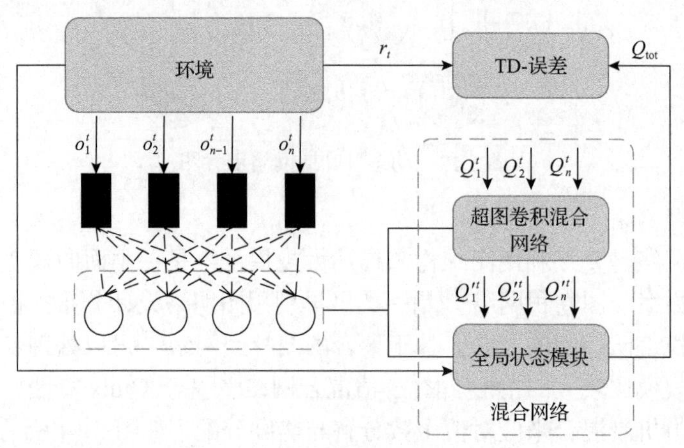


图 5.15　超图卷积混合网络框架

4. 基于平均场理论的方法

基于平均场理论，利用平均嵌入的思想，计算多个智能体的状态表示平均值，将变规模智能体的状态编码转换成固定维数的张量。但此类方法忽略了智能体的数量规模信息和各个智能体的重要程度。

1)平均场多智能体强化学习

Yang 等[88]提出了基于平均场理论的多智能体强化学习方法。利用成对的局部交互对智能体的 $Q$ 值函数进行分解。每个智能体表示成格网中的一个节点，接受其邻域智能体的平均作用，多智能体之间的交互转化成两个智能体之间的交互，如图 5.16 所示。

智能体 $j$ 的 $Q$ 值函数为 $Q^j(s,a)=\dfrac{1}{N^j}\sum\limits_{k\in\mathcal{N}(j)}Q^j\left(s,a^j,a^k\right)$，其中 $\mathcal{N}(j)$ 是智能体 $j$ 的邻域智能体集合，$N^j=\left|\mathcal{N}(j)\right|$ 表示集合的势。利用平均场近似，可将各个智能体的行为表征为

$$a^k=\overline{a}^j+\delta a^{j,k},\quad \delta\overline{a}^j=\frac{1}{N^j}\sum_k a^k$$

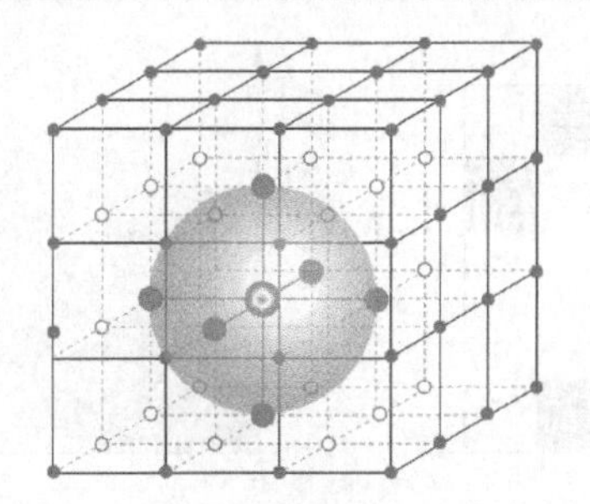

图 5.16　格网中的智能体节点表示

根据泰勒定理，成对 $Q$ 值函数可表示为

$$\begin{aligned}
Q^j(s,a) &= \frac{1}{N^j}\sum_k Q^j(s,a^j,a^k) \\
&= \frac{1}{N^j}\sum_k \Big[ Q^j(s,a^j,\bar{a}^j) + \nabla_{\bar{a}^j} Q^j(s,a^j,\bar{a}^j)\cdot \delta a^{j,k} + \frac{1}{2}\delta a^{j,k} \\
&\quad \cdot \nabla^2_{\tilde{a}^{j,k}} Q^j(s,a^j,\tilde{a}^{j,k})\cdot \delta a^{j,k} \Big] \\
&= Q^j(s,a^j,\bar{a}^j) + \nabla_{\bar{a}^j} Q^j(s,a^j,\bar{a}^j)\cdot \left(\frac{1}{N^j}\sum_k \delta a^{j,k}\right) \\
&\quad + \frac{1}{2N^j}\sum_k \Big[ \delta a^{j,k}\cdot \nabla^2_{\tilde{a}^{j,k}} Q^j(s,a^j,\tilde{a}^{j,k})\cdot \delta a^{j,k} \Big] \\
&= Q^j(s,a^j,\bar{a}^j) + \frac{1}{2N^j}\sum_k R^j_{s,a^j}(a^k) \approx Q^j(s,a^j,\bar{a}^j)
\end{aligned}$$

其中，$R^j_{s,a^j}(a^k) = \delta a^{j,k}\cdot \nabla^2_{\tilde{a}^{j,k}} Q^j(s,a^j,\tilde{a}^{j,k})\cdot \delta a^{j,k}$ 表示泰勒多项式余项。

2) 平均场博弈

利用平均场理论的思想，可将多智能体问题简化成无限智能体极限问题。直观地说，在平均场博弈中，所有智能体之间的相互作用被简化为所有智能体的质量和任何有代表性单个智能体行为之间的两体相互作用。最重要的是，这种简化将一般复杂的多智能体问题简化为竞争场景下的不动点方程或合作场景下的高维单智能体问题。面向平均场博弈的可扩展深度强化学习方法[89]，利用虚拟自对弈与扩展式在线镜像梯度下降来学习平均场博弈均衡。此外，平均场博弈可以利用扩展图上交互。智能体只需与其他智能体的一个子集进行交互，子集可以通过图上邻居来表示。图元(graphon)作为大型图的极限[90]，常用来描述图上的平均场博弈，可表述连续或离散时间下的静态或动态智能体之间的交互。如图 5.17 所示，图元作为邻接矩阵的连续域版本，提供了一种易于处理的建模大型图极限的方法。

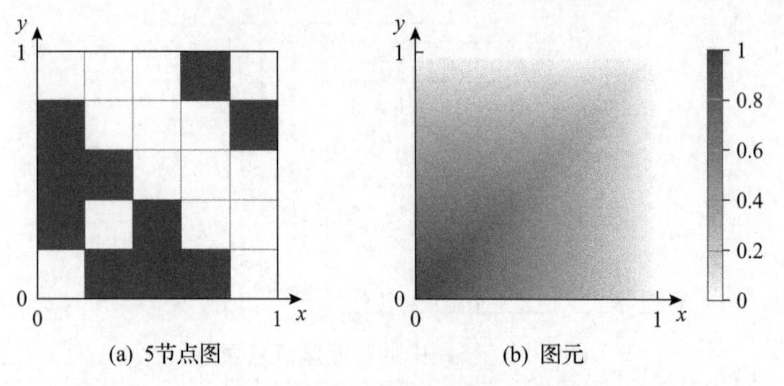


图 5.17　由 5 个节点构成图的极限图元

3) 平均场控制

与竞争式平均场博弈相比，平均场控制的完全合作框架描述了另一类重要的问题，近年来，协作式平均场控制方法得到了广泛发展。基于 $Q$ 学习的方法[91]可有效地学习可扩展的控制策略。平均场博弈与平均场控制的区别如图 5.18 所示。

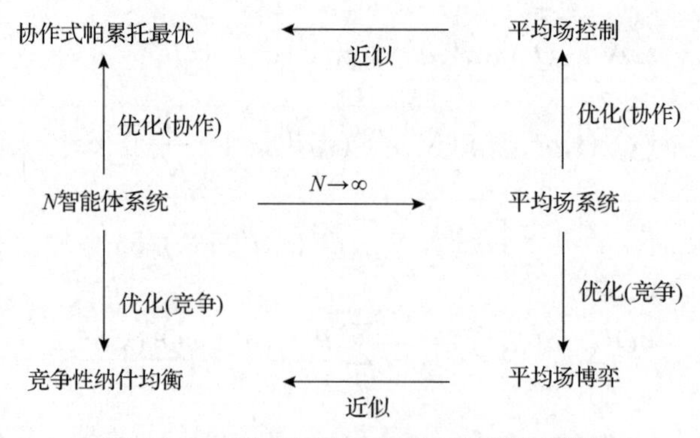


图 5.18　平均场博弈与平均场控制的区别

### 5.3.3　面向种群的自适应强化学习方法

基于学习（深度学习、强化学习）设计的迭代式问题求解方法是离线博弈策略学习的基础范式。由于环境及对手的非平稳性，离线训练的蓝图策略通常很难直接运用于在线对抗。在线博弈对抗过程与离线利用模拟多次对抗学习博弈策略不同的是，博弈各方处于策略解耦合状态，与离线批（batch）式策略学习方法不同的是，在线博弈对抗策略的求解本质是一个流（flow）式学习过程，需要根据少量此前交互样本来做决策。如何通过自适应强化学习得到策略种群是这类方法的本质。相关建模框架与典型方法如表 5.2 所示。

1. 基于迁移学习的方法

迁移学习视角下的智能体策略学习一般可分为两阶段，即源任务中学习或预训练和目标任务中适配。

表 5.2　相关建模框架与典型方法(面向种群的自适应强化学习方法)

| 类别 | 建模框架与典型方法 | 特点 |
| --- | --- | --- |
| 迁移学习 | 离线预训练[92] | 重构强化学习范式，利用离线大样本学习预训练模型 |
| | 任务及域适应性[93] | 利用源任务中学习到的知识，适配目标任务 |
| | 智能体间迁移[94] | 智能体之间采用 |
| 课程学习 | 任务难易程度课程[95] | 将不同的任务场景分解成难易程度不一的子任务 |
| | 智能体规模课程[96] | 设定不同规模数量的智能体学习场景 |
| | 自主课程学习[97] | 利用环境与智能体进行协同学习 |
| 元学习 | 度量元学习[98] | 基于深度度量(相似性)学习 |
| | 基础与元学习器[99] | 基础学习器学习底层策略，元学习器学习上层共性策略 |
| | 贝叶斯元学习[100] | 根据多个模型推断贝叶斯后验估计 |
| 元博弈学习 | $\alpha$-Rank 与 PSRO[101] | 基于策略评估的博弈策略学习方法 |
| | 管线 PSRO[102] | 利用并行化的博弈策略学习方法 |
| | 单纯形 PSRO[103] | 利用单纯形构建基于贝叶斯最优的策略学习方法 |
| | 自主 PSRO[104] | 基于课程学习方法设计自主博弈策略学习方法 |
| | 离线 PSRO[105] | 利用离线数据学习环境模型与预训练策略模型 |
| | 在线 PSRO[106] | 考虑对手类型的在线无悔的博弈策略学习方法 |
| | 任意时刻 PSRO[107] | 基于种群后悔最小化的迭代式博弈策略学习方法 |
| | 自对弈 PSRO[108] | 基于自对弈学习的迭代式博弈策略学习方法 |

1) 离线预训练

离线预训练作为一类试图充分利用离线交互数据的学习范式，将原本的强化学习过程重构成监督学习过程，利用原本通过强化学习收集到的大量智能体与环境的交互样本，训练得到离线预训练模型。如图 5.19 所示，适用于离线预训练的因果 Transformer 解码器将环境观测、总奖励、当前动作与当前奖励等作为输入[92]。当前，围绕预训练模型的相关研究主要聚焦在如何设计更好的预训练范式、提升模型的可扩展性、在线微调与提升等。

2) 任务及域适应性

任务及域适应性迁移学习方法主要是将源任务中学习到的知识，通过任务关系、任务间的相似度、知识经验共享、知识蒸馏与策略重用等方式，评估多个源策略在目标任务上的性能，选择合适的策略进行适配。基于任务间的关系进行策略迁移[93]如图 5.20 所示。当前，这类方法仍面临灾难性遗忘、负迁移、参数与数据效率等挑战。

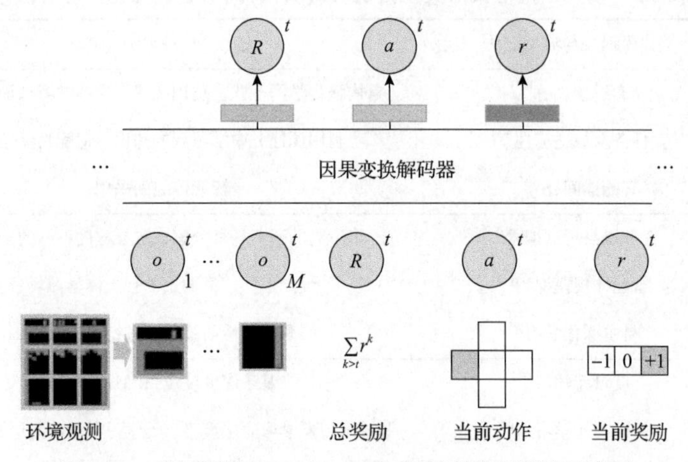


图 5.19　基于因果 Transformer 解码的离线预训练示意图

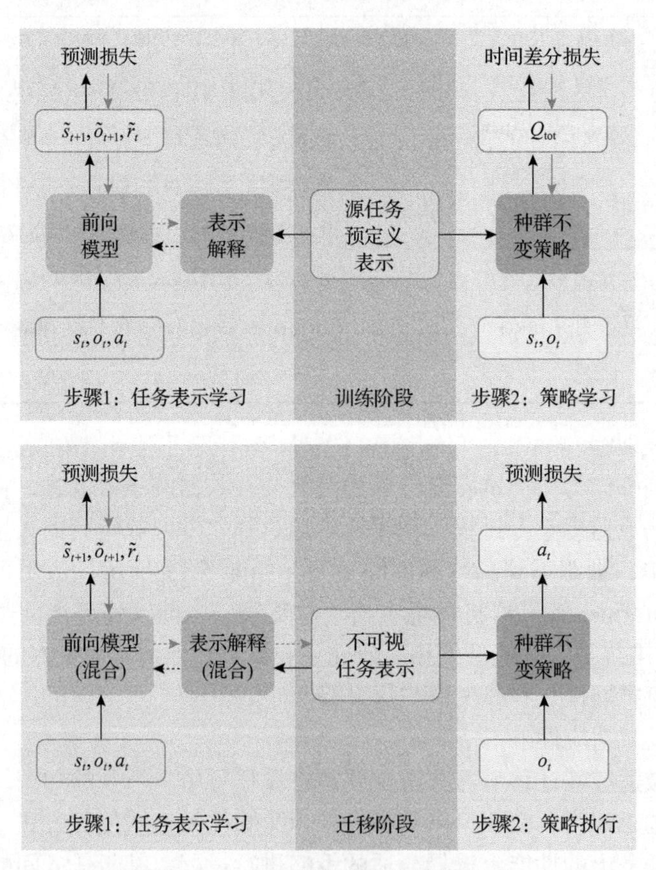


图 5.20　基于任务关系的迁移学习

3)智能体间迁移

对于多智能体场景，智能体之间可以采用策略或知识共享的方式来提升学习效率。当前的一些研究采用教师-学生框架、点对点教学、行为建议、模仿学习、策略蒸馏等方法实现智能体之间策略的迁移学习。中心化教师、分散式学生框架[94]如图 5.21 所示，教师模型通过学习以全局观察为条件的个体 $Q$ 值来分配团队报酬，而学生模型利用局部观察值来近似教师模型估计的 $Q$ 值。

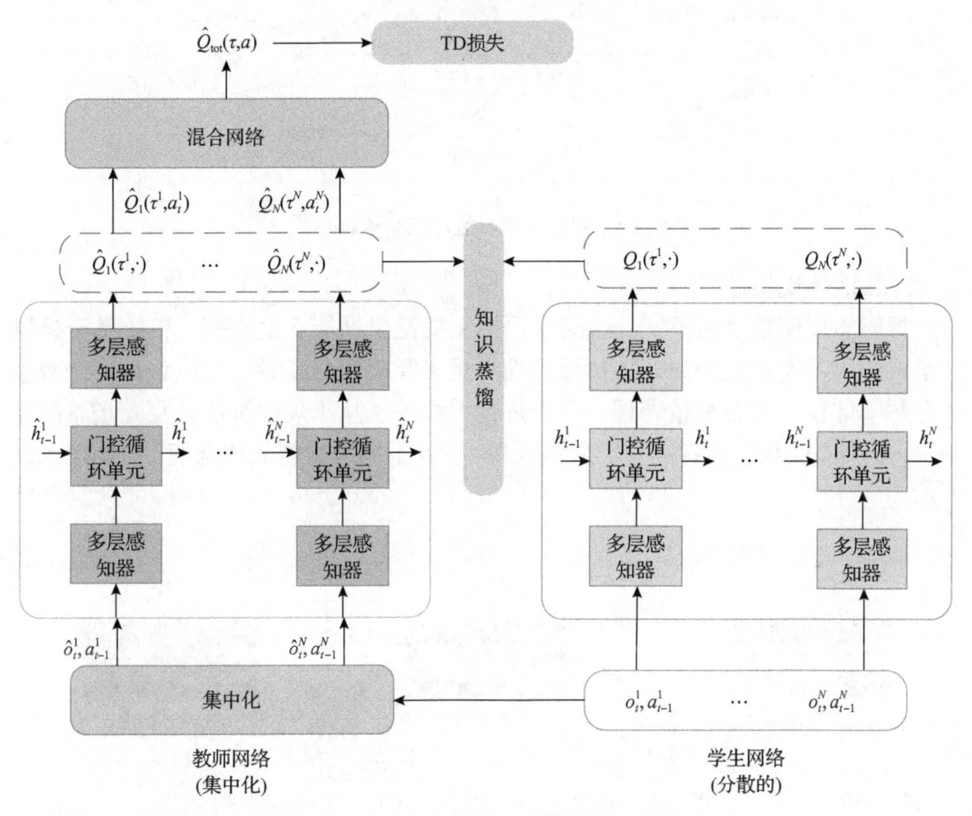


图 5.21　中心化教师、分散式学生框架

2. 基于课程学习的方法

课程学习是一套模仿人类先易后难、先简单后复杂的顺序式、渐进性学习方法。基于课程学习的思想，可以从简单的样本或任务开始，而后逐步过渡至复杂的样本或任务，从而提高策略学习算法的性能。

1)任务难易程度课程

针对任务场景的复杂度高的问题，可以进行子任务分解，通过奖励塑造、智能体风格偏好等，设计不同等级难易程度的课程任务。通常采用控制变量的方式生成一系列不同的课程或将复杂任务拆分成多个子任务。可以将智能体学习篮球控制策略的过程分成 5 个子任务[95]，如图 5.22 所示。

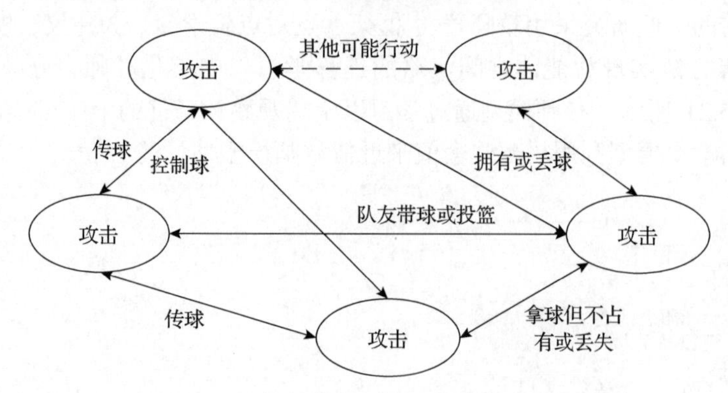


图 5.22　智能体学习篮球控制策略过程

2) 智能体规模课程

智能体规模数量的不同，会对学习模型的泛化性能产生影响。传统基于参数共享式的学习方法无法很好地扩展到拥有更多智能体的场景。可以设计围绕数量的分解子课程、动态数量课程、种群进化课程等。从小规模智能体交互场景的策略学习开始，逐步增加智能体的数量规模，设计不同数量智能体课程[96]，如图 5.23 所示。

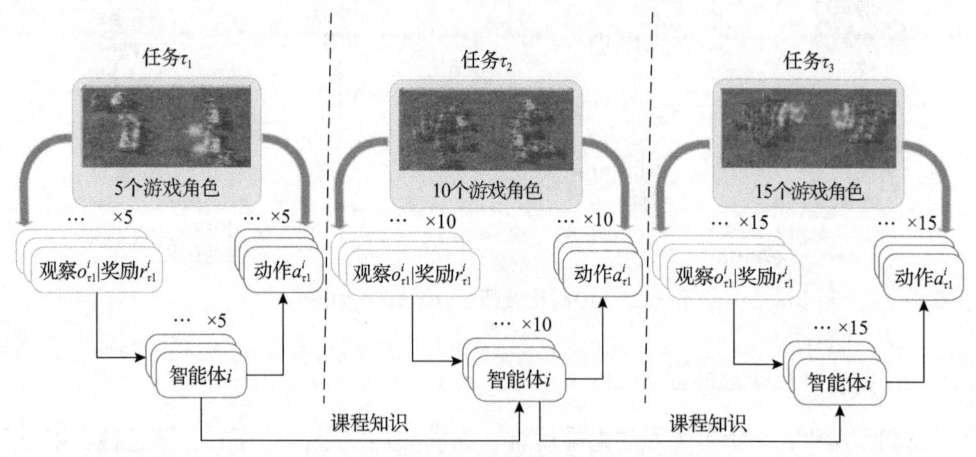


图 5.23　不同数量智能体课程学习

3) 自主课程学习

自主课程学习方法将智能体与任务环境进行耦合，迭代优化智能体与环境之间的双向适应性能力。给定智能体行为(如性能或访问状态)的度量，自主课程学习方法生成适应智能体能力的新任务。自主课程学习可以控制任务的各个元素，塑造智能体的学习轨迹[97]，如图 5.24 所示。

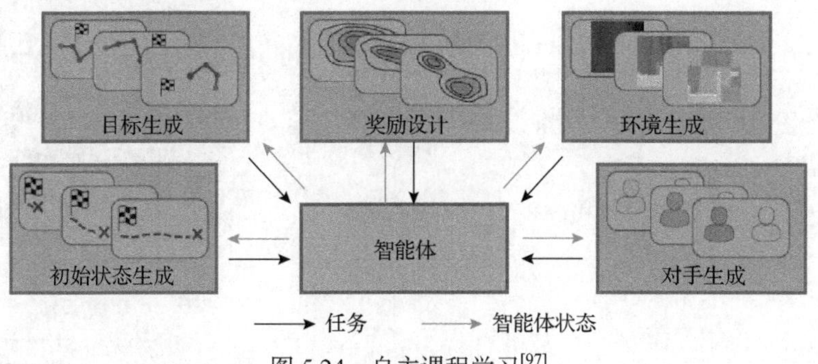


图 5.24　自主课程学习[97]

3. 基于元学习的方法

元学习又称学会学习，可以实现模型的快速准确迁移，降低模型训练的成本，让模型快速适应新任务，特别适用于小样本和环境不断变化任务场景的策略学习。当前基于元学习的方法主要有三大类：度量元学习、基础与元学习器、贝叶斯元学习。

1）度量元学习

度量元学习是深度度量（相似性）学习与元学习的结合，其中基于度量的方法可以体现在网络模型中带有注意力机制的网络层，而注意力机制中的距离度量可以依赖深度度量学习训练得到。基于距离度量学习的元强化学习如图 5.25 所示，推理网络使用情景数据来计算隐式场景变量 $z$，情景解码器采用距离度量学习[98]。

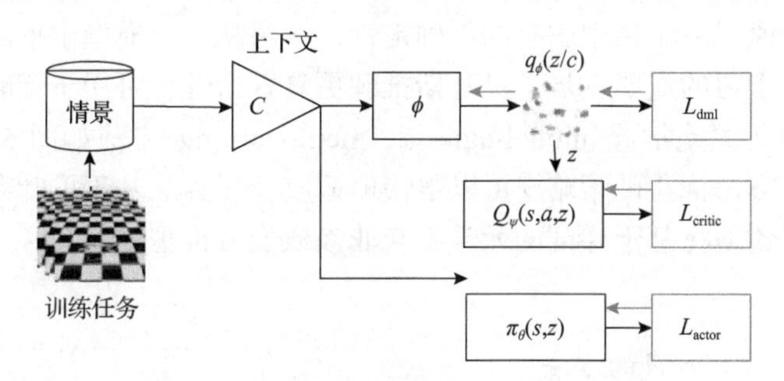


图 5.25　基于距离度量学习的元强化学习

2）基础与元学习器

这类方法通常将元学习构造成一个双层学习模型，基础学习器可以快速得到基础策略，上层学习器可以慢速收敛。基础学习器主要用来对任务的特性进行学习，元学习器主要对任务的共性进行学习。基于基础与元学习器的网络框架如图 5.26 所示，利用元策略梯度训练，通过蒸馏得到一个全局层次用于奖励分配[99]。

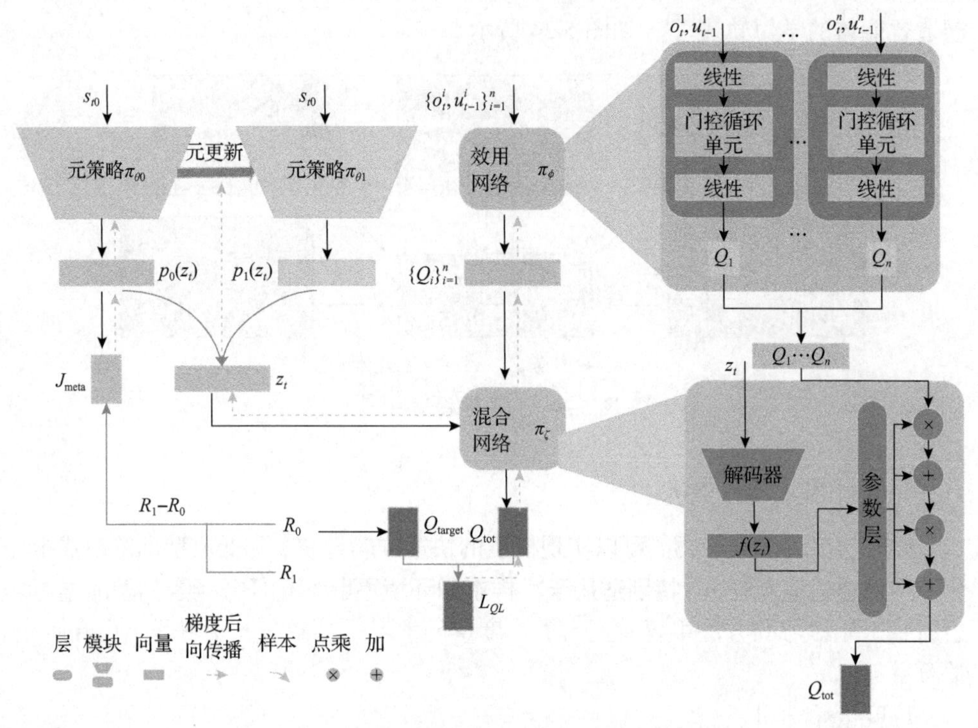


图 5.26　基于基础与元学习器的网络框架[99]

3) 贝叶斯元学习

统计学中，相对于统计学派认为参数是固定的，贝叶斯学派使用先验与后验来分析数据，过去经验对应先验分布，根据实际收集的数据和后验分布，分析计算参数的估计值。由于模型固有的不确定性，学习从多个模型中推断贝叶斯后验是迈向鲁棒元学习的重要一步。贝叶斯推理更具普适性，可用于策略推理。基于贝叶斯的模型无关元学习(model-agnostic meta-learning)方法如图 5.27 所示，模型无关元学习方法优化的策略$\theta$可以很快地适应新任务。基于贝叶斯的模型无关元学习方法高效地将基于梯度的元学习与非参数变分推理结合在一个原则概率框架中[100]。

4. 基于元博弈学习的方法

基于元博弈的策略空间形态理论为基于种群的学习方法设计提供了理论支撑。近年来，作为一种迭代式博弈学习方法，策略空间响应预言机(PSRO)为基于博弈理论的多智能体强化学习提供了统一框架。

1) $\alpha$-Rank 与 PSRO

将策略学习区分为两个阶段：策略评估与策略提升。$\alpha$-Rank 可为多智能体博弈策略提供段位评估[101]，基于此类评估的方法可以保证策略迭代过程是收敛至纳什均衡策略的。但随着策略空间维度的增加，$\alpha$-Rank 的计算复杂性过高，该类方法仍无法适应大规模策略的学习。通过连续时间微观模型(流图、子图、吸引子、均衡)与离散时间宏观模型(马尔可夫链、平稳分布、固定概率)设计统一的段位评估模型(链循环集与组件)如图 5.28 所示。

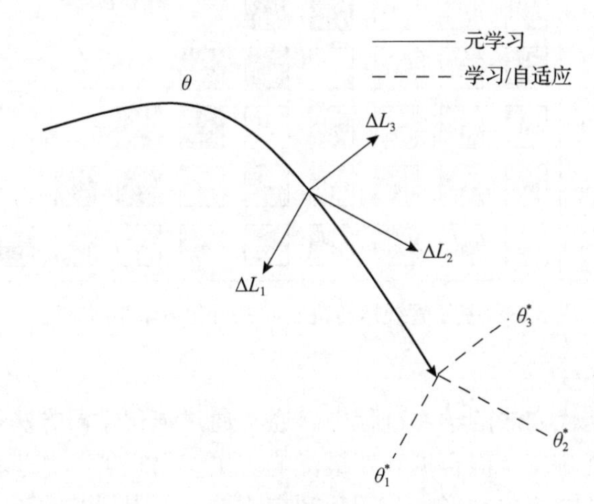


图 5.27　基于贝叶斯的模型无关元学习方法

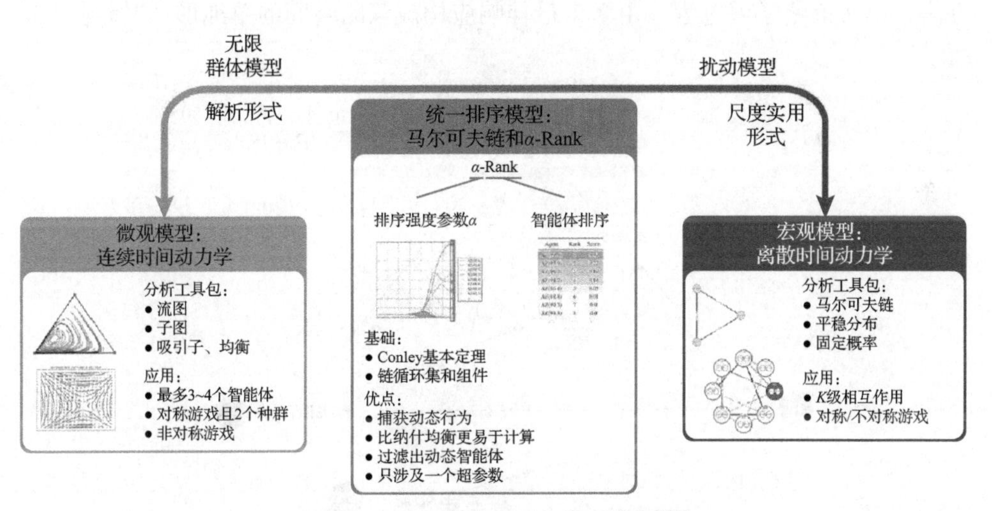


图 5.28　段位评估宏观与微观模型[101]

2) 管线 PSRO

如何提高策略的并行化学习能力，借助管线(pipeline)运转机制，基于分布式强化学习库 Ray，设计满足种群策略学习的并行化策略学习的管线 PSRO 框架[102]如图 5.29 所示。在智能体的策略学习过程中，通过管线机制将策略划分为固定策略、最低层激活策略与激活策略。

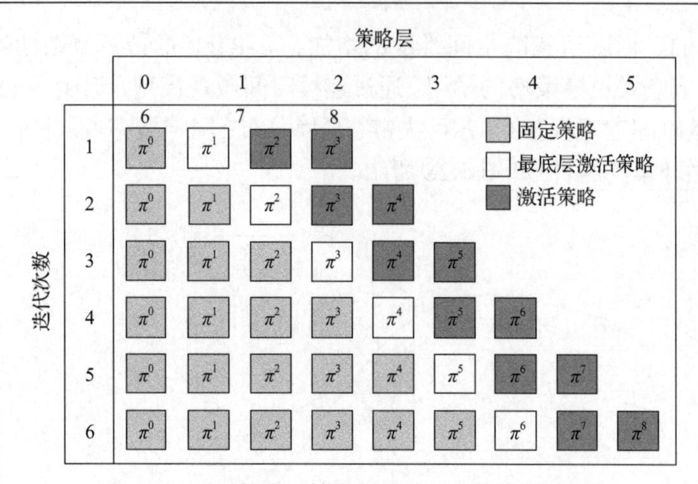


图 5.29　基于管线运转机制的并行化策略学习方法

3) 单纯形 PSRO

传统的策略迭代方法的学习过程中，通常通过强化学习方法得到一个最优响应。相较单个最优响应，混合贝叶斯最优响应更容易求解。基于多个贝叶斯最优可以构建策略最佳响应单纯形，利用狄利克雷分布与对手策略隐式贝叶斯推理等方法，加快策略学习过程。由多个最佳响应构成策略空间的单纯形[103]如图 5.30 所示。

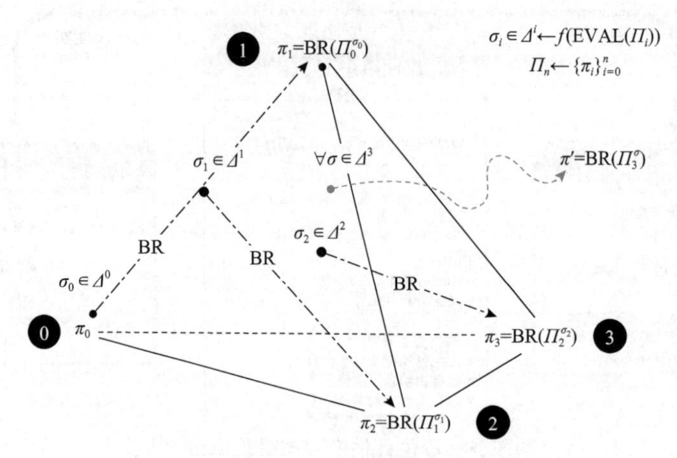


图 5.30　最佳响应构成策略空间的单纯形

4) 自主 PSRO

迭代式博弈策略学习方法在每个轮迭代过程中主要包括两个步骤，即选定与哪个对手进行对抗和怎么战胜选定对手。利用元学习的思想，将两个步骤融入同一个框架，参数化对手选择模块，将最佳响应生成模块构造成一个待优化的子程序。随着迭代次数的增加，元博弈策略矩阵不断扩大，利用元梯度来优化元博弈求解器[104]，如图 5.31 所示。

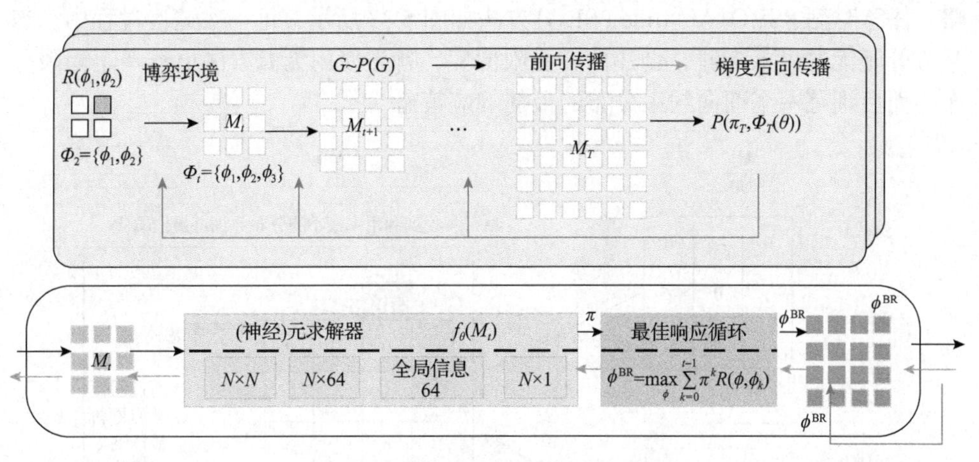


图 5.31　迭代式博弈策略学习方法

5) 离线 PSRO

离线强化学习是一个新兴的领域，它能够从前期收集的交互数据集中学习行为策略。当智能体与环境的交互变得非常昂贵、不安全或完全不可行时，使用前期收集的数据是十分有必要的。处于离线数据学习环境的动态模型，离线 PSRO（Offline PSRO）方法利用环境动态模型与对手模型来迭代式学习博弈策略[105]，如图 5.32 所示。

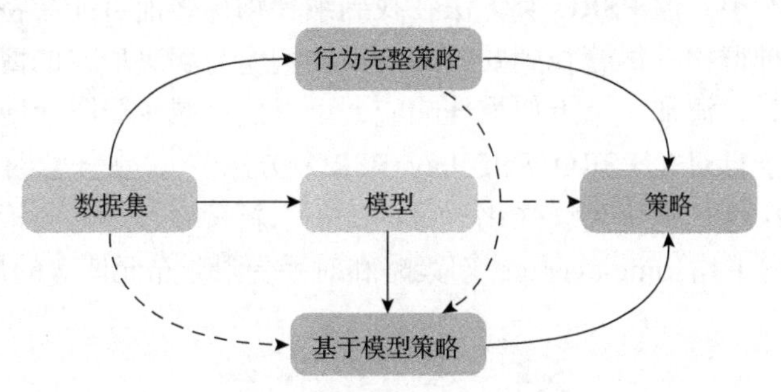


图 5.32　离线 PSRO 方法[105]

6) 在线 PSRO

离线策略的学习通常采用模拟器将双方的行动策略耦合在一起，在线交互过程中，博弈双方通常处于非耦合状态。在线 PSRO（Online PSRO）方法[106]通常通过区分对手的类型（随机型、对抗型、遗忘型），分析近似纳什均衡策略的空间形态，采用在线无悔学习类方法，训练一个基于时间后悔值界的策略。

7) 任意时刻 PSRO

基于种群后悔最小化的迭代式博弈策略学习方法，在每轮迭代过程中，学习一个受限的策略分布，每次训练一个相对对手最佳的策略具有最小遗憾的应对策略。任意时刻 PSRO(Anytime PSRO) 方法如图 5.33 所示，每一次迭代过程中，当某方处于无约束状态时，创建两个受限博弈，首先使用无悔方法更新一个受限分布，而后训练一个面向约束分布的最佳响应策略[107]。

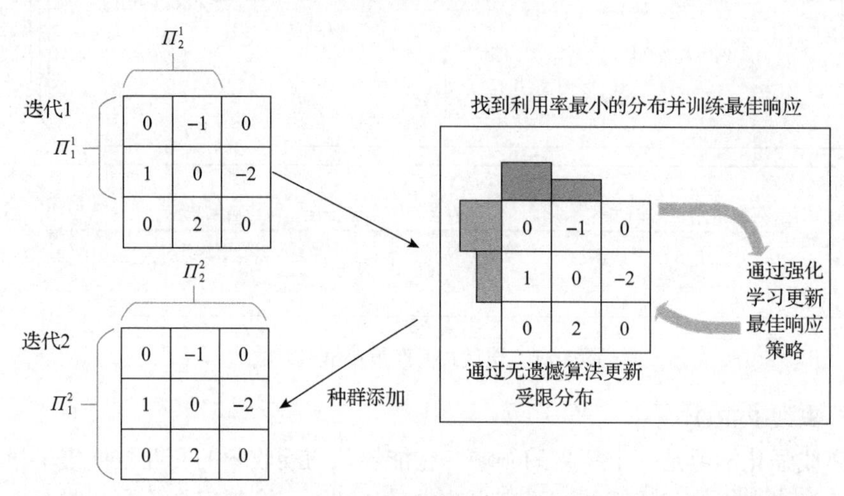


图 5.33　任意时刻 PSRO 方法[107]

8) 自对弈 PSRO

由于在 PSRO 类方法的每次迭代过程中，通常只将单个纯策略(确定性)最佳响应添加至种群中。但 PSRO 类方法在找到纳什均衡之前可能会将所有的均衡策略添加至策略种群中。尽管找到要添加的最佳响应与解决最初的博弈一样困难，但在每次迭代时，添加一个近似最佳响应，可以快速减少受限元博弈策略分布的可利用性。基于自对弈 PSRO(Self-Play PSRO) 方法[108]，在任意时刻 PSRO 方法的基础上，每次迭代采用离线强化学习训练一个新策略，然后向策略池中添加两个策略，即时间平均(time-average)新策略和对手受限分布元博弈的最佳响应策略。

## 5.4　本 章 小 结

本章主要介绍了分布式人工智能的主要学习方法，首先从边缘计算、联邦学习与优化理论三个方面介绍分布式学习与优化方法，其次梳理了强化学习与演化计算方法、设计了方法集成框架，最后从规模可扩展性和种群自适应性强化学习两个方面对比分析了分布式群智能体强化学习方法等。

## 参 考 文 献

[1] 彭南博, 王虎. 联邦学习技术及实战[M]. 北京: 电子工业出版社, 2021.

[2] Zhou Z, Chen X, Li E, et al. Edge intelligence: Paving the last mile of artificial intelligence with edge computing[J]. Proceedings of the IEEE, 2019, 107(8): 1738-1762.

[3] Shi W S, Cao J, Zhang Q, et al. Edge computing: Vision and challenges[J]. IEEE Internet of Things Journal, 2016, 3(5): 637-646.

[4] 杨强, 黄安埠, 刘洋. 联邦学习实战[M]. 北京: 电子工业出版社, 2021.

[5] 杨强，童咏昕，王晏晟，等. 群体智能中的联邦学习算法综述[J]. 智能科学与技术学报，2022, 4(1): 29-44.

[6] Lim W Y B, Luong N C, Hoang D T, et al. Federated learning in mobile edge networks: A comprehensive survey[J]. IEEE Communications Surveys & Tutorials, 2020, 22(3): 2031-2063.

[7] 王健宗，李泽远，何安珣. 深入浅出联邦学习：原理与实践[M]. 北京：机械工业出版社，2021.

[8] Yang T, Andrew G, Eichner H, et al. Applied federated learning: Improving Google keyboard query suggestions[J/OL]. 2018: arXiv: 1812.02903. https://arxiv.org/abs/1812.02903.pdf. [2023-12-01]

[9] Liu Y, Huang A B, Luo Y, et al. FedVision: An online visual object detection platform powered by federated learning[J]. Proceedings of the AAAI Conference on Artificial Intelligence, 2020, 34(8): 13172-13179.

[10] Li Q B, Wen Z Y, He B S. Practical federated gradient Boosting decision trees[J]. Proceedings of the AAAI Conference on Artificial Intelligence, 2020, 34(4): 4642-4649.

[11] McMahan B, Moore E, Ramage D, et al. Communication-efficient learning of deep networks from decentralized data[C]. Proceedings of the 20th International Conference on Artificial Intelligence and Statistics, Fort Lauderdale, 2017: 1273-1282.

[12] Li T, Sahu A K, Zaheer M, et al. Federated optimization in heterogeneous networks[J]. Proceedings of Machine Learning and Systems, 2020, 2(1): 429-450.

[13] Arivazhagan M G, Aggarwal V, Singh A K, et al. Federated learning with personalization layers[J/OL]. 2019: arXiv: 1912.00818. https://arxiv.org/abs/1912.00818.pdf. [2023-12-01].

[14] Chen Y Q, Qin X, Wang J D, et al. FedHealth: A federated transfer learning framework for wearable healthcare[J]. IEEE Intelligent Systems, 2020, 35(4): 83-93.

[15] Jing Q H, Wang W Y, Zhang J X, et al. Quantifying the performance of federated transfer learning[J/OL]. 2019: arXiv: 1912.12795. https://arxiv.org/abs/1912.12795.pdf. [2023-12-01].

[16] Yang Q, Liu Y, Chen T J, et al. Federated machine learning: Concept and applications[J]. ACM Transactions on Intelligent Systems and Technology, 2019, 10(2): 1-19.

[17] Kairouz P, McMahan H B, Avent B, et al. Advances and open problems in federated learning[J]. Foundations and Trends® in Machine Learning, 2021, 14(1-2): 1-210.

[18] Sutskever I, Martens J, Dahl G, et al. On the importance of initialization and momentum in deep

learning[C]. International Conference on Machine Learning, Atlanta, 2013: 1139-1147.

[19] Duchi J C, Hazan E, Singer Y. Adaptive subgradient methods for online learning and stochastic optimization[J]. Journal of Machine Learning Research, 2011, 12: 2121-2159.

[20] Hinton G, Srivastava N, Swersky K. Neural networks for machine learning lecture 6a overview of mini-batch gradient descent[C]. IEEE International Conference on Neural Networks, San Francisco, 2012: 586-591.

[21] Zeiler M D. Adadelta: An adaptive learning rate method[J/OL]. 2012: arXiv: 1212.5701. https://arxiv.org/abs/1212.5701.pdf. [2023-12-01].

[22] Kingma D P, Ba J. Adam: A method for stochastic optimization[J/OL]. 2014: arXiv:1412.6980. https://arxiv.org/abs/1412.6980.pdf. [2023-12-01].

[23] Reddi S J, Kale S, Kumar S. On the convergence of Adam and beyond[J/OL]. 2019: arXiv: 1904.09237. https://arxiv.org/abs/1904.09237.pdf. [2023-12-01].

[24] 雷大江. 分布式机器学习：交替方向乘子法在机器学习中的应用[M]. 北京：清华大学出版社, 2021.

[25] Zinkevich M, Weimer M, Smola A, et al. Parallelized stochastic gradient descent[J]. Advances in Neural Information Processing Systems, 2010, 23(23): 2595-2603.

[26] Gopal S, Yang Y M. Distributed training of large-scale logistic models[C]. International Conference on Machine Learning, Atlanta, 2013: 289-297.

[27] Gabay D, Mercier B. A dual algorithm for the solution of nonlinear variational problems via finite element approximation[J]. Computers & Mathematics With Applications, 1976, 2(1): 17-40.

[28] Zinkevich M. Online convex programming and generalized infinitesimal gradient ascent[C]. Proceedings of the 20th International Conference on International Conference on Machine Learning, New York, 2003: 928-935.

[29] Shahrampour S, Jadbabaie A. Distributed online optimization in dynamic environments using mirror descent[J]. IEEE Transactions on Automatic Control, 2018, 63(3): 714-725.

[30] Orabona F. A modern introduction to online learning[J/OL]. 2019: arXiv: 1912.13213. https://arxiv.org/abs/1912.13213.pdf. [2023-12-01].

[31] 焦李成. 类脑感知与认知的挑战与思考[J]. 智能系统学报, 2022, 17(1): 213-216.

[32] Drugan M M. Reinforcement learning versus evolutionary computation: A survey on hybrid algorithms[J]. Swarm and Evolutionary Computation, 2019, 44: 228-246.

[33] Suttonr S, Barto A G. Reinforcement Learning: An Introduction[M]. 2nd ed. Massachusetts: MIT Press, 2018.

[34] Williams R J. Simple statistical gradient-following algorithms for connectionist reinforcement learning[J]. Machine Learning, 1992, 8(3-4): 229-256.

[35] Hansen N, Arnold D V, Auger A. Evolution strategies[M]//Kacprzyk J, Pedrycz W. Springer Handbook of Computational Intelligence. Berlin: Springer, 2015: 871-898.

[36] Hansen N, Ostermeier A. Adapting arbitrary normal mutation distributions in evolution strategies: The covariance matrix adaptation[C]. Proceedings of IEEE International Conference on Evolutionary Computation, Nagoya, 2002: 312-317.

[37] Wierstra D, Schaul T, Peters J, et al. Natural evolution strategies[C]. IEEE Congress on Evolutionary Computation（IEEE World Congress on Computational Intelligence）, Hong Kong, 2008: 3381-3387.

[38] Pourchot A, Sigaud O. CEM-RL: Combining evolutionary and gradient-based methods for policy search[J/OL]. 2018: arXiv: 1810.01222. https://arxiv.org/abs/1810.01222.pdf. [2023-12-01].

[39] Nair A, Srinivasan P, Blackwell S, et al. Massively parallel methods for deep reinforcement learning[J/OL]. 2015: arXiv: 1507.04296. https://arxiv.org/abs/1507.04296.pdf. [2023-12-01].

[40] Mnih V, Badia A P, Mirza M, et al. Asynchronous methods for deep reinforcement learning[C]. Proceedings of the 33rd International Conference on International Conference on Machine Learning, New York, 2016: 1928-1937.

[41] Alfredo C, Humberto C, Arjun C. Efficient parallel methods for deep reinforcement learning[C]. The Multi-disciplinary Conference on Reinforcement Learning and Decision Making, Jordan, 2017: 1-6.

[42] Heess N, Tb D, Sriram S, et al. Emergence of locomotion behaviours in rich environments[J/OL]. 2017: arXiv: 1707.02286. https://arxiv.org/abs/1707.02286.pdf. [2023-12-01].

[43] Horgan D, Quan J, Budden D, et al. Distributed prioritized experience replay[J/OL]. 2018: arXiv: 1803.00933. https://arxiv.org/abs/1803.00933.pdf. [2023-12-01].

[44] Kapturowski S, Ostrovski G, Quan J, et al. Recurrent experience replay in distributed reinforcement learning[C]. International Conference on Learning Representations, New Orleans, 2019: 1-22.

[45] Espeholt L, Soyer H, Munos R, et al. IMPALA: Scalable distributed deep-RL with importance weighted actor-learner architectures[C]. International Conference on Machine Learning, Stockholm, 2018: 1407-1416.

[46] Espeholt L, Marinier R, Stanczyk P, et al. SEED RL: Scalable and efficient deep-RL with accelerated central inference[J/OL]. 2019: arXiv: 1910.06591. https://arxiv.org/abs/1910.06591.pdf. [2023-12-01].

[47] Salimans T, Ho J, Chen X, et al. Evolution strategies as a scalable alternative to reinforcement learning[J/OL]. 2017: arXiv: 1703.03864. https://arxiv.org/abs/1703.03864.pdf. [2023-12-01].

[48] Conti E, Madhavan V, Such F P, et al. Improving exploration in evolution strategies for deep

reinforcement learning via a population of novelty-seeking agents[J/OL]. 2017: arXiv: 1712.06560. https://arxiv.org/abs/1712.06560.pdf. [2023-12-01].

[49] Finn C, Abbeel P, Levine S. Model-agnostic meta-learning for fast adaptation of deep networks[C]. Proceedings of the 34th International Conference on Machine Learning, Sydney, 2017: 1126-1135.

[50] Nichol A, Achiam J, Schulman J. On first-order meta-learning algorithms[J/OL]. 2018: arXiv: 1803.02999. https://arxiv.org/abs/1803.02999.pdf. [2023-12-01].

[51] Gajewski A, Clune J, Stanley K O, et al. Evolvability ES: Scalable and direct optimization of evolvability[C]. Proceedings of the Genetic and Evolutionary Computation Conference, New York, 2019: 107-115.

[52] Katona A, Franks D W, Walker J A. Quality evolvability ES: Evolving individuals with a distribution of well performing and diverse offspring[C]. The Conference on Artificial Life, Cambridge, 2021: 1-6.

[53] Shopov V, Markova V. A study of the impact of evolutionary strategies on performance of reinforcement learning autonomous agents[C]. International Conference on Autonomic and Autonomous Systems, 2018, 3(1): 56-60.

[54] Chen J, Gao Z Y. A framework for learning predator-prey agents from simulation to real world[J/OL]. 2020: arXiv: 2010.15792. https://arxiv.org/abs/2010.15792.pdf. [2023-12-01].

[55] Zheng L M, Yang J C, Cai H, et al. MAgent: A many-agent reinforcement learning platform for artificial collective intelligence[J]. Proceedings of the AAAI Conference on Artificial Intelligence, 2018, 32(1): 1-4.

[56] Fu Q X, Qiu T H, Yi J Q, et al. Concentration network for reinforcement learning of large-scale multi-agent systems[J]. Proceedings of the AAAI Conference on Artificial Intelligence, 2022, 36(9): 9341-9349.

[57] Suarez J, Du Y L, Zhu C, et al. The neural MMO platform for massively multiagent research[J/OL]. 2021: arXiv: 2110.07594. https://arxiv.org/abs/2110.07594.pdf. [2023-12-01].

[58] Long Q, Zhou Z H, Gupta A, et al. Evolutionary population curriculum for scaling multi-agent reinforcement learning[J/OL]. 2020: arXiv: 2003.10423. https://arxiv.org/abs/2003.10423.pdf. [2023-12-01].

[59] Qu G N, Wierman A, Li N. Scalable reinforcement learning for multiagent networked systems[J]. Operations Research, 2022, 70(6): 3601-3628.

[60] Lowe R, Wu Y, Tamar A, et al. Multi-agent actor-critic for mixed cooperative-competitive environments[C]. Proceedings of the 31st International Conference on Neural Information Processing Systems, New York, 2017: 6382-6393.

[61] Foerster J, Farquhar G, Afouras T, et al. Counterfactual multi-agent policy gradients[J].

Proceedings of the AAAI Conference on Artificial Intelligence, 2018, 32(1): 1-10.

[62] Mao H, Zhang Z, Xiao Z, et al. Modelling the dynamic joint policy of teammates with attention multi-agent DDPG[C]. Proceedings of the 18th International Conference on Autonomous Agents and MultiAgent Systems, Stockholm, 2019: 1108-1116.

[63] 熊丽琴, 曹雷, 赖俊, 等. 基于值分解的多智能体深度强化学习综述[J]. 计算机科学, 2022, 49(9): 172-182.

[64] Guestrin C, Koller D, Parr R. Multiagent planning with factored MDPs[C]. Proceedings of the 14th International Conference on Neural Information Processing Systems: Natural and Synthetic, Denver, 2001: 1523-1530.

[65] 王涵, 俞扬, 姜远. 基于通信的多智能体强化学习进展综述[J]. 中国科学: 信息科学, 2022, 52(5): 742-764.

[66] Czarnecki W M, Gidel G, Tracey B, et al. Real world games look like spinning tops[C]. Proceedings of the 34th International Conference on Neural Information Processing Systems, New York, 2020: 17443-17454.

[67] Batra S, Huang Z, Petrenko A, et al. Decentralized control of quadrotor swarms with end-to-end deep reinforcement learning[C]. Conference on Robot Learning, Auckland, 2022: 576-586.

[68] Zhou M, Wan Z Y, Wang H J, et al. MALib: A parallel framework for population-based multi-agent reinforcement learning[J/OL]. 2021: arXiv: 2106.07551. https://arxiv.org/abs/2106.07551.pdf. [2023-12-01].

[69] Zaheer M, Kottur S, Ravanbhakhsh S, et al. Deep sets[C]. Proceedings of the 31st International Conference on Neural Information Processing Systems, New York, 2017: 3394-3404.

[70] Huegle M, Kalweit G, Mirchevska B, et al. Dynamic input for deep reinforcement learning in autonomous driving[C]. IEEE/RSJ International Conference on Intelligent Robots and Systems, Macau, 2020: 7566-7573.

[71] Shi G Y, Hönig W, Yue Y S, et al. Neural-swarm: Decentralized close-proximity multirotor control using learned interactions[C]. IEEE International Conference on Robotics and Automation, Paris, 2020: 3241-3247.

[72] Shi G Y, Hönig W, Shi X C, et al. Neural-Swarm2: Planning and control of heterogeneous multirotor swarms using learned interactions[J]. IEEE Transactions on Robotics, 2022, 38(2): 1063-1079.

[73] Li Y, Wang L X, Yang J C, et al. Permutation invariant policy optimization for mean-field multi-agent reinforcement learning: A principled approach[J/OL]. 2021: arXiv: 2105.08268. https://arxiv.org/abs/2105.08268.pdf. [2023-12-01].

[74] Liu X Y, Tan Y. Attentive relational state representation in decentralized multiagent reinforcement learning[J]. IEEE Transactions on Cybernetics, 2022, 52(1): 252-264.

[75] Iqbal S, Witt C D, Peng B, et al. Randomized entity-wise factorization for multi-agent reinforcement learning[C]. International Conference on Machine Learning, Virtual, 2021: 4596-4606.

[76] Hu S Y, Zhu F D, Chang X J, et al. UPDeT: Universal multi-agent reinforcement learning via policy decoupling with transformers[J/OL]. 2021: arXiv: 2101.08001. https://arxiv.org/abs/2101.08001.pdf. [2023-12-1].

[77] Zhou T Z, Zhang F B, Shao K, et al. Cooperative multi-agent transfer learning with level-adaptive credit assignment[J/OL]. 2021: arXiv: 2106.00517. https://arxiv.org/abs/2106.00517.pdf. [2023-12-01].

[78] Nair R, Varakantham P, Tambe M, et al. Networked distributed POMDPs: A synthesis of distributed constraint optimization and POMDPs[C]. Proceedings of the 20th National Conference on Artificial Intelligence, New York, 2005: 133-139.

[79] Oliehoek F A, Whiteson S, Spaan M T J. Approximate solutions for factored Dec-POMDPs with many agents[C]. Proceedings of the International Conference on Autonomous Agents and Multi-agent Systems, New York, 2013: 563-570.

[80] Liu I J, Yeh R A, Schwing A G. PIC: Permutation invariant critic for multi-agent deep reinforcement learning[C]. Conference on Robot Learning , Virtual, 2020: 590-602.

[81] Wang W X, Yang T P, Liu Y, et al. From few to more: Large-scale dynamic multiagent curriculum learning[J]. Proceedings of the AAAI Conference on Artificial Intelligence, 2020, 34(5): 7293-7300.

[82] Naderializadeh N, Hung F H, Soleyman S, et al. Graph convolutional value decomposition in multi-agent reinforcement learning[J/OL]. 2020: arXiv: 2010.04740. https://arxiv.org/abs/2010.04740.pdf. [2023-12-01].

[83] Ryu H, Shin H, Park J. Multi-agent actor-critic with hierarchical graph attention network[J]. Proceedings of the AAAI Conference on Artificial Intelligence, 2020, 34(5): 7236-7243.

[84] Ye Z H, Wang K, Chen Y N, et al. Multi-UAV navigation for partially observable communication coverage by graph reinforcement learning[J]. IEEE Transactions on Mobile Computing, 2023, 22(7): 4056-4069.

[85] Böhmer W, Kurin V, Whiteson S. Deep coordination graphs[C]. International Conference on Machine Learning, Virtual, 2020: 980-991.

[86] Bai Y P, Gong C, Zhang B, et al. Value function factorisation with hypergraph convolution for cooperative multi-agent reinforcement learning[J/OL]. 2020: arXiv: 2112.06771. https://arxiv.org/abs/2112.06771. [2023-12-01].

[87] Oliehoek F A, Spaan M T J, Whiteson S, et al. Exploiting locality of interaction in factored Dec-POMDPs[C]. Proceedings of the 7th International Joint Conference on Autonomous Agents

and Multiagent Systems, Hefei, 2008: 517-524.

[88] Yang Y, Luo R, Li M, et al. Mean field multi-agent reinforcement learning[C]. International Conference on Machine Learning, Stockholm, 2018: 5571-5580.

[89] Laurière M, Perrin S, Girgin S, et al. Scalable deep reinforcement learning algorithms for mean field games[C]. Proceedings of the 39th International Conference on Machine Learning, Baltimore, 2022: 12078-12095.

[90] Caines P E, Huang M Y. Graphon mean field games and the GMFG equations: $\varepsilon$-Nash equilibria[C]. The 58th Conference on Decision and Control, Nice, 2020: 286-292.

[91] Gu H T, Guo X, Wei X L, et al. Mean-field controls with $Q$-learning for cooperative MARL: Convergence and complexity analysis[J]. SIAM Journal on Mathematics of Data Science, 2021, 3(4): 1168-1196.

[92] Lee K H, Nachum O, Yang M J, et al. Multi-game decision transformers[J/OL]. 2022: arXiv: 2205.15241. https://arxiv.org/abs/2205.15241.pdf. [2023-12-01].

[93] Qin R J, Chen F, Wang T H, et al. Multi-agent policy transfer via task relationship modeling[J/OL]. 2022: arXiv: 2203.04482. https://arxiv.org/abs/2203.04482.pdf. [2023-12-01].

[94] Zhao J, Hu X H, Yang M Y, et al. CTDS: Centralized teacher with decentralized student for multi-agent reinforcement learning[J]. IEEE Transactions on Games, 2022, (99): 1-12.

[95] Jia H T, Ren C X, Hu Y J, et al. Mastering basketball with deep reinforcement learning: An integrated curriculum training approach[C]. Proceedings of the 19th International Conference on Autonomous Agents and MultiAgent Systems, Auckland, 2020: 1872-1874.

[96] Mahdavimoghadam M, Nikanjam A, Abdoos M. Improved reinforcement learning in cooperative multi-agent environments using knowledge transfer[J]. The Journal of Supercomputing, 2022, 78(8): 10455-10479.

[97] Portelas R, Colas C, Weng L, et al. Automatic curriculum learning for deep RL: A short survey[C]. Proceedings of the 29th International Conference on International Joint Conferences on Artificial Intelligence, Montreal, 2021: 4819-4825.

[98] Li L, Yang R, Luo D. FOCAL: Efficient fully-offline meta-reinforcement learning via distance metric learning and behavior regularization[C]. International Conference on Learning Representations, Addis Ababa, 2020: 1-31.

[99] Shao J Z, Zhang H C, Jiang Y H, et al. Credit assignment with meta-policy gradient for multi-agent reinforcement learning[J/OL]. 2021: arXiv: 2102.12957. https://arxiv.org/abs/2102.12957.pdf. [2023-12-01].

[100] Yoon J, Kim T, Dia O, et al. Bayesian model-agnostic meta-learning[C]. Proceedings of the 32nd International Conference on Neural Information Processing Systems, New York, 2018: 7343-7353.

[101] Muller P, Omidshafiei S, Rowland M, et al. A generalized training approach for multiagent learning[C]. The 8th International Conference on Learning Representations, Addis Ababa, 2020: 1-35.

[102] Mcaleer S, Lanier J, Fox R, et al. Pipeline PSRO: A scalable approach for finding approximate Nash equilibria in large games[C]. Advances in Neural Information Processing Systems, Vancouver, 2020, 33: 20238-20248.

[103] Liu S, Lanctot M, Marris L, et al. Simplex neural population learning: Any-mixture Bayes-optimality in symmetric zero-sum games[J/OL]. 2022: arXiv: 2205.15879. https://arxiv.org/abs/2207.05285.pdf. [2023-12-01].

[104] Feng X, Slumbers O, Yang Y, et al. Neural auto-curricula in two-player zero-sum games[C]. Proceedings of the 35th Conference on Neural Information Processing Systems, Virtual, 2021: 3504-3517.

[105] Li S, Wang X, Cerny J, et al. Offline equilibrium finding[J/OL]. 2022: arXiv: 2207.05285. https://arxiv.org/abs/2207.06541.pdf. [2023-12-01].

[106] Dinh L C, Yang Y D, McAleer S, et al. Online double oracle[J/OL]. 2021: arXiv: 2103.07780. https://arxiv.org/abs/2103.07780.pdf. [2023-12-01].

[107] McAleer S, Wang K, Lanctot M, et al. Anytime optimal PSRO for two-player zero-sum games[J/OL]. 2022: arXiv: 2201.07700. https://arxiv.org/abs/2201.07700.pdf. [2023-12-01].

[108] McAleer S, Lanier J, Wang K, et al. Self-play PSRO: Toward optimal populations in two-player zero-sum games[J/OL]. 2022: arXiv: 2207.06541. https://arxiv.org/abs/2207.06541.pdf. [2023-12-01].

# 第6章　分布式信息融合

分布式人工智能(distributed artificial intelligence, DAI)的目标是以自适应的形式实现对分布式问题进行求解的智能，实现该目标有两个步骤：一是人工智能与智能传感器的集成，此步骤至关重要；二是通过分布式体系结构进行协作，使得智能传感器部署到感兴趣的环境中进而生成某种“社会智能”。正因如此，计算设备才能越来越多地看到、听到、闻到和触摸到，从而变得有意识并能够与部署环境进行积极的互动[1]。分布式传感器网络系统如今正从公共卫生、基础设施、环境管理、工业生产、智慧城市、信息传播和国防安全等方面显著地影响着人们的生活。

## 6.1　分布式传感器网络概述

分布式传感器网络(distributed sensor network, DSN)是一种大规模、自治且资源受限的系统，用于以智能方式收集数据。《商业周刊》称分布式传感器网络技术是 21 世纪的主要技术之一，并且正在走出实验室和研究论文的摇篮，发展出越来越多的应用[2]。分布式传感器网络由一组空间分布的传感器组成，这些传感器作为数据采集器或决策者来共同完成某项任务，现实世界中有很多常见的应用，如空中交通管制、经济和金融、医疗诊断、电力网络、无线传感器网络、认知无线电网络、在线信誉系统、野生动物监测、军事目标跟踪和危险环境中的科学探索等[3]。

微机电系统(micro-electro-mechanical system, MEMS)发展为传感器的微型化提供了支撑，现在的分布式传感器网络由许多微型传感器节点组成，如图 6.1 所示，这些节点成本低、功耗低、体积小，并且在部署后经常保持不受约束和无人值守的特点，可以部署到地面、土壤、水下、空中、车辆或建筑物等不同类型的非结构化环境中，且所有节点都具有传感、计算和通信的能力。因大多数传感器节点通常是小型、电池供电且资源受限的设备，通过无线链路相互通信，通信的基本性质是广播。在极端条件下，尤其在不确定性、资源限制、未知的操作、未知的环境和对抗性干扰下，传感方法需要具有鲁棒性和安全性的保障，同时需要开发能够自主形成协作集群的传感器网络，以便对自然或人为破坏以及更一般的战场环境做出可靠的关键时间响应，并得到传感器网络系统强大处理能力的支持。

图 6.1　“智能微尘”传感器及微处理芯片

### 6.1.1　分布式传感器网络定义

以目标监测、探测及跟踪任务为例，传统方法主要基于目标数据关联的方法实现，计算量较大。多传感器目标跟踪算法将单传感器滤波跟踪扩展至传感器网络环境下利用信息融合的方式处理网络中各传感器的跟踪信息，拥有可扩大跟踪范围与鲁棒性的特点。多传感器目标跟踪主要分为集中式与分布式两种，集中式方法通过将各传感器探测数据汇总至融合中心进行统一融合，使信息损失最小化，但对计算与通信资源均有较高的要求。集中式方法对于大规模和异构传感器网络的有效管理是不够的，且面临着当融合中心发生故障时，整个集中式人工智能系统可能将无法正常运行的风险。分布式方法可根据网络拓扑结构进行局部通信和融合，降低了通信与计算负载，节点或链接故障的稳定性和鲁棒性更强，且具有接近集中式方法的跟踪精度[4]，近年来备受关注。

分布式传感器网络是指由大量部署在作用区域内、具有无线通信与计算能力的微小传感器节点通过自组织方式构成的能根据环境自主完成指定任务的分布式人工智能化网络系统，如图 6.2 所示。该网络可以从环境中获取测量数据，从收集的数据中提取相关信息，并从获得的信息中得出适当的推论。传感器的成本相对较低，因此可以重复使用许多同构或异构的传感器，以确保提高容错能力。

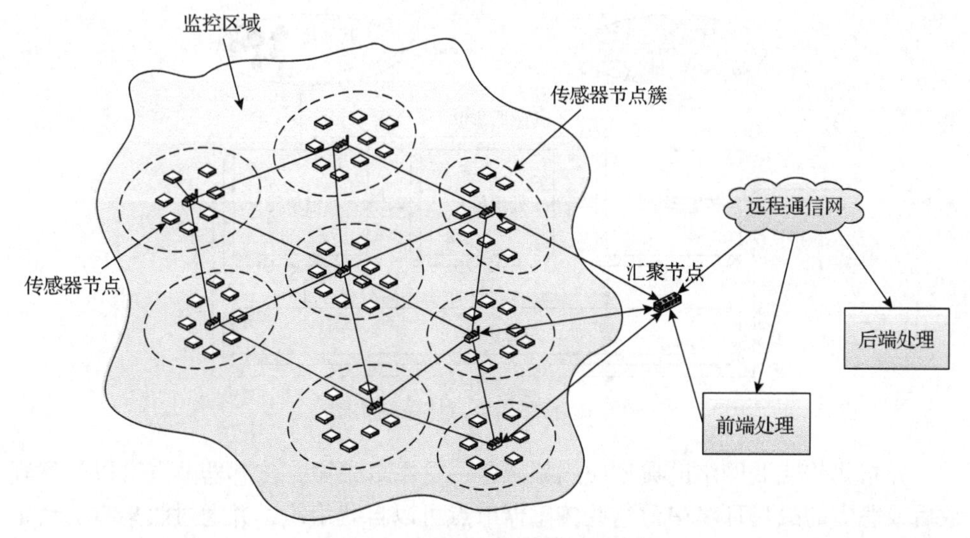


图 6.2　分布式传感器网络结构图

分布式传感器网络是一个涉及数学、几何学、通信、控制、电气、优化计算、能源管理、数据融合等多学科的交叉领域。该网络综合了传感器技术、嵌入式计算技术、现代网络及无线通信技术、分布式信息处理技术等，能够通过各类集成化的微型传感器协作地实时监测、感知和采集各种环境或监测对象的信息，通过嵌入式系统对信息进行处理，并通过随机自组织无线通信网络以多跳中继方式将所感知的信息传送到用户终端，从而真正实现“无处不在的计算”的理念。

在分布式传感器网络中，节点通过各种方式大量部署在被感知对象的内部或者附近，这些节点通过自组织方式构成无线网络，以协作的方式感知、采集和处理网络覆盖区域中特定的信息，可以实现对任意地点信息在任意时间的采集、处理和分析。一个典型的分布式传感器网络结构包括分布式传感器节点(簇)、基站节点(sink node)、通信网和用户界面等。传感器节点间的距离很近，可以相互通信，一般采用多跳(multi-hop)的通信方式连接至基站节点进行通信，基站节点收到数据后，通过网关(gateway)完成和互联网的连接。每个分布式传感器网络可以在独立的环境下运行，也可以通过网关连接到互联网，使用户可以远程访问，其结构如图 6.2 所示。

传感器节点的组成和功能包括如下四个基本单元：传感器单元(由传感器和模数转换功能模块组成)、处理单元(由嵌入式系统构成，包括 CPU、存储器、嵌入式操作系统等)、通信单元(由无线通信模块组成)以及电源部分，其体系结构如图 6.3 所示。此外，可以选择的其他功能单元包括定位系统、运动系统以及发电装置等。

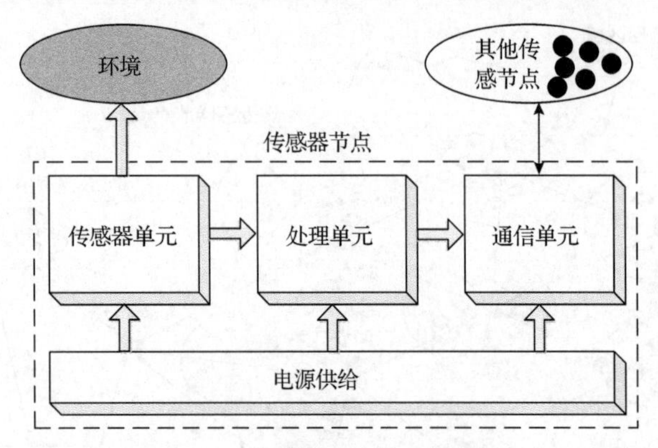


图 6.3　传感器节点体系结构图

分布式传感器网络的典型应用领域之一是军事领域，传感器节点可以部署到敌后或恶劣的战场环境中。这些传感器节点可以自我组织，并通过收集有关敌军防御和设备、部队移动和集中区域的信息，对部署区域进行无人值守的监控，然后将这些信息转发回己方基站，以便进行进一步的处理和决策。

### 6.1.2　分布式传感器网络需求

分布式传感器网络基本上是一个由空间分散、相互连接、相互协作、异构的传感器组成的系统，其主要任务是处理各种传感器获取的可能受到噪声污染的数据，对其进行集成融合，减少其中的不确定性，这样一个框架需要满足三个条件：

(1) 网络中的每个节点都具有一定的智能性。

(2) 必须适应各种传感器。

(3) 其性能不得因空间分布而降低。

对于分布式传感器网络本身，需要具备以下功能：

(1) 其中的每个传感器都可以看到分布式传感器网络作为一个整体执行的部分初级活动。

(2) 数据需要及时处理，其价值在很大程度上取决于获取和处理所需的时间。

(3) 为在通信-计算之间进行权衡，传感器的处理器之间的通信应是受限的。

(4) 系统中应该有足够的信息来克服某些不利条件(如节点和链路故障)，并在特定问题域中仍能找到解决方案。

此外，将多个不同的传感器成功集成到一个有用的分布式传感器网络中，需要以下方面技术的支撑：

(1) 为使信息融合更加容易，需发展抽象地表示从传感器获得信息的方法。

(2) 在参考系上发展处理多个传感器可能存在视角差异的方法。

(3) 为降低不确定性程度，需发展传感器信号建模的方法。

在典型的分布式传感器网络中，每个节点都需要将本地信息与其他节点收集的数据进行融合，以便获得更新的评估。目前的研究涉及基于多假设方法的融合，保持一致性和消除冗余是两个重要的考虑因素，确定应该传什么比如何传更重要。基于此，对于候选通信节点，需要生成以下几方面信息，即关于分布式传感器网络的信息，关于环境状态的信息、假设、推测，以及对具体行为的特定要求，不同类别的信息保证了不同程度的可靠性和紧迫性。由于资源限制和独特的应用需求，分布式传感器网络的发展也面临诸多挑战，总结如下：

(1) 能源供给有限。能源效率对分布式传感器网络至关重要，分布式传感器网络(尤其是无线网络)的 CPU 和内存有限，通常具有低功耗节点，运行在分布式传感器网络的不同部分算法的高效时间复杂度在优化网络能耗方面起着至关重要的作用。与传感器节点中的计算成本相比，无线通信通常在能量方面的成本更高，例如，低质量的路由算法可能会导致节点拥塞和巨大的能源浪费，为分布式传感器网络设计的协议应该只利用少数控制消息。

(2) 内存有限。传感器节点只有少量的内存，因此分布式传感器网络协议不需要在传感器节点上存储大量信息。

(3) 容错性。电池电量损失可能会导致传感器节点发生故障，类似地当传感器节点部署在敌对或恶劣环境中(如军事或工业应用中)，传感器节点可能会容易受到损坏，多种原因均会造成的传感器节点发生故障。因此，协议设计者应该在算法中加入容错功能，以提高分布式传感器网络的实用性。

(4) 自组织。传感器节点通常在敌对或恶劣环境中部署应用，人类很难到达这些传感器节点，因为传感器节点的数量往往很多同时也不可能修复每个传感器节点，传感器节点自组织以形成连接网络是一项基本要求。

(5) 可伸缩性。分布式传感器网络中的传感器节点数量可以达到数百个甚至数千个，为分布式传感器网络设计的协议应该具有高度可扩展性。

### 6.1.3　分布式传感器网络架构

典型的传感器节点由四个基本组件组成：可由电池供电的电源单元、可由一个或多个传感器组成的传感单元、由提供基本处理能力的 CPU 组成的处理单元、提供无限制通信的收发器，有的还具备提供有限信号处理功能的数字信号处理器(digital signal processer, DSP) 芯片等。

分布式传感器网络的相关应用需要在协议设计中仔细规划选择分布式传感器网络架构和考虑网络中存在的冗余量，主要存在以下几种架构[5]：

(1) 同构与异构。传感器网络可能由同构节点或异构节点组成。在同构传感器网络中，所有传感器节点都具有相似的感知和处理能力，由于一个典型的分布式传感器网络可以多达数千个节点，同构传感器网络由于规模的原因相对经济。异构传感器网络可能由具有不同传感器类型、功率容量和处理能力的传感器节点组成。异构传感器网络的典型应用之一是栖息地监测网络，其中带有摄像头的传感器节点执行视频传感，而带有声音记录器的传感器节点执行音频传感，两者都具有不同的电源需求和处理能力，因此同构和异构传感器网络需要不同的协议。

(2)随机部署与确定性部署。可以通过空投传感器节点或将其随机布设到目标区域来部署传感器节点，也可以使用确定性方案将其放置在预先确定的位置。随机部署网络的自配置协议可能不太适合确定性部署的传感器网络，需要说明的是，为确定性传感器网络设计的数据分发算法在随机部署的传感器网络中使用时可能无法很好地执行。

(3)分层拓扑与平面拓扑。工程师可以选择平面拓扑或基于集群的分层拓扑，具体取决于其协议的应用程序。分层拓扑通常更适合传感器网络，因为它们允许集群内的数据融合和其他常见功能，从而最大限度地减少集群外的通信[5]，如图 6.4 所示。

(4)静态与移动。传感器网络可以由静态节点或移动节点组成，也可以由静态节点和移动混合节点组成。根据特定传感器网络的组成，它们可能需要不同的自组织算法和数据传输协议。

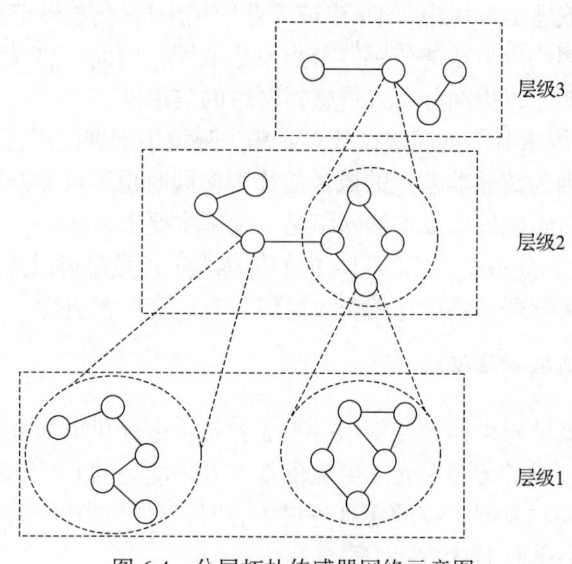


图 6.4　分层拓扑传感器网络示意图

## 6.2　分布式传感器网络信息融合原理

与人的大脑综合处理信息的过程类似，多传感器信息融合是将各种传感器进行多层次、多维度、多空间的信息互补和优化组合，最终产生对观测环境的一致性解释。在这个过程中要充分地利用多源数据并对其进行合理支配与使用，而信息融合的最终目标则是基于各传感器获得的分离观测信息，通过对信息多级别、多方面组合导出更多有用的信息。这不仅是利用了多个传感器相互协同操作的优势，而且也综合处理了其他信息源的数据来提高整个传感器系统的智能化水平。

尤其在军事领域，信息融合系统能够为各个作战单元或平台采集到的数据和信息进行关联融合得出一致结论，以获得目标精度更高的运动状态、身份识别等信息，从而对其威胁程度和整个战场态势做出更加完备的综合评估，并辅助做出最优的战略战术部署。也就是说，信息融合系统通过对不同来源、不同时间/地点、不同领域的信息进行综合评估，最后得到对被侦查对象的全方位描述，提升了决策的可信度，降低了信息的冗余度及模糊程度，进一步提高了环境的认知能力[6]。

### 6.2.1　分布式融合结构

根据数据处理方法的不同，信息融合系统的体系结构有三种：分布式、集中式和混合式。其中分布式信息融合系统先对各个独立传感器所获得的原始数据进行局部处理，再将结果送入信息融合中心进行智能优化组合来获得最终的结果。分布式信息融合系统对通信带宽的需求低、计算速度快、可靠性和延续性好，跟踪精度通过优化后可以接近或达到集中式信息融合系统的水平，集中式和分布式两种融合结构的对比如表 6.1 所示，本节内容主要围绕分布式融合架构展开介绍。

**表 6.1　集中式和分布式两种融合结构对比**

| 类型 | 优点 | 缺点 |
|---|---|---|
| 集中式融合结构 | ①所有数据对融合处理中心均可用，融合精度高、算法灵活，融合速度快；<br>②可用较少种类的标准化处理单元，结构简单；<br>③所有的处理单元都在可接近的位置，可维护性较强 | ①需要专门的数据总线；<br>②硬件改进或扩充困难；<br>③由于所有的处理资源都集中在融合中心，其计算和通信负担较重，容错性差，系统可靠性低 |
| 分布式融合结构 | ①每个传感器可以独立改进或升级性能，系统的可靠性和容错性高；<br>②增加新传感器或改进原传感器，可以更少地触动系统级软件或硬件；<br>③对通信带宽要求低，计算速度快，延续性好 | ①提供给融合中心的数据有限，无法访问原始数据，传感器融合的有效性较低；<br>②传感器模块需要具备应用处理器，这样，自身的体积将更大，功耗也就更高 |

在分布式融合系统研究中常见的网络拓扑结构有星形结构、环形结构、层次结构、树环结构等，关于以上结构相关介绍内容较多，感兴趣的读者可参见文献[7]。在融合结构选择或设计时主要考虑点对点通信的延迟、路由的效率、系统容错性、每一个节点的通信负担、信息消费节点的分布等因素影响。本节主

要介绍分布式的融合结构中不带反馈的分布式融合结构和带反馈的分布式融合结构。

1. 不带反馈的分布式融合结构

与集中式多传感器融合结构的主要区别在于，分布式多传感器融合结构局部的传感器具有自身的数据融合判断及信息处理的功能，而集中式多传感器融合结构传感数据集中在信息融合中心进行全局处理[8]，优势是信息损失小，不足是在融合中心算力满足要求的情况下数据传输带宽限制信息处理能力的发挥，系统的容错性较差。不带反馈的分布式融合结构是在局部融合处理的基础上再进行融合中心的全局关联融合，即每个分布式传感器节点具备一定的信息处理能力，其优点是对数据传输带宽和融合中心的信息处理能力要求相对较低，提升了整个系统的抗干扰能力，其结构如图 6.5 所示。

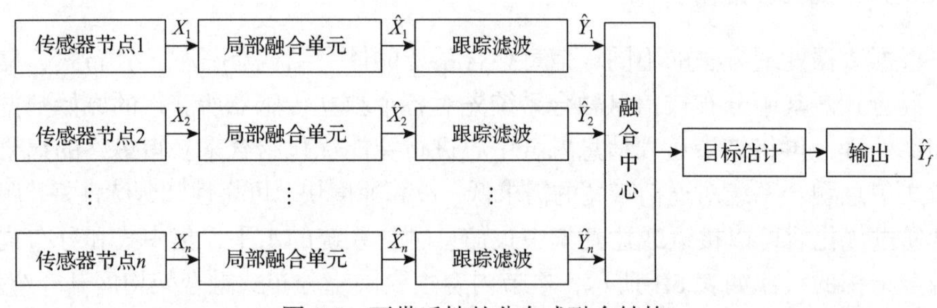


图 6.5　不带反馈的分布式融合结构

每个传感器节点的感知数据为 $X_i$，局部融合结果为 $\hat{X}_i$，局部决策结果为 $\hat{Y}_i$，全局决策结果为 $\hat{Y}_f$。该结构中每个传感器节点都要进行局部融合，送给融合中心的数据是当前的状态估计，融合中心利用各个传感器所提供的局部估计进行融合，最后给出融合结果，即全局估计。每个传感器节点有独立的数据融合与处理能力，独立地做出决策，然后将各自决策结果送入融合中心，供其做出全局判断。因为各个局部融合单元具有单独处理问题的能力，即使某些传感器节点被破坏，其他传感器节点仍能担负起被破坏部分的功能，从而不对整个传感系统的融合能力造成太大的影响，也就提高了系统的抗毁伤能力。

实现以上功能要求分布式传感器网络包括一系列传感器节点和相应的处理单元，每个处理单元连接一个或多个传感器，共同构成分布式传感器网络中的簇。数据从传感器传送至与之相连的处理单元，在处理单元处进行数据集成后，将处理单元的信息进一步相互融合以获得最佳决策。随着传感器技术、嵌入式技术和通信技术的快速发展，具有感知能力、信息处理能力和通信能力的微型传感器使得分布式融合的应用更容易实现，不过在每个传感器节点单独做决策的过程中进行了初步的信号特征选择与融合，损失了全局融合中心信息的完整性，增加了全局融合处理的不确定性。为了兼顾集中式多传感器融合结构和分布式多传感器融合结构的优点，根据需求可以选择集中和分布混合式的多传感器融合结构。

2. 带反馈的分布式融合结构

由于分布式传感器网络中信息的传输受到通信带宽的约束，采样信息难以完整地传送到融合中心，这些信息往往是被各检测器先进行初步的处理、压缩，再把处理结果传送到融合中心，融合中心再根据从各传感器收集的处理后的信息进行融合计算，最终做出判决。在这种融合结构中，信息传输是单向的，各节点之间不进行通信，融合中心也没有到局部检测器的反馈。为了进一步提高分布式传感器网络的融合性能，有学者提出了带反馈的分布式融合结构如图 6.6 所示。在该结构中，一般由传感器节点形成局部融合结果并传送给融合中心，为进一步充分利用目标的先验信息与观测信息，融合中心据此输出对目标的初步估计等反馈到局部融合单元，进而调整各传感器节点的信息采集或者调整融合中心的评价准则使总体性能得到优化。由于融合中心到每个传感器有一个反馈通道，这有助于提高各个传感器状态估计和预测的精度，多项研究结果表明带有反馈的分布式融合结构可以有效地改善融合性能[9,10]。

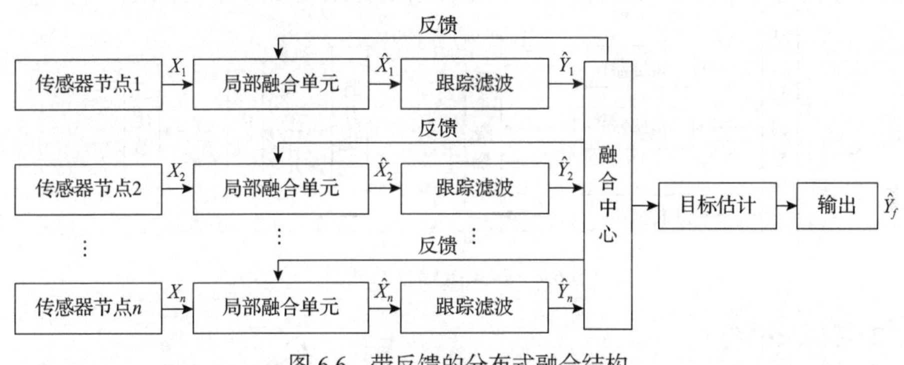


图 6.6　带反馈的分布式融合结构

此结构属于带反馈的并行融合结构，通过传送通道，各传感器实际上存取了其他传感器的当前估计，每个传感器独立地完成其运算任务，既存在局部融合单元又有全局融合单元。此结构相对复杂，但因该结构方式可扩展，即每个传感器节点可扩展成一个包含多个传感器的平台，很有发展潜力。

鉴于反馈环节的加入，增加了通信量，在考虑其算法时，要注意参与计算的各个变量之间的相关性。通常的研究多是基于以下假设进行：①各传感器节点的信息采集在时间和空间上是统计独立的，各传感器节点间无通信；②对于假设检验问题，观测目标在系统每次给出融合结果的时间间隔上是保持不变的；③各传感器节点是独立和同步给出各自的局部融合结果。

### 6.2.2　融合规则

1. 融合层次

在分布式传感器信息融合中，按其在融合系统中信息处理的抽象程度可分为三个层次：数据级融合、特征级融合和决策级融合。

1) 数据级融合

数据级融合又称像素级融合，属于底层数据融合，它将多个传感器的原始观测数据(raw data)直接进行融合，即在各种传感器的原始测量信息未经处理之前就进行信息的综合和分析，再从融合数据中提取特征向量进行判断识别。该融合方法尽可能多地保存了传感器采集的信息，不存在数据丢失的问题，可以获得最精确的融合结果，但是计算量大，对系统通信带宽要求较高。这种融合通常用于多源图像复合、图像分析和理解、同类(同质)雷达波形的合成以改善雷达信号处理的性能、多传感器数据融合的卡尔曼滤波等，其主要支撑理论包括：亮度色调饱和度(IHS)变换，主成分分析(principal components analysis, PCA)、小波变换及加权平均等。需要说明的是，数据级融合要求多个传感器是同质的(传感器观测的是同一物理量)，否则需要进行尺度校准，其融合原理如图 6.7 所示。

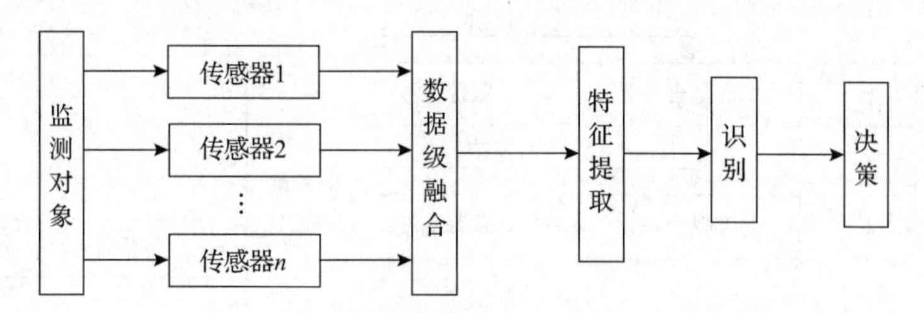


图 6.7　数据级融合原理图

2) 特征级融合

特征级融合属于中间层次级融合，先从每个传感器提供的原始观测数据中提取代表性的特征，再把这些特征融合成单一的特征向量，其中选择合适的特征进行融合是关键，提取的特征信息应是像素信息的充分表示量或充分统计量，包括边缘、方向、速度、形状等，然后按特征信息对传感器数据进行分类、聚集和综合。该融合方式可划分为两大类：目标状态融合、目标特性融合。

(1) 目标状态融合：主要应用于多传感器的目标跟踪领域，融合系统首先对传感器数据进行预处理以完成数据配准，在数据配准之后，融合处理主要实现参数关联和状态估计。

(2) 目标特性融合：就是特征层联合识别，它的实质就是模式识别问题，在融合前必须先对特征进行关联处理，再将特征矢量分类成有意义的组合。

特征级融合技术发展较为完善，建立了一整套行之有效的特征关联技术，保证融合信息一致性的同时实现了对原始数据的压缩，减少了大量干扰数据，易实现实时处理，具有较高的融合精度。该融合方式对计算量和通信带宽要求相对较低，但部分数据的舍弃使其准确性也有所下降，主要用于分布式传感器目标跟踪领域，实现参数相关和状态向量估计。其主要支撑理论包括聚类分析、贝叶斯估计法、信息熵法、加权平均法、D-S 证据推理法、表决法和神经网络方法等，其融合原理如图 6.8 所示。

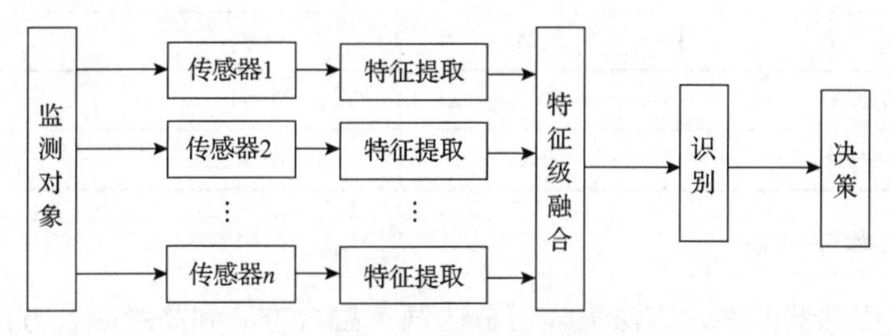


图 6.8　特征级融合原理图

3) 决策级融合

决策级融合属于高层级融合，是对数据高层级的抽象，每个传感器均基于自己的观测做出决策，输出是一个联合决策结果，在理论上这个联合决策应比任何单传感器决策更精确或更明确，结果可为控制与决策提供依据。决策级融合在信息处理方面具有很高的灵活性，系统对信息传输带宽要求很低，能有效地融合反映环境或目标各个侧面的不同类型信息，可以处理非同步信息且可应用于异质传感器。由于环境和目标的时变动态特性、先验知识获取的困难、知识库的巨量特性、面向对象的系统设计要求等，决策级融合理论与技术的发展仍受到一定的限制，其主要支撑理论包括贝叶斯估计法、专家系统、神经网络法、模糊集理论、可靠性理论、逻辑模板法等，其融合原理如图 6.9 所示。不同层次融合方法性能对比总结如表 6.2 所示。

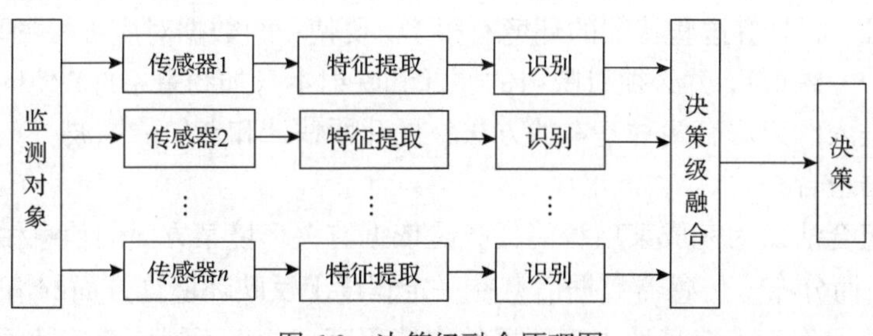


图 6.9　决策级融合原理图

表 6.2　不同层次融合方法性能对比

| 性能 | 数据级融合 | 特征级融合 | 决策级融合 |
| --- | --- | --- | --- |
| 通信量 | 最大 | 中等 | 最小 |
| 信息损失 | 最小 | 中等 | 最大 |
| 容错性 | 最差 | 中等 | 最好 |
| 抗干扰性 | 最差 | 中等 | 最好 |
| 对传感器依赖性 | 最大 | 中等 | 最小 |
| 融合方法 | 最难 | 中等 | 最易 |
| 预处理 | 最小 | 中等 | 最大 |
| 分类性能 | 最好 | 中等 | 最差 |

### 2. 常用融合方法

分布式传感器的融合方法大体可分为简单融合方法和高级融合方法。简单融合方法主要指计算简单、便于操作且可在缺乏关于系统及背景的先验信息的情况下使用的规则，如与、或和排列组合等。高级融合方法存在多种形式的信息融合方案，并取决于许多因素，从先验可用信息到使用这些方案的应用场景，典型的示例包括证据信念推理、融合和模糊推理、不完美数据的粗糙集融合、随机集理论融合等。本节主要考虑高级融合方法，因为它与分布式传感器网络应用非常匹配，它将分布式采集数据根据信息融合的功能要求，在不同融合层次上采用不同的数学方法，对数据进行综合处理，最终实现融合。目前已有大量的融合算法，它们都有各自的优缺点，这些融合方法总体上可以分为三大类型：嵌入约束法、证据组合法、人工神经网络法。

1) 嵌入约束法

由多种传感器所获得的客观环境的多组数据就是客观环境按照某种映射关系形成的镜像，传感器信息融合就是通过映射求解原始数据，即对客观环境加以了解。用数学语言描述就是，即使所有传感器的全部信息，也只能描述环境的某些方面的特征，而具有这些特征的环境有很多，要使一组数据对应唯一的环境(即上述映射为一一映射)，就必须对映射的原像和映射本身加约束条件，使问题能有唯一的解。嵌入约束法有两种基本的方法：贝叶斯估计和卡尔曼滤波。

2) 证据组合法

证据组合法认为完成某项智能任务是依据有关环境某方面的信息做出几种可能的决策，而分布式传感器数据信息在一定程度上反映环境这方面的情况。因此，分析每一数据作为支持某种决策证据的支持程度，并将不同传感器数据的支持程度进行组合，即证据组合，分析得出现有组合证据支持程度最大的决策作为信息融合的结果。

证据组合法是为了完成某一任务的需要而处理多种传感器的数据信息。它先对单个传感器数据信息中每种可能决策的支持程度给出度量(即数据信息作为证据对决策的支持程度)，再寻找一种证据组合方法或规则，使在已知两个不同传感器数据(即证据)对决策的分别支持程度时，通过反复运用组合规则，最终得出全体数据信息的联合体对某决策总的支持程度，得到最大证据支持决策，即传感器信息融合的结果。常用的证据组合法有概率统计方法、D-S 证据推理法。

3) 人工神经网络法

人工神经网络通过模仿人脑的结构和工作原理，设计和建立相应的机器及模型并完成一定的智能任务。神经网络根据当前系统所接收到样本的相似性，确定分类标准。这种确定方法主要表现在网络权值分布上，同时可采用神经网络特定的学习算法来获取知识，得到不确定性推理机制。采用人工神经网络法的分布式传感器信息融合，分三个主要步骤：

(1) 根据智能系统的要求及传感器信息融合的形式，选择其拓扑结构；

(2) 各传感器的输入信息综合处理为总体输入函数，并将此函数映射定义为相关单元的映射函数，通过神经网络与环境的交互作用把环境的统计规律反映至网络本身的结构；

(3) 对传感器输出信息进行学习、理解，确定权值的分配，进而对输入模式做出解释，将输入数据向量转换成高级逻辑(符号)概念。

## 6.3　分布式传感器网络信息融合技术

融合中心需要依靠各节点提供的信息来决定观测系统的状态，分布式传感器信息融合系统的主要难点和关键之一在于信息关联[11]。信息关联是各种融合系统需要面对的技术难题，关联质量因直接影响到信息融合的性能而备受关注，此外各传感器节点的探测系统还存在目标估计与定位的难题。由于信息融合技术的发展，相继提出了集合论方法、近邻域方法、聚类法、有限集多假设关联方法[12]以及人工神经网络方法[13]等，本节针对几种典型的信息融合技术进行研究。

### 6.3.1　基于人工神经网络的分布式数据融合

1. 人工神经网络简介

人工神经网络(artificial neural network, ANN)是一种通过创建固定数量的神经元进行训练来实现模拟大脑学习行为的技术，从而为各种输入反馈相应的输出。

整个过程实际上是模拟生物神经元，树突将接收传递给细胞体的信息，细胞体的目标是在满足一定阈值时将信息传递给轴突，从而通过突触连接传递给其他神经元的树突。人工神经元与生物神经元之间的关键区别在于，网络中可能存在隐含层神经元数量的计算限制，目前技术还不够先进，无法对人脑拥有的约 100 亿到 1 万亿数量的神经元进行有效模拟。

人工神经网络由三个主要层组成，即输入层、隐含层和输出层，如图 6.10 所示。该过程包括接收其他神经元的加权输入，然后神经元将应用一个激活函数，如硬限幅器，在该函数中输入为正或负时它被指定为 +1 或 –1 导出输出值。关于神经网络的训练，有几种可用的技术，如反向传播(BP)和遗传算法等。

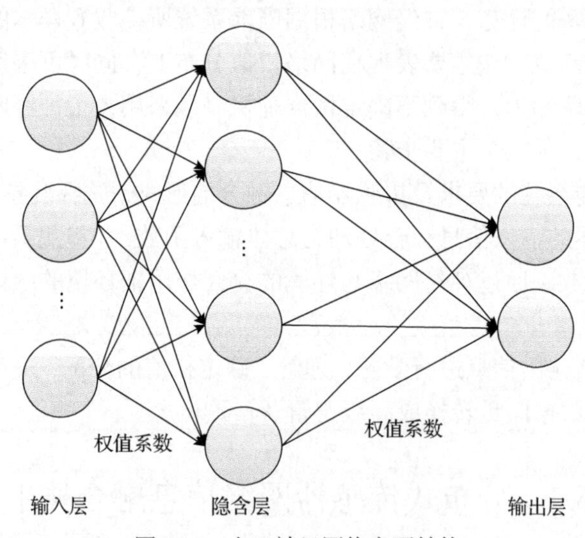


图 6.10　人工神经网络主要结构

当尝试配置神经网络权值时主要使用训练算法，网络训练中表现优异的两种主要训练算法是 BP 算法和进化神经网络。BP 算法通过在计算输出后，将误差传播回网络进而修改权值，该方法重新定义了训练网络的概念，同时使用预定的有限迭代次数或计算输出的均方根(RMS)误差阈值作为停止标准。

与 BP 神经网络相比，进化神经网络利用遗传进化理论训练网络权值。与训练贝叶斯网络的遗传算法过程类似，所有权值都作为基因添加到染色体中，以根据获得的最适合输出进行操作。该方法将权值初始化为小随机数，检查网络是否获得足够高的分数或是否已达到生成次数限制。在两个停止标准都不满足的情况下，算法将检查每个染色体，以获得正确的输出。然后一定数量的不合适染色体在群体中被舍弃，并被两条更合适染色体的子染色体取代，子染色体可以通过如单点、两点或均匀交叉等方式创建，从而将变异染色体应用于种群的某一小部分，以避免网络瘫痪或局部极小等问题。

人工神经网络通过模仿人脑的结构和工作原理，设计和建立相应的机器及模型并完成一定的智能融合任务，神经网络根据当前系统所接收到的样本的相似性确定分类标准，这种确定方法主要表现在网络权值分布上，同时可采用神经网络特定的学习算法来获取知识，得到不确定推理机制。基于人工神经网络的分布式传感器数据融合的实现分三个步骤：

(1)根据智能系统的要求及传感器的信息融合形式，选择相应的拓扑结构；

(2)各传感器的输入信息综合处理为一总体输入函数，并将此函数映射定义为相关单元的映射函数，通过神经网络与环境的交互作用把环境的统计规律反映至网络本身结构；

(3)对传感器输出信息进行学习、理解，确定权值的分配，完成知识获取信息的融合，进而对输入模式做出解释，将输入数据向量转换成决策概念。

基于人工神经网络的分布式传感器数据融合具备以下特点：

(1)具有统一的内部知识表示形式，通过学习算法可将网络获得的传感器信息进行融合，获得相应的网络参数，并将知识规则转换成数字形式，便于建立知识库；

(2)利用外部环境信息，便于实现知识自动获取及并行联想推理；

(3)能够将不确定环境的复杂关系，经过学习推理，融合为系统能够理解的准确信号；

(4)神经网络具有大规模并行处理信息的能力，使得系统信息处理速度较快。

2. 基于BP神经网络的分布式传感器数据融合

BP神经网络是于1986年提出的一种由误差反向传播算法作为基本原理训练得到的多层前馈神经网络，是一种具有三层或三层以上层次结构的神经网络，层与层之间，每个单元都实现权值连接，但是每层各神经元之间不连接。BP神经网络是通过信息的正向传播和误差的反向传播构成的。输入大量样本进行监督学习，不断减小网络实际输出与期望输出的距离以逼近实际需求。BP神经网络实现了多层网络学习的设想，其学习训练过程可归结为：信息前向传播→误差反向传播→记忆训练→趋向收敛。BP神经网络有具体的学习规则、明确的数学意义和清晰的算法步骤，同时还增设了隐含层次，它对非线性模式有很强的识别能力，具有广泛的应用前景。BP神经网络使用的BP算法的主要思路是在大量样本反复的训练过程中，通过计算输出误差平方和以及误差梯度不断地调整网络间连接的权值，使得输出的结果达到期望的效果，其算法流程如图6.11所示。

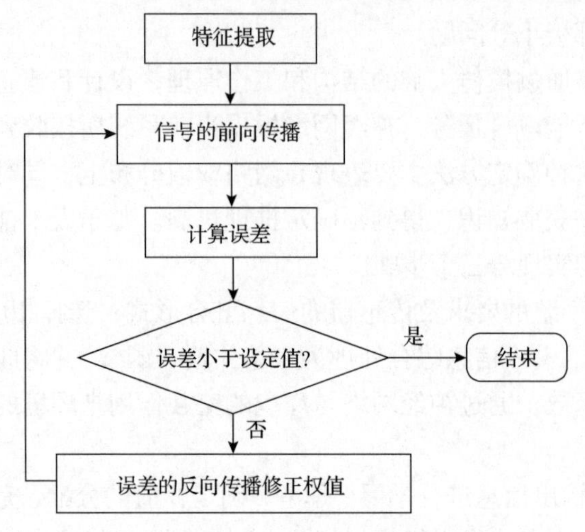


图 6.11　BP 算法流程图

BP 算法步骤：假设初始权值不为 0，网络一共 $L+1$ 层，当 $l=0$ 时代表输入层，当 $l=L$ 时代表输出层，当 $0<l<L$ 时代表隐含层，第 $l$ 层的权值系数为 $l_W$，输入信号为 $u_p$，经过信号的前向传播后，输出了 $m$ 维的输出信号 $y_p$，则误差梯度为 $\partial E_p / \partial^{l_{W_{ij}}}$，输出误差，修正权值系数分别为

$$E_p = \frac{1}{2}\sum_{i=1}^{m}(d_{ip} - y_{ip})^2 \tag{6.1}$$

$$E_{总} = \sum_{p=1}^{P} E_p \tag{6.2}$$

误差反向传播过程为

$$l_{W_{ij}(t+1)} = l_{W_{ij}(t)} - \eta \frac{\partial E_p}{\partial^{l_{W_{ij}}}}, \quad \eta > 0 \tag{6.3}$$

输出层灵敏度为

$$L_{\delta_{ip}} = -(d_{ip} - y_{ip}) \cdot f'(L_{x_{ip}}) \tag{6.4}$$

非输出层利用向量的链式法则为

$$l_{\delta_{ip}} = \frac{\partial E_p}{\partial l_{x_{ip}}} = \left(\sum_k l+1_{\delta_{kp}} \cdot l+1_{W_{ki}}\right) \cdot f'(\,l_{x_{ip}}) \tag{6.5}$$

要求式中的激励函数$f$可微，重复上述过程直到满足收敛条件$E_{总} \leqslant \varepsilon$。BP神经网络具有以下特点：

(1)神经网络的输入和输出是相互并行的；

(2)由中间各层不同拓扑结构组成的权值系数来决定输入与输出之间的关系，没有固定的算法和定式；

(3)权系统是通过不断地计算误差和梯度进行调整的，因此训练次数越多，网络功能就越强大，这就是BP算法的优势；

(4)中间层层数越多，网络最终输出的结果精度就越高，并且中间个别权系统的误差不会对最终结果产生大的影响，存在着一定的容错性。

基于BP神经网络的分布式传感器数据融合模型如图6.12所示，需要说明的是，各传感器采集的信息需要依据不同的融合目标对传感器信息进行选择过滤和优化预处理、特征提取和归一化等处理后才输入神经网络。

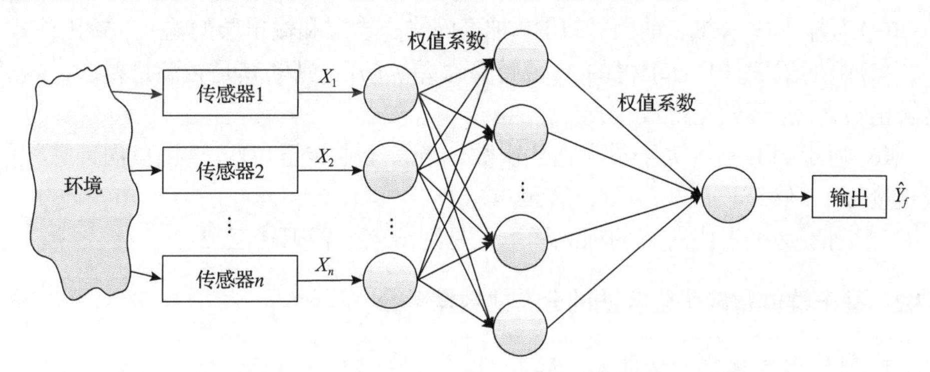


图6.12　基于BP神经网络的分布式传感器数据融合模型

BP神经网络中神经元个数为$N$，对于隐含层的第$n$个神经元输入为$I_{1n}$，输出为$O_{1n}$，输出层若只有一个神经元，则其输入为$I_2$，输出为$O_2$。输入层的第一个神经元输入与第$n$个神经元的连接权值为$w_{1n}$，第二个神经元输入与第$n$个神经元的连接权值为$w_{2n}$，第$n$个神经元输入与第$n$个神经元的连接权值为$w_{nn}$。

假定输入层神经元为线性传递函数$f(x)=x$，即输入层神经元的输入和输出是相等的。隐含层和输出层神经元选用S型传递函数$f(x)=1/(1+e^{-x})$。基于BP神经网络的分布式传感器数据融合技术流程可归纳如下。

(1)设置变量与参量：

$$X_k=[u_k, t_k],\quad k=1,2,\cdots,M$$

其中，$X_k$为输入训练样本；$M$为训练样本个数。

$W_a(t)$为第$t$次迭代时输入层与隐含层之间的权值矩阵：

$$W_a(t)=\begin{bmatrix} w_{11}(t) & w_{12}(t) & \cdots & w_{1N}(t) \\ w_{21}(t) & w_{22}(t) & \cdots & w_{2N}(t) \\ \vdots & \vdots & & \vdots \\ w_{n1}(t) & w_{n2}(t) & \cdots & w_{nN}(t) \end{bmatrix}$$

$Y_k(t)$ $(k=1,2,\cdots,M)$为第$t$次迭代时网络的实际输出；$P_k$ $(k=1,2,\cdots,M)$为期望输出；$\rho$为学习率；$t$为迭代次数；$W_b(t)$为第$t$次迭代时隐含层与输出层之间的权值矩阵，且

$$W_b(t)=\begin{bmatrix} w_{O1}(t) & w_{O2}(t) & \cdots & w_{On}(t) \end{bmatrix}$$

(2) 初始化，给$W_a(t)$和$W_b(t)$各赋一个较小的非零值，此时$t$=0。

(3) 输入样本$X_k$。

(4) 对输入样本$X_k$，前向计算BP神经网络隐含层和输出层的输入、输出信号。

(5) 由期望$P_k$和(4)求得的$Y_k(t)$计算误差$E(n)$，判断其是否满足要求，若满足转至(7)，若不满足继续(6)。

(6) 判断$t$+1是否大于最大迭代次数，若大于则转至(7)；否则反向计算权值修正量$\Delta w$，修正权值，$t$=$t$+1，转至(4)。

(7) 判断是否完成所有的训练样本，是则结束，否则转至(3)。

### 6.3.2 基于群体智能优化算法的分布式数据融合

1. 群体智能优化算法简介

群体智能优化算法主要模拟蚂蚁、蜜蜂、鱼群等自然界中生物的群体行为，这些群体按照一定的规律或者合作方式在自然界中寻找食物，根据学习自身经验和群体其他生物的经验向某个方向进行探索。通过模拟这种行为，常常可以通过优化的方式快速找到一个问题的解，典型的群体智能优化算法主要有遗传算法、粒子群优化算法、蚁群优化算法。

遗传算法(genetic algorithm, GA)是依据自然界中生物遗传进化过程演化而来的，具备较强的全局寻优能力[14]。近些年，基于改进遗传算法的研究相继被提出，文献[15]提出了一种新的变异算子用于遗传算法，并应用于动态环境中移动机器人路径规划问题。除了在变异算子上的改进，文献[16]设计了振动遗传算法，以减少过早收敛的可能性，从而帮助候选解达到全局最优。以上算法，即基于遗传算法的路径规划方法始终关注以某种简单的最优准则来规划可行路径问题，如移动的距离最短。但是移动机器人的路径规划除了考虑路径最短，还需要考虑其他优化准则，如路径的平滑性、能量和时间的消耗。文献[17]提出了一种基于遗传

算法和贝塞尔曲线的移动机器人路径规划问题的新方法，能够保证移动机器人生成一条从起点到目标点的较优并且平滑的路径。

蚁群优化(ant colony optimization, ACO)算法是一种模拟自然界中蚂蚁觅食行为的仿生学优化算法，这种算法具有正反馈、分布式计算、启发式等特点。蚁群优化算法受到了蚂蚁在寻找食物过程中寻找路径方法的启发。蚂蚁之间能够相互交流合作找到蚁穴和食物之间的路径，并且可以根据较早回来的蚂蚁自身信息素的动态变化来选择路径，这种方法利用了正反馈的原理，具有多项并行性。

和上述两种路径规划算法相比，粒子群优化算法易于实现，可以快速逼近最优解，然而它可能会导致局部最优问题。为了防止粒子群优化算法在搜索过程中过早收敛到局部最优。国内外学者提出了多种改进的粒子群优化算法。在文献[18]中，对基本的粒子群优化算法中的惯性权值，提出了一种“逐步”调整的策略，对不同时期的种群粒子设置不同大小的惯性权值。该算法在一定程度上解决了粒子群优化算法过早收敛的问题，但参数的选取需要大量的数据实验，而且参数还容易受到环境的影响，这导致了此算法的灵活性不高。粒子群优化算法在运行过程中也会出现粒子耗尽的现象，严重影响优化的精度。针对这个问题，文献[19]和[20]在速度更新公式的基础上分别加入了有界随机扰动变量和相邻粒子信息。这两种方法都是通过在粒子速度更新中引入变异机制来保持粒子优化的多样性。为防止粒子过早收敛，但粒子多样性的增加在一定程度上影响了粒子群优化算法的收敛速度。

### 2. 基于群体智能优化算法的分布式无人机集群系统任务分配

#### 1)任务分配问题简介

任务分配即将合适的任务分配给合适的执行单位以实现整体执行效果最优。任务分配问题可大致分为集中式任务分配和分布式任务分配。集中式任务分配即系统中存在一个拥有系统全局信息的总控单元，代表了系统的整体利益，建立分配的最优方案之后将分配方案通知系统中的各相关系统单位。分布式任务分配即系统中不存在掌握全局信息的总控单元，由系统成员共同参与、协商和竞争或者各成员根据对环境信息的感知，完全独立地进行任务选择或调整，两种分配方式的比较如表6.3所示。

**表6.3　集中式任务分配与分布式任务分配方案比较**

| 方式 | 优点 | 缺点 | 适用 |
|---|---|---|---|
| 集中式 | ①分配算法实现简单；<br>②能够得到最优解 | ①通信集中易造成拥塞，影响算法效率；<br>②分配算法计算复杂度难以满足实时性要求；<br>③中央节点须实时掌握agent信息通信质量，将影响分配效果；<br>④有实体添加或退出时需重新分配 | 已知且确定的环境；<br>规模较小的系统 |

续表

| 方式 | 优点 | 缺点 | 适用 |
| --- | --- | --- | --- |
| 分布式 | ①可并行计算能快速调整分配方案；<br>②通信较分散可避免因通信拥塞而影响算法效率的情况；<br>③实体可动态添加或退出，容错性、扩展性和鲁棒性较好 | ①难以保证解的质量，容易陷入局部最优；<br>②agent 之间任务调整时进行的对话、协商会增加系统的通信负担；<br>③通信更频繁使得通信质量将更大程度影响分配效果 | 动态环境；<br>中等至大规模系统 |

分布式任务分配方法主要包括：

(1)基于行为激励的任务分配方法。该方法是指将环境和感知信息映射到系统成员的智能行为模式，系统成员根据自身行为模式的改变，实现全局任务分配方案的自动调整，该方法适用于自治性较强的系统任务分配问题，如分布式机器人系统。典型的基于行为激励的多机器人分布式合作结构为 ALLIANCE 系统，以及具有参数学习能力的 L-ALLIANCE 系统。基于行为激励方法的特点是自适应能力较强，由于采用隐式通信模式，因此系统通信负载较小，但分配效率较低，此外解的质量与相关阈值的选择有关，因此难以保证分配效果。

(2)基于市场机制的任务分配方法。受经济学研究启发，人们基于对市场机制的研究提出了一种市场算法的分布式控制机制，运用市场算法求解任务分配问题的本质是系统中的成员为求得自身利益或整体利益的最大值在某种协议的基础上与其他成员通过对话、协商来动态分配任务，典型的算法包括合同网协议算法、拍卖算法等。

(3)基于合同网协议的任务分配方法。20 世纪 80 年代提出的合同网协议(contract net protocol, CNP)的概念作为一种面向谈判的任务分配和协作机制，通过模仿经济行为中“招标—投标—中标—签约”机制，实现任务的分配、动态调整和转移，当某个成员没有足够能力处理当前任务或当它通过任务分解产生新的任务时，就发布招标信息，其他成员根据自身能力投标。CNP 采用任务招标的方式，将投标值作为系统成员之间任务分配的控制变量，通过互相协商和竞争以实现任务的动态分配和调整。目前学者针对传统 CNP 的不足进行了不同程度的改进和扩展，如采用接收者限制、集中选择、忽略过期消息方法、熟人集方法、基于案例推理的方法以及基于信任机制的方法来缩小招标范围，以避免传统 CNP 广播式招标带来的通信负载问题。

(4)基于拍卖算法的任务分配方法。拍卖算法(auction algorithm)是在一系列明确的规则指导下，通过买方竞价的方式实现资源配置的一种市场机制。拍卖算法的基本思想是拍卖品对应任务，任务的分配方和接收方分别根据自己的收益函数和出价策略对任务进行拍卖和竞拍，目前拍卖算法已被成功应用于无人机和机器人的任务分配、资源分配等问题中。

(5)基于空闲链的任务分配方法。基于空闲链(vacancy chains)的任务分配方法最早由社会学家 H.C.White 于 1970 年提出，用于研究组织结构变化过程，后被 Chase 等用于研究动物界资源分配问题。其基本思想是当系统出现一个空闲资源或任务(空缺)时，需要对该空缺进行重新分配，当该空缺被填充时，会导致系统中出现新的空缺，从而产生了空闲链，带动整个系统自动实现动态再分配。

(6)基于群体智能优化算法的任务分配方法。群居昆虫的一个重要特点是在解决各种问题时具有灵活性和鲁棒性，灵活性可以使它们根据环境的变化实时做出调整，鲁棒性使得个体的失效不影响整个问题的解决。因此，基于群体智能优化算法的任务分配方法不仅适用于集中式任务分配问题，同样也能解决规模较大但个体行为简单的动态分布式多元系统任务分配问题，典型的算法有遗传算法、蚁群优化算法、粒子群优化算法等。

分布式无人机多任务的目标分配可简化为指派问题(assignment problem, AP)模型。指派问题模型原理是将 $n$ 个人和 $n$ 项任务一一对应，实现最佳完成任务的目的，无人机集群常用的任务分配算法主要有启发式算法、数学规划方法和群体智能算法等。

用于无人机集群的典型启发式算法包括聚类算法等。数学规划方法主要有枚举法、动态规划等。典型群体智能算法包括进化算法、粒子群优化算法、蚁群优化算法等，各种算法的对比如表 6.4 所示。

**表 6.4　典型群体智能算法比较**

| 类型 | 算法 | 容错性 | 鲁棒性 | 动态性 | 协同性 | 精确性 | 规模大小 | 速度 |
|---|---|---|---|---|---|---|---|---|
| 启发式算法 | 聚类算法 | 较强 | 差 | 强 | 强 | 低 | 大 | 快 |
| 数学规划方法 | 枚举法 | 强 | 强 | 弱 | 强 | 高 | 小 | 慢 |
| | 动态规划 | 弱 | 强 | 强 | 强 | 高 | 小 | 快 |
| | 分支定界法 | 强 | 较强 | 弱 | 弱 | 高 | 大 | 快 |
| | 整数线性规划 | 弱 | 强 | 强 | 强 | 高 | 大 | 较快 |
| | 匈牙利算法 | 弱 | 强 | 弱 | 强 | 高 | 大 | 慢 |
| 群体智能算法 | 禁忌搜索算法 | 强 | 较强 | 强 | 强 | 较高 | 小 | 快 |
| | 模拟退火算法 | 强 | 较强 | 弱 | 强 | 较高 | 小 | 快 |
| | 遗传算法 | 强 | 强 | 强 | 强 | 较高 | 大 | 慢 |
| | 粒子群优化算法 | 强 | 较强 | 强 | 强 | 较高 | 大 | 快 |
| | 蚁群优化算法 | 强 | 强 | 强 | 强 | 较高 | 大 | 快 |
| | 进化算法 | 强 | 强 | 强 | 强 | 较高 | 大 | 快 |

2) 问题建模

无人机集群任务分配是指在给定无人机种类和数量的前提下，充分考虑周围环境、任务要求和载荷能力约束，研究如何将合适的任务在合适的时间分配给合适的无人机，从而为每架无人机分配一个或一组有序的任务，使得无人机整体作业效率达到最优。无人机集群本质上是单无人机通过信息交互进行协同合作，其中协同是指在任务分配基础上确定各个平台要执行的任务和执行任务的先后顺序。

无人车集群的基本任务分配问题可以表述为车辆路径问题(vehicle routing problem, VRP)，对于 VRP，所有的目标都需要达到，并且没有时间限制，不适合多种任务分配问题，与 VRP 相比，团队定向问题(team oriented problem, TOP)考虑了时间限制，其目标是在时间限制下最大化总奖励。本节基于传统的 TOP 建模，其中不同的无人机具有不同的飞行速度，不同的任务目标具有不同的时间成本，任务分配目的是使在一定的时限内获得尽可能多的奖励。

问题建模为一个有向图 $G=(V, A)$，其中 $V$ 为顶点集，$A$ 为边集，$V=(1,2,\cdots,N)$ 节点对应目标，节点 0 为无人机初始位置，$d_{ij}$ 为节点 $i$ 到节点 $j$ 的距离，$r_i$ 是与目标 $i$ 相关联的奖励，$t_i$ 为完成目标 $i$ 时的总耗时，$T_{\max}$ 为最大时间限制，如果无人机到达目标 $i$，但时间超过 $T_{\max}$，则得不到奖励 $r_i$。$y_i$ 为到达目标的标记，到达目标标记为 1，否则标记为 0。$S_k$ 为无人机飞行速度，给定一组 $K$ 个无人机，任务优化目标可表示为在 $T_{\max}$ 时间内得到的最大奖励。则基于 TOP 的数学规划为

$$\max \sum_{i \in V} r_i \sum_{k \in K} y_{ik} \tag{6.6}$$

其中，$y_{ik}$ 为可视化任务分配结果，可使用坐标系表示任务的分配情况。

3) 算法流程

本小节采用遗传算法、粒子群优化算法、蚁群优化算法作为任务分配算法。

(1) 基于遗传算法的任务分配。遗传算法是一种通过模拟生物进化过程中自然选择和遗传机制来寻找最优解的方法，该算法将一个求解搜索问题的过程转化为一个类似于生物进化过程中染色体的交叉和变异的过程，在处理解空间大的复杂组合优化问题时，遗传算法可以快速获得较好的结果。其主要算法步骤如下：

①编码。将问题的候选解用染色体表示，实现解空间向编码空间的映射过程。遗传算法不直接处理解空间的决策变量，而是将其转换成由基因按一定结构组成的染色体。编码方式有二进制编码、实数向量编码、整数排列编码、通用数据结构编码等。

②种群初始化。产生代表问题可能潜在解集的一个初始群体(编码集合)。种群规模设定主要有以下方面的考虑，从群体多样性方面考虑，群体越大越好，避免陷入局部最优；从计算效率方面考虑，群体规模越大将导致计算量的增加，根

据实际问题确定种群的规模。产生初始化种群的方法通常有两种：一是完全随机的方法产生；二是根据先验知识设定一组必须满足的条件，然后根据这些条件生成初始样本。

③计算个体适应度。利用适应度函数计算各个个体的适应度大小。适应度函数(fitness function)的选取直接影响遗传算法的收敛速度以及能否找到最优解，因为在进化搜索中基本不利用外部信息，仅以适应度函数为依据，利用种群中每个个体的适应程度来指导搜索。

④进化计算。通过选择、交叉、变异，产生出代表新的解集的群体。选择(selection)是根据个体适应度大小，按照优胜劣汰的原则，淘汰不合理的个体；交叉(crossover)是编码的交叉重组，类似于染色体的交叉重组；变异(mutation)是编码按小概率扰动产生的变化，类似于基因突变。

⑤解码。末代种群中的最优个体经过解码实现从编码空间向解空间的映射，可以作为问题的近似最优解，经过若干次的进化过程，种群中适应度最高的个体代表问题的最优解。

遗传算法的流程如图6.13所示。

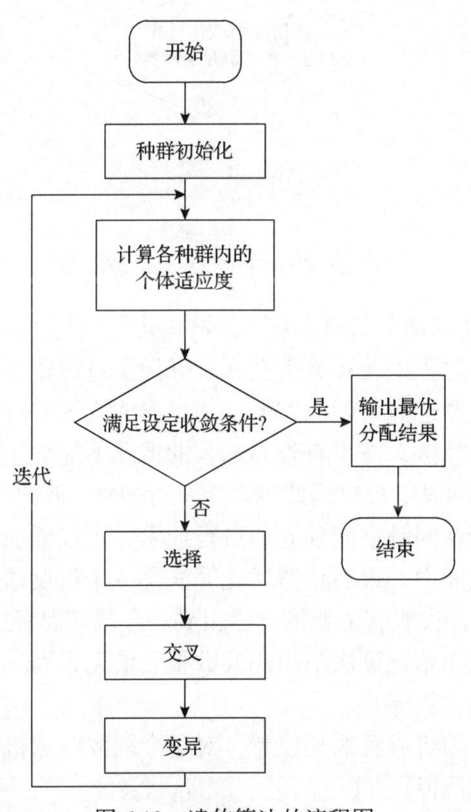


图6.13　遗传算法的流程图

⑵基于粒子群优化算法的任务分配。粒子群优化算法是一种全局随机搜索算法，它模拟鸟类在觅食过程中的迁移和集群行为。其基本核心是利用群体中个体共享的信息，使整个群体的运动在问题解决空间中由无序演变为有序。粒子群优化算法的流程如图 6.14 所示。

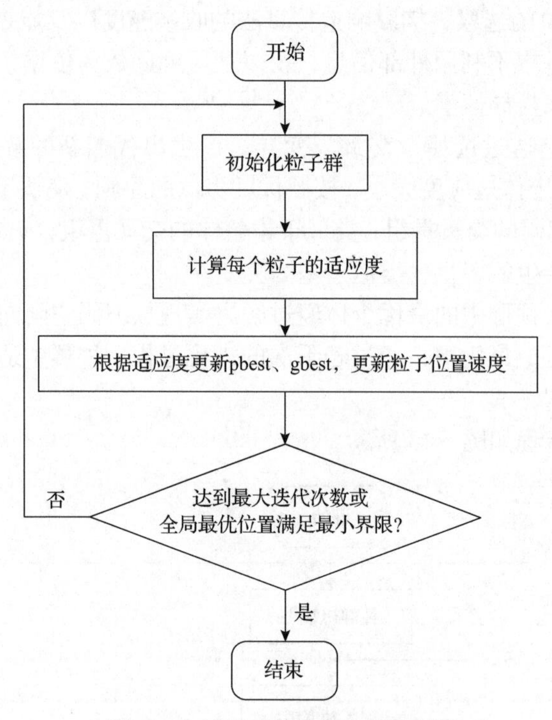


图 6.14　粒子群优化算法的流程图

⑶基于蚁群优化算法的任务分配。蚁群优化算法是一种模拟进化算法，其基本原理是蚂蚁在行走过程中会释放信息素，标记走过的路径，在寻找食物的过程中，根据信息素的浓度选择行走的方向，信息素浓度随着时间推移逐渐挥发。蚁群优化算法是自组织算法，在没有外界输入的情况下能够达到有序状态；其次蚁群优化算法是并行的算法，每只蚂蚁独立地进行搜索，彼此之间通过信息素通信，因此基于该算法能够在问题空间独立地进行搜索，不仅增加了解的可靠性，也使得算法有较强的搜索能力；最后蚁群优化算法是一个正反馈的过程，依靠路径上的信息素堆积，使得算法能够依赖信息素得到一条最短路径。算法主要步骤如下：

①初始化参数。初始化算法中的蚂蚁数量、信息素因子、启发函数、信息素挥发因子、最大迭代次数等。

②构建解空间。随机放置蚂蚁位置，对每个蚂蚁，随机访问下一个位置，直到所有蚂蚁到达全部目标。

③更新信息素。计算各个蚂蚁经过的路径长度，记录当前迭代的最优解，同时更新此时各目标路径上的信息素浓度。

④迭代终止判断。

蚁群优化算法的流程如图 6.15 所示。

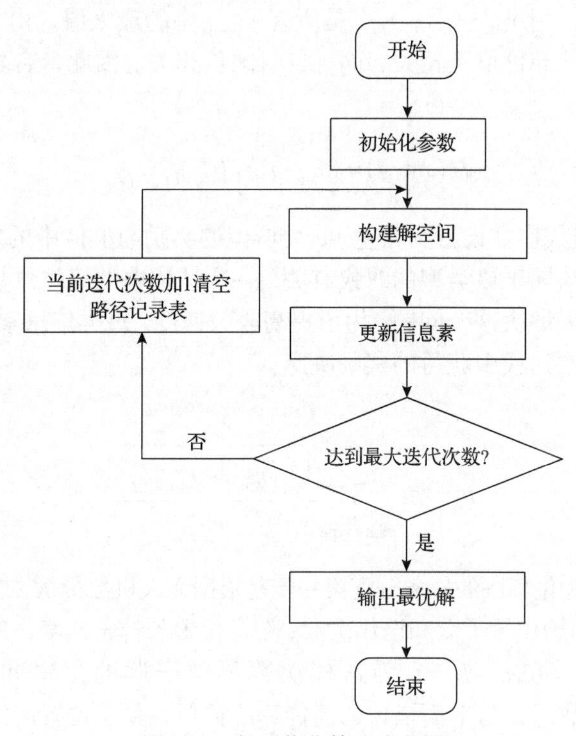


图 6.15　蚁群优化算法流程图

4) 仿真实例

基于遗传算法的任务分配第一步是确定解决方案域的遗传表示和评估解决方案域的适应度函数，假设时间限制足够大，可以达到所有目标，通过排列所有目标来确定一个字符串$\varepsilon$，字符串的长度等于目标的总数，通过将字符串划分为 $K$ 组来确定字符串$\sigma$，字符串$\sigma$的长度为 $K$–1，字符串$\varepsilon$和字符串 $\delta$ 的组合对应一个可行解。

在选择操作中，对亲代种群和子代种群组合的新种群进行轮盘赌，生成新的亲代种群，在交叉操作中，新亲本种群中的任意两个基因代码以 0.6 的速率相互交换，在变异操作中，种群中的每个代码在其值范围内以 0.05 的速率变化。经过交叉操作和变异操作后，产生了一个新的后代种群，为了加快遗传算法的收敛速度，终止条件设定为种群的最大适应度是否在 500 步以内不变。

基于蚁群优化算法的任务分配。蚁群中的蚂蚁平均分为 $m$ 组，由于有 $K$ 个无人机(速度不同)，每组蚂蚁的数量设为 $K$，即有 $K$ 类蚂蚁的种类，每组蚂蚁的目标点不重复，因此只有在遍历了一组蚂蚁时才会重置未访问列表，每只蚂蚁的下一个目标可以通过轮盘赌法获得；用于评估解决方案的奖励函数定义为组中所有蚂蚁获得的奖励总和，用 $r_{\text{group}}$ 表示；用于评估每只蚂蚁的奖励函数定义为蚂蚁获得的奖励的总和，用 $r_{\text{ant}}$ 表示；$r_{\max}$ 是所有 $r_{\text{group}}$ 中的最大值，由于时间限制，启发式函数不仅应该与价值正相关，而且与时间负相关。因此，启发式函数 $H$ 设计如下：

$$H(\text{ant}, j) = (s_{\text{ant}} \cdot r_j) / (d_{j-1j} \cdot t_j) \tag{6.7}$$

其中，$j \in V$，迭代次数设置为常量 iter。群体的奖励与群体中的蚂蚁有关，而一种类型的信息素与属于该类型的蚂蚁有关，一次迭代中的蚂蚁总数为 $K \times m$，所以需要大量的蚂蚁来解决这个问题，为了提高收敛速度，每类信息素的挥发因子($V$)由蚂蚁种类在一次迭代中获得的奖励决定：

$$V_{(\text{type})} = \sum_{\text{ant} \in \text{type}} \frac{\dfrac{r_{\text{ant}}}{1+\left(r_{\max} - r_{\text{group}}\right)^{\theta}}}{m} \tag{6.8}$$

基于粒子群优化算法的任务分配第一步是根据无人机数量 $K$ 初始化粒子群，目标数为 $n$，包括初始化粒子数和迭代次数、粒子位置和粒子速度，$\text{PN} = 2(n+K-1)$ 为粒子数，$\text{iter} = 40(n+K-1)$ 为迭代次数，粒子群的位置和速度都设置为 $\text{PN}(n+K-1)$ 维数组，与上面描述的遗传算法类似，粒子位置的第一个 $n$ 维表示目标的排列，最后一个 $K-1$ 维表示划分目标的方式。在突变部分，存在粒子位置发生变化的概率，将每次迭代的变异概率设为 0.4，将每次变异的粒子数比例设为 0.5，将每个变异粒子的变异位置比设为 0.5，使用局部粒子群优化算法，将所有粒子分成小群，在所有小群中分别进行优化，以在早期跳出局部最大值；在速度更新部分，根据当前全局最优粒子位置和历史最优粒子位置生成每个粒子的新速度；在位置更新部分，每个粒子的新位置由当前位置加上新速度来更新，然后计算每个粒子的奖励，奖励设定为一个粒子获得的总奖励，若奖励大于历史最优解，则将历史最优粒子位置更新为当前粒子位置；若奖励大于全局最优解，则全局最优粒子位置也将更新为当前粒子位置，终止条件是迭代次数达到上限 iter。

实验分为 3 组，分别为小规模、中规模和大规模，不同的组设置不同，如表 6.5 所示。除了无人机和目标的数量，扩展团队定向问题的其他关键参数是随机生成的，如目标位置、目标奖励、不同目标的时间消耗和飞行速度。对于一个尺度，随机生成 10 组参数，在每个参数设置下，每个算法求解 10 次，评价指标包括获得的奖励和时间复杂度。

表 6.5　仿真设置

| 项目 | 小规模 | 中规模 | 大规模 |
|---|---|---|---|
| 无人机数量 | 5 | 10 | 15 |
| 目标数量 | 30 | 60 | 90 |

图 6.16(a)、(b)、(c)分别展示了在三种规模下三种算法随机初始化得到的任务分配结果。

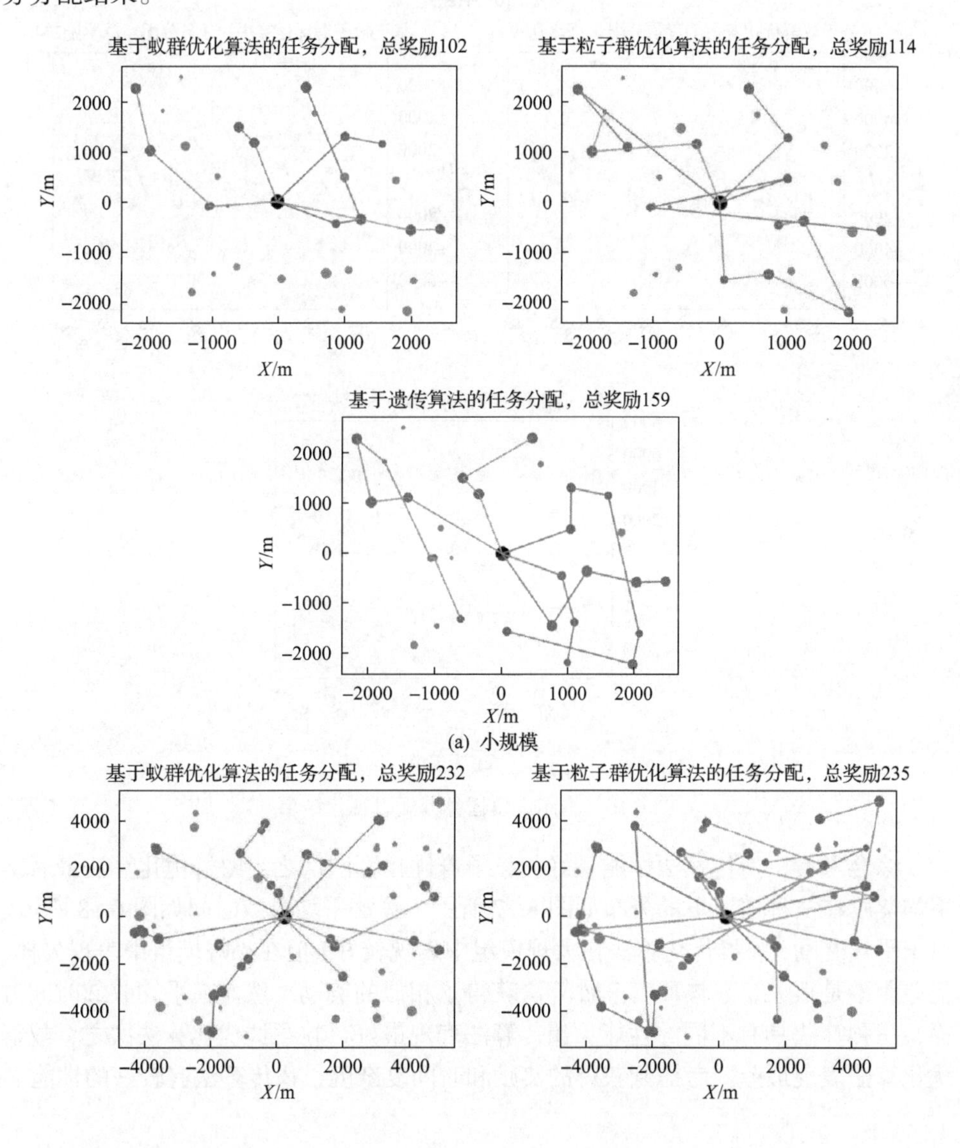


(a) 小规模

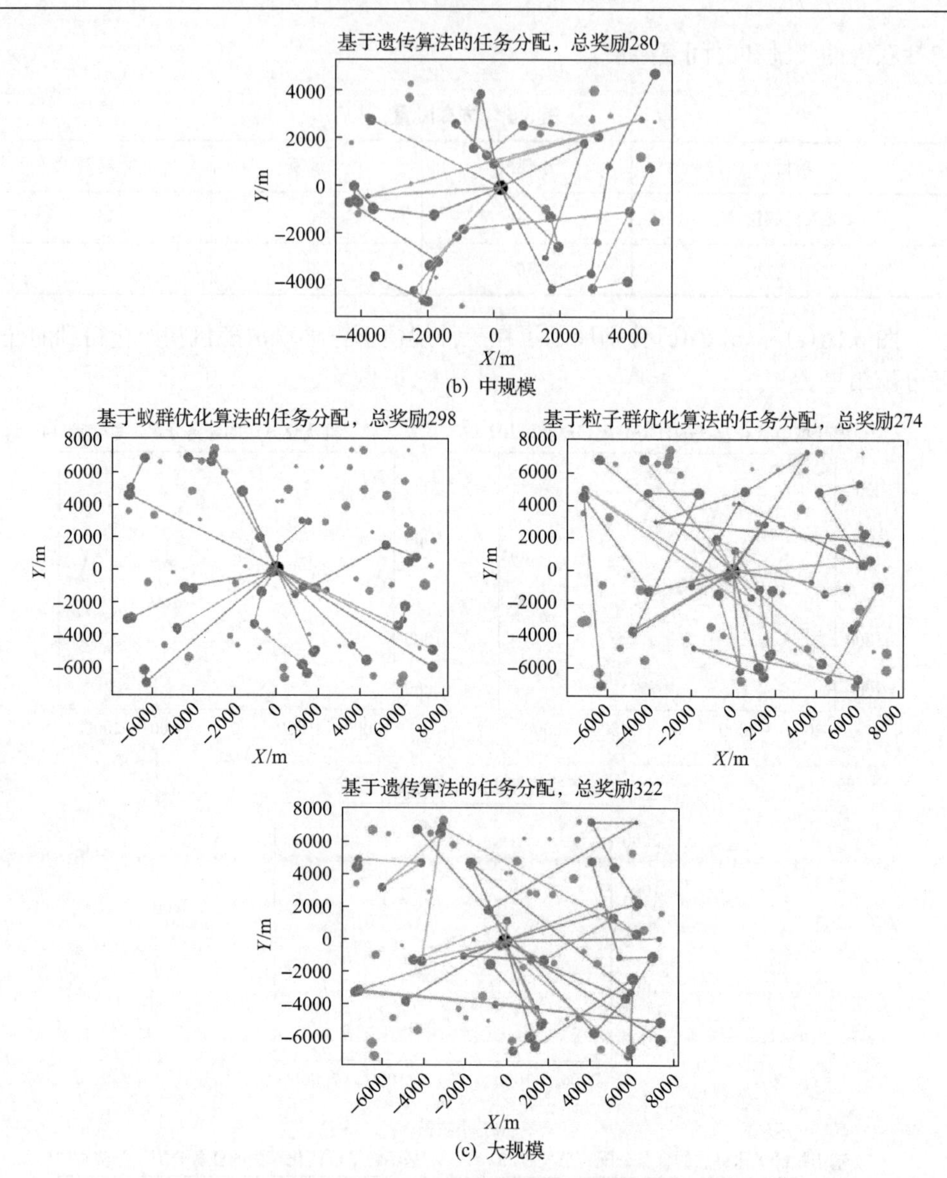


图 6.16　不同规模任务分配可视化结果

综合来看，遗传算法性能最好，粒子群优化算法次之，蚁群优化算法最后。平均奖励在三种情况下的分布如图 6.17 所示，算法平均收敛时间如图 6.18 所示。对于平均奖励，蚁群优化算法在大规模组中表现较好，但在小规模组中表现欠佳，但差距不是很大，总体而言三种算法获得了相似的奖励。然而在平均收敛时间方面，三种算法具有不同的性能：遗传算法表现最好，粒子群优化算法次之，蚁群优化算法表现最差。考虑到获得的奖励和时间复杂度，遗传算法有较好的性能。

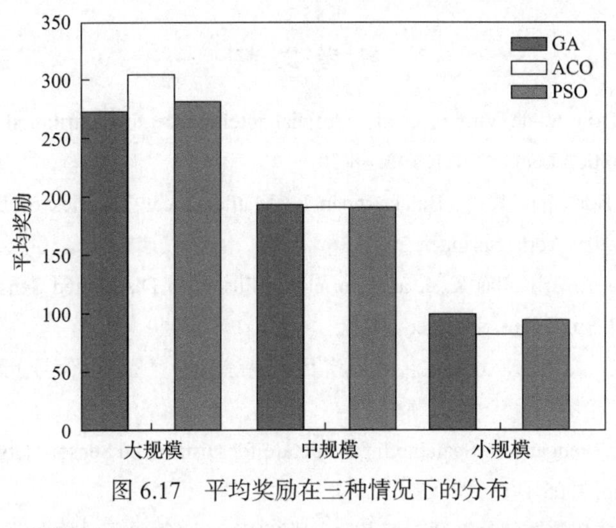


图 6.17 平均奖励在三种情况下的分布

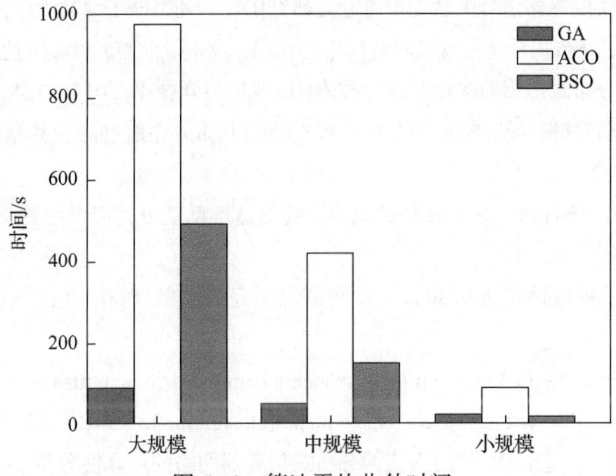


图 6.18 算法平均收敛时间

算法中涉及的奖励优化问题与强化学习有较多相似之处，有很多基于深度强化学习的任务分配或目标分配问题的研究，可结合群体智能典型优化算法和深度强化学习的思路研究更适合于无人机集群的任务分配策略。

## 6.4 本章小结

针对分布式传感器网络信息融合问题，本章首先介绍了分布式传感器网络的相关内涵、需求和网络架构，从融合结构和规则两个方面分析了分布式传感器网络信息融合原理，最后介绍了分布式传感器网络信息融合技术及典型应用。

## 参 考 文 献

[1] Molinara M, Bria A, de Vito S, et al. Artificial intelligence for distributed smart systems[J]. Pattern Recognition Letters, 2021, 142: 48-50.

[2] Iyengar S S, Boroojeni K G, Balakrishnan N. Mathematical Theories of Distributed Sensor Networks[M]. New York: Springer, 2014.

[3] Abrardo A, Barni M, Kallas K, et al. Information Fusion in Distributed Sensor Networks with Byzantines[M]. Singapore: Springer, 2021.

[4] 徐悦，杨金龙，葛洪伟. 分布式传感器多目标跟踪改进算法[J]. 信号处理，2020，36(8)：1212-1226.

[5] Chakrabarty K, Iyengar S S. Scalable Infrastructure for Distributed Sensor Networks[M]. London: Springer-Verlag, 2005.

[6] 许宸章. 分布式传感器信号关联与信息融合研究[D]. 成都: 电子科技大学, 2020.

[7] 库鲁里斯，等. 分布式系统概念与设计[M]. 金蓓弘，等译. 北京: 机械工业出版社, 2013.

[8] 董双双. 海面分布式传感器多信息融合技术[J]. 舰船科学技术, 2015, 37(4): 169-172.

[9] 袁丁，梁伟，胡建旺，等. 带有反馈的分布式结构下的无序航迹融合算法[J]. 电光与控制, 2014, 21(7): 6-9.

[10] 李俊，徐德民，宋保维. 一种分布式检测系统的递推反馈自适应学习算法[J]. 控制理论与应用, 2006, (6): 953-956.

[11] 李洪瑞. 基于神经网络的分布式被动传感器信息融合技术[J]. 兵工学报，2020，41(1)：95-101.

[12] Lin H L, Sun S L. Globally optimal sequential and distributed fusion state estimation for multi-sensor systems with cross-correlated noises[J]. Automatica, 2019, 101: 128-137.

[13] 贾惠芹，刘君华. 基于BP神经网络的分布式传感器网络的可靠性分析[J]. 铁道学报, 2002, (5): 80-83.

[14] 刘萍，俞焕. 一种改进的自适应遗传算法[J]. 舰船电子工程, 2021, 41(6): 101-104.

[15] Tuncer A, Yildirim M. Dynamic path planning of mobile robots with improved genetic algorithm[J]. Computers & Electrical Engineering, 2012, 38(6): 1564-1572.

[16] Pehlivanoglu Y V, Baysal O, Hacioglu A. Path planning for autonomous UAV via vibrational genetic algorithm[J]. Aircraft Engineering and Aerospace Technology, 2007, 79(4): 352-359.

[17] Baoye S, ZidongW, Sheng L. A new genetic algorithm approach to smooth path planning for mobile robots[J]. Assembly Automation, 2016. 36(2): 138-145.

[18] Chen Y Y, Lu Q, Yin K, et al. PSO-based receding horizon control of mobile robots for local path planning[C]. The 43rd Annual Conference of the IEEE Industrial Electronics Society, Beijing, 2017: 5587-5592.

[19] Ghosh S, Das S, Kundu D, et al. Inter-particle communication and search-dynamics of lbest particle swarm optimizers: An analysis[J]. Information Sciences, 2012, 182(1): 156-168.

[20] Du K L, Swamy M N S. Search and Optimization by Metaheuristics || Particle Swarm Optimization[M]. New York: Springer, 2016: 153-173.

# 第 7 章　分布式视觉感知

随着分布式系统和人工智能技术的发展，基于分布式的动态体系结构开始逐渐受到重视，其中分布式问题求解逐渐成为解决复杂问题的主要途径之一。视觉信息作为获取信息的重要方式之一，国内外许多学者进行了相关的研究和实践，提出了许多新的分布式视觉感知系统结构模型和方法，本章主要介绍分布式视觉感知内涵原理以及相关应用内容。

## 7.1　分布式视觉感知概述

分布式视觉感知系统是由分布在不同地点且具有多个终端的视觉感知节点互连而成的，通过在独立的智能视觉信息采集节点上完成一定的实时图像或视频分析任务，在多个智能视觉信息采集节点之间实现更大范围的视觉感知功能[1]。分布式视觉感知是分布式系统在视觉感知上的应用，以通信网络为纽带，由多台智能视觉信息采集模块分别感知任务场景中的多个不同区域，可汇总感知数据、融合和集中控制的自动控制系统，此类系统在物理上是分散的，在功能上是独立的，各节点之间是一种分散耦合的关系，节点间可通过传递消息相互联系，在共同的通信协议基础上相互协同，共同完成视觉感知任务。目前分布式视觉感知可用于解决许多现实问题，如灾民疏散、智能交通与安防、自然栖息地监测、无人车联网环境感知、工业生产等[2]，部分典型应用如图 7.1 所示。

分布式视觉感知系统通过多个视觉采集节点观测监控场景实现了更大范围的状态感知与分析处理功能，不需要将基础的分析和计算任务交予服务器处理，避免了由超大规模图像视频处理导致的计算存储性能和通信传输实时性不够的问题。随着高性能嵌入式处理器的快速发展，采用嵌入式处理器的智能摄像机具有完成视觉分析任务的能力，嵌入式智能摄像网络是一种特殊类型的分布式传感器网络，此外具有以下特点：①嵌入式智能摄像网络节点具有较强的基本处理能力，能实现视觉分析、图像数据压缩、数据传输等功能；②能够完成图像视觉分析等复杂计算任务；③嵌入式摄像机网络节点之间的数据通信量大且实时性要求较高。各种类型的分布式视觉感知系统的特点如表 7.1 所示。

图 7.1 分布式视觉感知典型应用示例

**表 7.1 各种分布式视觉感知系统的特点**

| 类型 | 优点 | 缺点 |
|---|---|---|
| 分布式 | 低带宽要求；图像解码不需要时间；易于增加节点数 | 缺乏全局合作 |
| 集中式 | 便于摄像机之间的协作；与分布式系统相比，硬件架构相对简单 | 需要更高的带宽；高计算要求；一旦中央服务器关闭，可能会导致严重的问题 |
| 嵌入式 | 易在实际分布式系统中使用；低带宽要求 | 有限的资源，如内存、计算性能和功率；使用的算法较简单 |
| 基于计算机 | 计算速度快；没有特定的硬件设计要求，如嵌入式芯片或 DSP | 更多地适用于许多摄像机且体积庞大的解决方案 |
| 需要标定 | 可以帮助了解摄像机网络的拓扑结构；云台摄像机的必备品 | 需要预处理；校准过程可能耗时长 |
| 不需要标定 | 无须离线摄像机校准 | 摄像机的精确拓扑结构很困难 |
| 主动式 | 提供更好的对象视图；可通过平移、倾斜节省摄像机数量，以覆盖更大的监控范围 | 尤其是在变焦时，可能需要摄像机校准，计算摄像机运动的算法较复杂 |
| 静态/移动式 | 静态成本低，移动成本高；易确定摄像机网络的拓扑结构；与主动(和移动)摄像机相比，算法相对简单 | 需要更多(静态)摄像机来实现全覆盖；如果对象不靠近任何摄影机，则不进行特写 |

在分布式视觉感知系统中智能视觉感知单元可通过分工协作来适应环境变化，在实际应用时从大规模摄像机传感器网络获取的多个视频流中融合和理解感知信息是很有挑战性的科学和技术问题，需要跨学科的专业知识，包括传感器网

络、视频分析、协作控制、通信、传感器设计和嵌入式系统、图形和仿真，以及实际应用程序的开发等。

尽管最近在计算机视觉方面取得了很多进展，但是在分布式视觉感知系统真正实现自主并能够实时检测、跟踪和分析行为之前，仍然存在许多挑战，如视觉传感器网络上的实时场景和行为分析是实现有效场景理解的第一步；大型视觉网络感知大量数据，这显著增加了网络中的处理和通信成本；为了有效从大型摄像机网络中挖掘实时数据，迫切需要计算效率高且鲁棒的视频分析算法等。下面分别对相关领域的主要问题与算法进行介绍。

### 7.1.1　视频处理与理解

本节主要涉及摄像机控制、分布式处理算法和架构、实时采集场景和应用相关的问题，该领域研究方向主要为：①摄像机控制；②动态环境中摄像机合理布设以进行数据采集以优化跟踪，并为任务选择信息量较大的摄像机；③分布式处理、实时信号采集的体系结构、语义模型等，可以更好地理解物理现象、局部环境和低层图像特征；④视觉信息表示理论，可以支持从视频图像中推断场景属性(拓扑、几何、光度、动态等)；⑤在遮挡情况下，网络拓扑和移动性、控制权限与可操作信息以及主动视觉理论方面的研究；⑥在处理对象复杂性、计数和动态的增加以及稀疏表示(如压缩感知)时的可扩展表示研究；⑦数据驱动、场景特定模型的统计学习和自适应研究。

与上述研究方向相关的主要科学问题包括：①摄像机标定问题；②分布式视觉传感器的非线性定位问题；③标记和跟踪问题；④成像困难时的动态补偿问题(使用多个视觉传感器)；⑤移动相机、固定相机之间的权衡；⑥基于一致性方法的分布式视觉算法；⑦功率感知视觉算法；⑧高维(多属性、对象和动态)时间序列中的推理(决策、分析和分类)；⑨通过网络高效、可靠地集成信息；⑩无参数分组和聚类。此外，与分布式视觉传感器网络算法相关的风险包括校准、干扰因素(照明、变形等)的复杂性、随着问题大小的非线性(甚至线性)复杂性增加、低级视觉算法的脆弱性、由于通过具有通信约束的网络集成视觉数据而产生的新的潜在问题，以及运行时出现的问题，如多个视频流的同步。校准问题如果合理解决，将简化所有视觉数据融合的问题，并提高配准、识别、跟踪等精度。

对于分布式视觉感知系统，因其物理分散的特点存在复杂的干扰因素，这些干扰因素由环境条件、遮挡和场景杂波引起。针对干扰因素的存在，可以通过改进当前的视觉特征表示方法，减少对广泛训练集的依赖，进而学习已知的干扰。另外，通过智能获取的大量数据可以克服许多有害因素，研究对干扰因素不敏感、不变的表示方法，因不需要大量数据集来训练学习，以简化学习方法。

在分布式视觉感知系统层面还需考虑以下问题：①可扩展性(精度与计算时间的权衡)；②体系结构问题(分布式的实施，带宽、成本和准确性的权衡(取决于服务器及终端设备中的各种问题))；③分布式传感、智能和控制的性能模型；④在处理分布式传感、智能和主动控制、可视化时的人为因素问题和新概念；⑤算法问题(开发不需要手动调整的算法等)。

### 7.1.2　视觉传感器网络、通信和控制

本节主要涉及与基础设施、综合、设计和集成低层工具有关的问题，在系统级了解视觉传感器网络及其功能。系统的输入是采集的数据和一些基本处理方法、能够分析原始数据的算法(如图像、信号处理算法)、设计约束和目标函数、度量标准和评估数据集。这种系统级理解是将模型(确定性或随机性)、描述不同传感器节点之间通信的协议、用于系统级分析的集中式和分布式算法进行整体的性能分析，此类分析特别是视频分析方法与应用领域密切相关。

系统级理解层面要面临的挑战主要有：①可扩展性，包括处理高数据速率、延迟和大量分布式节点的能力；②计算与通信间的权衡，以决定分布式与集中式处理；③空间协调及其与协调开销相比的潜在效益；④资源与分析的度量；⑤整个系统对故障、损失和安全威胁的鲁棒性等。相应的解决方法有：①对于物理层，可以为视频传感器网络开发新的媒体接入控制层工具；②网络协议应能够处理分布式体系结构，为不同数据类型提供不同级别的可靠性，并研究传感、信号处理和通信的协作方法；③系统的最终目标是优化质量与可用资源(如功率、带宽、时间等)；④系统能对数据进行有损分析，对信息进行无损分析；⑤研究特定于应用的压缩技术；⑥信息驱动的自适应传感，传感数据的分布式融合是本研究的重点领域；⑦研究不同实体之间的协作以及由此引发的问题，如概率通信、并行处理、分布式算法、分布式控制和资源管理、控制和通信之间的交互等。

### 7.1.3　嵌入式智能摄像机和实时视频分析

分布式视觉感知的重点是分析与开发能够执行分布式视频传感器网络(distributed video sensor network, DVSN)中所需任务的智能摄像机相关的问题。嵌入式智能摄像机是指能够获取监控场景高层次描述并且对其进行实时分析的嵌入式设备，如可进行实时探测及运动分析等[3]，该领域主要研究嵌入式智能摄像机的系统设计、系统体系结构、任务分配以及在无线低功耗情况下的软件架构等方面[4]的问题。如何设计高性能的嵌入式智能摄像模块和有效组织嵌入式摄像网络，成为实施分布式视觉感知系统的关键问题，分布式视觉感知系统是特殊类型的传感器网络，和一般的传感器网络相比分布式机器视觉系统的节点要求有更强大的

数据处理能力，如视觉分析、数据传输能力等。

该领域研究的主要问题有：①因大多数视频理解算法是计算密集型，需开发视觉传感器处理的有效架构，以便算法能够实时运行；②创建可在视觉传感器之间交换元数据时遵循的方法；③实时处理问题与网络、控制和通信密切相关(网络协议直接影响视觉感知系统架构；通信资源将决定本地和分布式处理之间的权衡，反过来又会影响体系结构；控制机制必须实时，这需要较强的计算能力)；④从许多简单事件中识别大区域的活动模式，需要分布式视觉感知具备先进视频分析技术；⑤生物识别与广域监控的集成，可以解决在没有身份信息的情况下，并且很难在大范围内跟踪某个人的问题；⑥视频与其他感官信号的整合同样至关重要。

### 7.1.4　建议研究主题

1. 用于广域分析的鲁棒且可扩展视频网络

建议研究：①在变化的环境条件下检测、跟踪和识别感兴趣的对象；②用于广域对象和活动识别的实时数据的提取和处理；③模拟真实环境以增强视觉算法和系统的鲁棒性与可伸缩性；④在学习框架中集成合成分析和分析合成功能，以提高鲁棒性；⑤用于合成和分析许多传感器的数据及其性能表征的策略；⑥识别对象和随时间演变的活动及其与数据库的交互等。

2. 主动、分布式和通信感知视频传感器网络

建议研究：①为图像处理、计算机视觉和模式识别开发分布式算法，以检测、跟踪和识别对象及动作；②开发传感器实时控制策略，以实现鲁棒、高效的特征获取、识别和定位；③为操作摄像机网络的运行建模进行通信约束；④为跟踪、识别和定位等实际应用中的网络动态优化执行信息论分析；⑤进行系统理论分析，包括通信、控制、图像处理、计算机视觉和模式识别等方面，并开发实现这些方面的基本理论和实用算法。

3. 用于广域分析的大规模异构传感器网络

建议研究：①基于物理和统计的多传感器融合算法，包括各种地面和空中传感器之间的控制及通信；②协调地面和空中平台，实现检测、跟踪和识别的广域鲁棒性能；③全局轨迹分析与用于检测、跟踪和识别的局部处理算法的结合；④用于识别和定位的实时传感、监控和控制；⑤用于不同抽象级别的实时处理、通信和控制的分布式融合架构；⑥长期复杂行为分析；⑦动态优化可用资源及其对性能的影响策略。

# 7.2 分布式视觉感知原理

目前具有大量摄像机的传感器网络在视频会议、运动捕捉、环境监控和临床诊断等应用中越来越广泛，多个视觉传感器在执行各种任务时需要协作，其最基本的任务之一是目标跟踪，这需要为某个目标选择视觉传感器并将该对象从一个视觉传感器切换到另一个视觉传感器以实现无缝跟踪的机制。对感兴趣目标执行鲁棒的跟踪与识别能力，同时要克服视觉干扰，如多个摄像机视图之间的遮挡和姿态变化，对于分布式视觉感知系统的应用至关重要。

## 7.2.1 分布式视觉信息表征

分布式视觉感知需要处理随时间变化的目标对象和背景的非平稳数据，大多数现有算法能够在短时间内且在良好控制的环境中感知目标和环境信息，然而由于物体外观或周围环境中的干扰或光照的剧烈变化，此类算法通常在工作一段时间后不能很好地执行感知任务。借助丰富的信息表示可以改善这些问题，分布式视觉信息表征的研究主要集中在两个方面：①当多个视角图像共享一组共同的视觉特征时，可以跨摄像机视图建立对应关系，这是尺度不变特征变换(scale-invariant feature transform, SIFT)框架的最初动机[5]。也有学者提出利用特定特征的先验空间分布来指导多视图匹配过程并改进识别[6]，随机投影方法可以在速率约束下通信的摄像机之间的低维空间中估计可靠的特征对应关系[7]。②当摄像机传感器没有足够的带宽来简化高维视觉特征并执行特征匹配时，可以利用分布式数据压缩来编码和传输特征。视觉信息表征主要提取视场内的目标对象或背景的纹理、颜色、轮廓等特征，构建表征模型进而对目标的外观进行表征，主要分为全局表征和局部表征，下面分别介绍两类表征方式。

### 1. 全局表征

全局表征是指对视觉信息整体属性的表征，常见的全局表征用到的特征包括统计直方图特征、颜色特征、光流特征、纹理特征和形状特征等。全局特征具有良好的不变性、计算简单、表示直观的特点，但也存在特征维数高、计算量大的不足。由于全局特征用到的更多的是像素级的低层特征，且没有任何空间信息，背景杂波会对全局特征造成极大的干扰，全局表征不适用于图像混叠和有遮挡的情况，姿态不对齐造成信息不对齐，也会使得全局特征无法匹配，存在遮挡等复杂情况时，在背景比较单调且目标形状变化较小的场景中应用全局表征效果较好。

1)统计直方图特征

统计直方图是相关特征数值数据分布的精确图形表示。统计直方图构建的第一步是将值的范围分段，即将整个值的范围分成一系列间隔，然后计算每个间隔中有多少值。这些值通常被指定为连续不重叠的变量间隔，相邻间隔通常是相等的大小。通过直方图可以了解总体的图像像素强度分布，其 $X$ 轴为像素值(一般为 0～255)，$Y$ 轴为图像中具有该像素值的像素个数，通过直方图可以直观地看出图像的对比度、亮度、强度分布等。

直方图根据特征数量分为一维直方图、二维直方图等，根据特征类型分为灰度直方图、颜色直方图、视觉直方图等。一维直方图又称单特征直方图，仅仅考虑一个特征，直接对某一特定特征目标区域内的分布特性进行描述，如像素的灰度强度。二维直方图中需要考虑两个特征，如用于查找颜色的直方图，其中两个特征是每个像素的色相和饱和度值，除此之外还有多特征直方图。由于其计算代价较小，且具有图像平移、旋转、缩放不变性等优点，因此广泛地应用于图像处理的各个领域，特别是灰度图像的阈值分割、基于颜色的图像检索以及图像分类等方面。

2)颜色特征

颜色特征作为一种全局特征，描述了图像或图像区域内对应场景的表面性质。一般颜色特征是基于像素点的特征，所有的像素点对该图像或图像区域都有贡献。由于颜色对图像的方向、大小等变化不敏感，不能很好地捕获对象的局部特征。颜色特征描述可分为颜色直方图、颜色矩(颜色分布)、颜色集、颜色聚合向量和颜色相关图。

颜色直方图能简单描述图像中颜色的全局分布，即不同颜色在图像中所占的比例，不受图像旋转和平移变化的影响，特别适用于描述难以自动分割的图像和不需要考虑物体空间位置的图像。其缺点在于无法描述图像中颜色的局部分布及每种色彩所处的空间位置，即无法描述图像中某一具体的对象或物体。最常用的颜色空间为 RGB 颜色空间和 HSV 颜色空间。颜色直方图特征匹配方法包括直方图相交法、距离法、中心距法、参考颜色表法和累加颜色直方图法。

颜色矩以数学方法为基础，通过计算矩来描述颜色分布，是一种简单有效的颜色特征表示方法。由于颜色信息主要分布在低阶矩中，所以用一阶矩、二阶矩和三阶矩足以表达图像的颜色分布。该方法的优点是不需要颜色空间量化，特征向量维数低；但该方法的检索效率比较低，在实际应用中常用来过滤图像，以缩小检索范围。

颜色集是对颜色直方图的一种近似，首先将图像从 RGB 颜色空间转换为视觉均衡的颜色空间(如 HSV 空间)，并将颜色空间量化为若干个区域，用色彩自动分割技术将图像分为若干个区域，每个区域用颜色空间的某个颜色分量来索引，将图像表达为一个二进制的颜色索引集，在图像匹配中可比较不同颜色集之间的距离和色彩区域的空间关系。颜色集同时考虑了颜色空间的选择和颜色空间的划分，通常使用HSV空间。

针对颜色直方图和颜色矩无法表达图像色彩的空间位置提出的图像颜色聚合向量、颜色相关图是图像颜色分布的另一种表达方式，不但刻画了某种颜色的像素占比，还表达了颜色随距离变换的空间关系，反映了颜色之间的空间关系。如果考虑任何颜色之间的相关性，颜色相关图会非常复杂且庞大。一种简化方式是颜色自动相关图，仅仅考虑具有相同颜色的像素之间的空间关系。

3)光流特征

光流是指在连续的两帧图像中由于图像中的物体移动或者摄像头的移动导致图像中目标像素的移动，它是二维矢量场，其中每个矢量是一个位移矢量，显示点从前一帧到后一帧的移动。光流场计算是根据上述时空信息从连续图像序列中计算图像目标运动的速度矢量集，光流特征计算主要分为恒定亮度约束(constant-brightness constraint, CBC)光流和无亮度约束(non-brightness constraint, NBC)光流两种方式。恒定亮度约束光流通过局部亮度不变的假设计算区域内每个像素平移矢量的场信息，考虑到局部亮度不变的假设在一些复杂情况下(如图像噪声、光照变化、局部变形)不成立，目前主流的研究集中在无亮度约束光流，如采取梯度约束、平滑性约束等避免局部亮度不变的假设。

4)纹理特征

纹理是一种反映图像中同质现象的视觉特征，它体现了物体表面具有缓慢变化或者周期性变化的表面结构组织排列属性。纹理具有三个典型特点，即某种局部序列性不断重复、非随机排列、纹理区域内大致为均匀的统一体。纹理特征在体现全局特征的性质的同时，也描述了图像或图像区域所对应景物的表面性质。但由于纹理只是一种物体表面的特性，并不能完全反映出物体的本质属性，所以仅仅利用纹理特征是无法获得高层次图像内容的。

与颜色特征不同，纹理特征不是基于像素点的特征，它需要在包含多个像素点的区域中进行统计计算，该特征的提取方法有统计法、几何法、模型法、信号处理法和结构方法等。在模式匹配中，这种区域性的特征具有较大的优越性，不会由于局部的偏差而无法匹配成功。在检索具有粗细、疏密等方面较大差别的纹理图像时，利用纹理特征是一种有效的方法。但当纹理粗细、疏密等易于分辨的信息之间相差不大时，通常的纹理特征很难准确地反映出人的视觉对不同的纹理之间的差别的感觉。例如，水中的倒影、光滑的金属面互相反射造成的影响等都会导致纹理的变化。由于这些不是物体本身的特性，因而将纹理信息用于检索时，这些虚假的纹理有时会对检索造成“误导”。纹理特征的优点是在包含多个像素点的区域中进行统计计算、具有旋转不变性、对噪声有较强的抵抗能力；纹理特征的不足是当图像的分辨率发生变化时，所计算出来的纹理可能会有较大的偏差，有可能受到光照、反射情况的影响，从二维图像中反映出来的纹理不一定是三维物体表面真实的纹理。

5)形状特征

形状特征有两类表示方法，一类是轮廓特征，另一类是区域特征。图像的轮廓特征主要针对物体的外边界，而图像的区域特征则关系到整个形状区域。

轮廓是由一系列相连的点组成的曲线，代表了物体的基本外形，轮廓与边缘的不同在于：①轮廓是连续的，边缘并不全都连续；②边缘主要作为图像的物体特征，而轮廓主要用来分析物体的形态(如周长和面积)；③边缘包括轮廓。轮廓特征提取的主要方法有边界特征法和傅里叶形状描述符法。边界特征法是通过对边界特征的描述来获取图像的形状参数，其中 Hough 变换检测平行直线和边界方向直方图方法是经典方法；傅里叶形状描述符法的基本思想是用物体边界的傅里叶变换作为形状描述，利用区域边界的封闭性和周期性，将二维问题转换为一维问题。

区域特征的提取方法主要分为几何参数法和形状不变矩法。几何参数法是形状的表达和匹配采用更为简单的区域特征描述方法，如采用有关形状定量测量(如矩、面积、周长等)的形状参数法。需要说明的是，形状参数的提取必须以图像处理及图像分割为前提，参数的准确性必然受到分割效果的影响，对分割效果很差的图像，形状参数甚至无法提取。形状不变矩法主要利用目标所占区域的矩作为形状描述参数。

2. 局部表征

局部特征是从图像局部区域中抽取的特征，包括边缘、角点、线、曲线和特别属性的区域等，常见的局部特征包括角点类和区域类两大类描述方式。与线特征、纹理特征、结构特征等全局图像特征相比，图像局部特征具有在图像中蕴含数量丰富、特征间相关度小、在遮挡情况下不会因为部分特征的消失而影响其他特征的检测和匹配等特点。好的局部特征应具有特征检测重复率高、速度快，特征描述对光照、旋转、视点变化等图像变换具有鲁棒性，特征描述符维度低，易于实现快速匹配等特点。近年来，局部图像特征在人脸识别、三维重建、目标识别及跟踪、全景图像拼接等领域得到了广泛的应用。

常用的局部表征方法有：①SIFT 特征，该特征是用于图像处理领域的一种描述，这种描述具有尺度不变性，可在图像中检测出关键点，是一种局部特征描述子。SIFT 特征是图像的局部特征，其对旋转、尺度缩放、亮度变化保持不变性，对视角变化、仿射变换、噪声也保持一定程度的稳定性。②加速鲁棒特征(speeded up robust feature, SURF)，该特征是基于 SIFT 算法的思路提出的加速鲁棒特征，算法主要针对 SIFT 算法速度太慢、计算量大的缺点，使用了近似 Harr 小波方法来提取特征点，这种方法就是基于 Hessian 行列式(DoH)的斑点特征检测方法。通过在不同的尺度上利用积分图像可以有效地计算出近似 Harr 小波值，简化了二阶微分模板的构建，提高了尺度空间特征检测的效率[8]。③DAISY 特征，该特征是面向稠密特征提取的可快速计算的局部图像特征描述子，它的本质思想和 SIFT 类似，即分块统计梯度方向直方图，不同的是 DAISY 在分块策略上进行了改进，利用高斯卷积来进行梯度方向直方图的分块汇聚，通过利用高斯卷积的可快速计算性可以快速稠密地进行特征描述子的提取。④深度局部特征(deep local feature, DELF)[9]，该特征是一种用于大规模图像检索的注意力局部特征表达，新型特征是从训练好的卷积神经网络中提取出来的特征，为解决尺度变换问题构建了图像金字塔以解决尺寸变化的问题，并对每一个尺度下图像进行单独的处理，该卷积网络是在一个地标数据上使用图像级的标注完成训练的，获得的特征图可以看成局部表达的一种稠密网格。根据感受野可以对特征进行定位，根据卷积层和池化层的参数可以计算特征图大小。使用感受野中心的像素作为特征的位置，图像感受野的原始尺寸为 291×291，使用图像金字塔后，可以获得描述不同尺寸的图像区域的特征。在表达提取之后，和当前先进行关键点检测再进行表达的方法(如 SIFT)有所不同，传统的特征点检测主要是根据低级特征，在成像条件下进行重复性的关键点检测，对于高级识别任务如图像检索，挑选出可以判断不同目标的关键点至关重要。DELF 实现了两个任务，一是训练了一个在特征图中编码更高级语义信息的模型，二是学习挑选适用于分类任务的判别特征。这和根据 SIFT 匹配收集训练数据的关键点的检测方法有所不同。DELF 方法虽然没有刻意地让模型去学习位置和视角的变化，但它却自己主动完成学习任务，这和基于 CNN 的图像分类方法很相似。

### 7.2.2　分布式视觉跟踪

分布式视觉感知追求的目标是赋予机器类似于人类所具备的同时跟踪和识别的认知能力，人类可以毫不费力地在不同的环境中定位移动物体，虽然过去十年在视觉跟踪方面取得了重大进展[10,11]，但开发与人类认知能力相匹配的视觉跟踪系统仍然是一个极具挑战性的研究问题。鲁棒的认知视觉跟踪算法有助于解决关于物体在复杂环境中如何移动和交互的重要问题，它们具有广泛的应用，包括监控、导航、人机界面、对象识别、运动分析和视频索引等。

现有的视觉跟踪系统往往在短时间内表现良好，更重要的是要求目标对象在摄像机视场中保持可见，原因之一是大多数现有算法采用目标对象的静态表示，并在外观不变的前提下进行操作，即大多数算法假设目标对象的外观不会快速变化。为了使这样的算法鲁棒地执行，必须收集大量的训练图像，以考虑由视角和光照条件的变化引起的所有可能的外观变化，此类模型不利用跟踪期间在线获取的丰富和重要信息(如更新的外观和照明条件)，而开发利用先验知识和在线学习来增强识别和跟踪能力非常重要；原因之二是大多数现有算法无法检测并从跟踪期间累积的漂移中恢复，一旦目标位置被初始化，大多数跟踪算法的预测操作累积漂移是不可避免的，除非它们能够周期性地重新初始化其位置，由于状态变量的高维性和部分遮挡等原因给跟踪任务带来了额外困难。上述问题需要自适应地学习鲁棒的目标外观模型，这反过来有助于跟踪过程以及检测和校正与真实目标位置偏差的算法，鲁棒的目标外观模型应不断学习被跟踪的对象，而不是将目标视为一组相互独立的像素。对于视觉跟踪，需要高效地学习目标外观模型以反映任何目标对象的实时外观变化，不过收集包含由姿势、照明、形状和遮挡变化引起的目标对象的所有外观变化的大量数据是一项艰巨的任务。在线的学习框架认为利用现有知识或模型也同样重要，需要开发鲁棒算法，学习在线更新任何对象的外观模型，并使用这些模型解决漂移问题，检测、跟踪、识别和外观模型的问题可以通过在线和先验学习同时解决。分布式视觉跟踪的一般流程如图 7.2 所示。

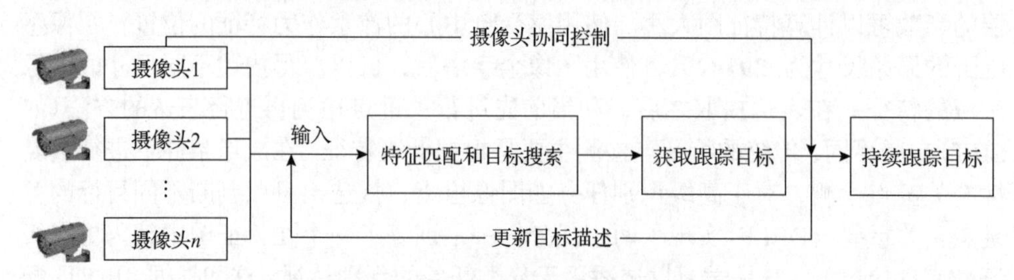


图 7.2　分布式视觉跟踪一般流程图

在采集的视觉数据中，对每一帧视觉图像，视觉跟踪系统根据选取的视觉表征方法提取相应的目标特征，把提取的特征与跟踪目标的特征进行匹配，并在视场中进行搜索匹配度较好的候选区域作为要跟踪的目标，定位出目标在视频序列中的坐标，将当前帧的目标跟踪结果作为目标的更新描述进行下一帧的处理，根据需要可以选取不同视角的摄像头的采集数据以获取较好的持续跟踪效果。根据算法理论的不同，目标跟踪算法又可分为目标表观建模和跟踪策略两部分，其中目标表观建模又可分为生成式跟踪和判别式跟踪两个方面，类别划分如图 7.3 所示。

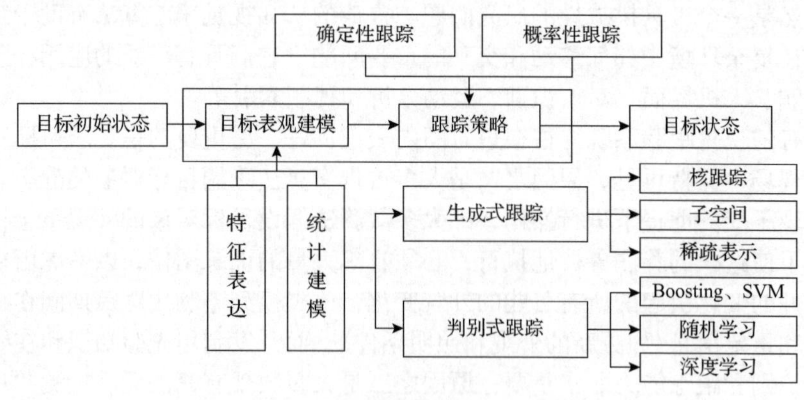


图 7.3　目标跟踪算法阶段及分类

本节将分别就这几个方面介绍目标跟踪算法的基本情况。

1. 目标表观建模

目标表观建模问题又称目标匹配问题，它根据目标的表观特征来建立相应的表观模型，是跟踪算法中非常重要的模块。根据对目标表观的建模方式，可以将目标表观建模分为生成式跟踪和判别式跟踪。

1) 生成式跟踪

生成式跟踪是基于匹配的跟踪，该类算法不考虑背景信息，通过学习建立一个模型来表示目标，然后使用该模型直接与目标类别进行匹配，最小化跟踪目标和候选目标之间的重构误差来确认目标，以达到跟踪的目的。该方法的缺点是过于关注目标本身的特征，而忽略背景信息，当目标外观剧烈变化或发生遮挡时容易出现目标漂移或丢失。生成式跟踪按照表观建模的形式不同，可以分为基于核的跟踪算法、基于子空间的跟踪算法以及基于稀疏表示的跟踪算法[12,13]。

(1) 基于核的跟踪算法。首先对目标进行表观建模，进而确定相似性度量策略以实现对目标的定位，该算法的优点是当目标为非刚体时，目标跟踪也有很好的效果。最典型的基于核的跟踪算法是均值漂移(MeanShift)算法，该算法本质上是基于梯度上升的局部寻优算法，由于 MeanShift 算法实现简单、速度较快，它在模式识别、数字图像处理和计算机视觉等领域应用广泛。但是在目标跟踪时，MeanShift 算法不能很好地解决目标被遮挡、背景杂乱、尺度变化等问题，学者在 MeanShift 算法的基础上提出了改进的核跟踪算法。为了解决局部遮挡问题，提出了基于分块 MeanShift 的跟踪算法，通过不同分块对中心位置的加权投票以降低被遮挡的目标区域对跟踪结果的影响。

(2) 基于子空间的跟踪算法。该算法模式识别是机器学习领域的一个研究热点，其关键在于对目标的特征空间进行表示，构建相关基及其张成的子空间，该算法的优势是将图像由高维数据压缩成低维特征空间，大大降低了目标跟踪算法计算所需的时间。该算法需要设定准则来确定要保留的图像信息、低维空间特性等，常见的准则有主成分分析(principal component analysis, PCA)、线性判别分析(linear discriminant analysis, LDA)、局部保持映射(locality preserving projection, LPP)等。该算法的缺点是在实际跟踪问题中背景分布比较混乱，而通常子空间算法都会假设数据服从高斯分布或局部高斯分布，导致基于判别子空间的跟踪算法往往结果不稳定。

(3) 基于稀疏表示的跟踪算法。该算法通常假设跟踪目标在一个由目标模板所构成的子空间内，其跟踪结果是通过寻求与模板重构误差最小的候选目标。将稀疏表示理论应用于解决跟踪问题，是通过对重构稀疏引入稀疏约束提出一种最小化的跟踪算法，该算法能够较好地解决目标遮挡问题，但其计算代价较高，主要

是由于 $L_1$ 范数的求解过程的复杂度很高，后续的研究采用了改进的优化算法，如加速近似梯度(accelerated proximal gradient, APG)算法和正交匹配追踪(orthogonal matching pursuit, OMP)处理跟踪任务，该类算法是在线视觉跟踪领域的一个研究热点。

2)判别式跟踪

判别式跟踪又称检测跟踪，与生成式跟踪的先对目标外观做描述不同，而是利用机器学习的方法训练一个分类器，通过判别候选区域为前景或背景来实现目标跟踪。该方法是将目标跟踪问题转化为寻求跟踪目标与背景间决策边界的二分类问题，通过分类最大化地将目标区域与非目标区域进行区分。目标跟踪的准确性和稳定性很大程度上依赖于在特征空间上目标与背景的可分性，如何在线建立能够适应目标和背景外观变化的判别模型，是判别式跟踪算法研究的关键。与生成式模型相比，判别式模型在应对目标的强遮挡及外观变化时，具有更好的鲁棒性。判别式跟踪研究主要有以下几个方面：基于 Boosting 和 SVM 的判别模型、基于随机学习的判别模型和基于深度学习的判别模型。

(1)基于 Boosting 和 SVM 的判别模型。Boosting 算法是机器学习中的一种集成学习框架，是将多个弱分类器组合成一个强分类器，达到相对的最优性能。Grabner 首次将在线 Boosting 算法引入目标跟踪中，通过在线微调，大大减轻了目标漂移问题[14]。典型的 Boosting 算法有多内核 Boosting 学习框架、半监督联合 Co-Boosting 框架和上下文 Boosting 算法。在目标跟踪领域中，基于 Boosting 跟踪的算法具有较强的判别学习能力，能够自适应选择区分性较强的特征，完成跟踪任务，但是该类算法没有考虑目标特征间的关联性，从而导致信息的冗余。

基于 SVM 的跟踪算法在具有较强分类性能的 SVM 分类器中引入最大化分类间隔约束，以达到对目标与非目标划分的目的，最终实现对目标的跟踪。SVM 算法可结合加权 MeanShift 的目标跟踪算法，根据选择的特征使用 SVM 分类器对像素点进行分类，再结合对前景目标和背景特征赋予不同权值的 MeanShift 算法，突出前景特征，降低背景噪声对目标的干扰，实现了复杂场景下的目标跟踪。

(2)基于随机学习的判别模型。该算法通过融合随机特征与输入建立目标的表观模型，典型的基于随机学习的判别算法有在线随机森林和朴素贝叶斯分类器等。随机学习能够实现并行运算，可以同时执行特征选取和随机输入输出，可以使用 GPU 和多核进行加速，节省算法运行时间。与基于在线 Boosting 和 SVM 的方法相比，该算法处理速度更快、效率更高，且易扩展至多分类问题的处理，该算法特征选取时比较随机，因此跟踪性能不够稳定。

(3)基于深度学习的判别模型。上述两种模型的特征建模方法均是浅层特征提取和建模，在复杂环境中(如运动模糊、变形、旋转和光照等)对目标的表征比较弱。近年来深度学习方法借助其优秀的特征建模能力，在目标跟踪领域取得了巨大的成功。尽管基于深度学习的目标特征提取与跟踪算法学习能力更强，但是深度学习应用到跟踪领域面临两个问题，首先是训练数据的多少直接影响到测试的精度。在该问题上，很多学者使用图像分类的大型数据集预训练模型，但是这种数据集与视频跟踪所需的实际数据往往存在较大的差异，导致跟踪误差较大；随着深度学习网络层数的增加，算法的计算量增大，这会降低跟踪过程中的实时性，目标表观建模方法的性能比较如表7.2所示。

**表7.2　目标表观建模方法的性能比较**

| 建模方法 | 优点 | 缺点 |
| --- | --- | --- |
| 基于核的跟踪算法 | 实现简单、速度快 | 复杂条件下效果不好 |
| 基于子空间的跟踪算法 | 降低了目标跟踪所需时间 | 跟踪性能不稳定 |
| 基于稀疏表示的跟踪算法 | 能够有效解决目标遮挡 | 计算代价高 |
| 基于Boosting和SVM的判别模型 | 具有较强的判别学习能力 | 信息冗余 |
| 基于随机学习的判别模型 | 能够并行运行、速度快 | 跟踪性能不稳定 |
| 基于深度学习的判别模型 | 优秀的特征建模能力 | 训练集少，计算量大 |

### 2. 跟踪策略

跟踪策略的目的是希望所建立的运动模型能够预估出下一帧图像中目标的可能状态，为目标的状态估计提供先验知识，用来在当前帧图像中寻找最优的目标位置。常用的运动估计方法有：

(1)卡尔曼滤波和粒子滤波方法。该类跟踪方法采用贝叶斯滤波理论估计目标的状态，即根据目标当前时刻的先验知识和状态方程，采用递推的方式对下一时刻的状态进行预测和修正，以实现对目标时变状态的估计。该方法通常采用位置、速度等作为目标位置信息的状态变量，状态变量通过状态方程的递推运算实现状态预测，之后把状态变量最新的观测值代入观测似然方程，并评价状态预测值信度，以修正状态变量的预测值。

(2)隐马尔可夫模型和均值漂移方法。均值漂移由目标检测算法获取目标的模板，然后将候选目标位置与目标模板相匹配以实现目标的跟踪。该类算法通常以代价函数作为目标模板与候选目标位置间的相似性度量，以最优化理论寻找代价函数的最大值，并选择代价函数取得最大值时候选目标的位置作为目标在当前图像序列中的估计位置。

(3)基于深度学习的目标跟踪方法。此类方法目前是目标跟踪方向的研究热点，可以从网络结构、网络功能以及网络训练的角度进行分类。按照网络结构不同，基于深度学习的目标跟踪方法分为基于卷积神经网络的深度目标跟踪方法、基于递归神经网络的深度目标跟踪方法、基于生成式对抗网络的深度目标跟踪方法、基于自编码器的深度目标跟踪方法；按照网络功能不同，基于深度学习的目标跟踪方法分为基于相关滤波的深度目标跟踪方法、基于分类网络的深度目标跟踪方法、基于回归网络的深度目标跟踪方法；按照网络训练方法不同，基于深度学习的目标跟踪方法分为基于预训练网络的深度目标跟踪方法、基于在线微调网络的深度目标跟踪方法、基于离线训练网络的深度目标跟踪方法。还有其他深度目标跟踪算法，如基于分类与回归相融合的深度目标跟踪方法、基于强化学习的深度目标跟踪方法、基于集成学习的深度目标跟踪方法、基于元学习的深度目标跟踪方法等。

## 7.3 分布式视觉感知与理解

运动问题一直是跨学科研究的重要问题，对移动物体的及时分析和响应至关重要，尤其在自然界当中涉及生死攸关的生存问题，哺乳动物的视觉系统已经进化出专门的神经硬件，以分析和响应不断变化的环境。在计算机视觉的研究中，运动和人类视觉一直是实验和理论两个层面上深入研究的主题，使用摄像机和计算机自动识别物体、人和事件发展始于 20 世纪 60 年代初，基于计算机视觉的图像序列运动分析和理解的研究始于 70 年代初，是相对较新的研究领域之一，然而该领域的发展成熟相当快，图像序列的运动分析已成为计算机视觉研究领域的重要方面。基于计算机视觉的运动分析有助于解决社会监控和生物特征问题，研究重点逐渐从无生命物体转移到人等生物，如无人驾驶飞行器的活动监测、生物栖息地监测、公共场所人员的活动等。

根据研究方法不同，分布式视觉感知与理解一般分为传统方法和基于深度学习的方法，传统方法依据对背景建模方式的不同进行研究，采用不同的方法对背景建模，背景模型的维护大多是通过提取手工特征进行维护，采用背景模板与输入图像对比来进行运动目标检测，通过设计不同的背景模型与对应初始化和更新策略应对不同的使用场景，将输入图像与背景模型通过差分对比来检测运动目标前景，以实现运动目标检测。近年来越来越多的学者开始关注使用深度学习进行运动目标检测的研究，通过网络自动提取特征和学习背景以及前景目标的特征进行运动目标检测，在测试数据集中取得了超越传统算法的性能。在真实的使用中，运动目标分析不仅需要做目标检测定位，还需要做目标识别的工作，基于深度学习的运动目标检测与分析可以同时更好地完成两个任务，主要分为基于区域提议的方法和基于端到端的方法。

### 7.3.1 基于区域提议的方法

该类方法主要为 R-CNN（区域卷积神经网络）系列方法，包括快速 R-CNN、更快速 R-CNN、SPP-Net(空间金字塔池化层网络)和 R-FCN(基于区域的全卷积网络)等四种方法。

1. R-CNN、快速 R-CNN 和更快速 R-CNN 方法

前期的运动目标检测识别，大部分都运用了滑动窗口的方式进行区域提议，该方法通过穷举所有可能的候选框进行检测识别，R-CNN 是基于区域提议系列方法的基础算法，运用的是选择性搜索的方法，R-CNN 原理示意图如图 7.4 所示。

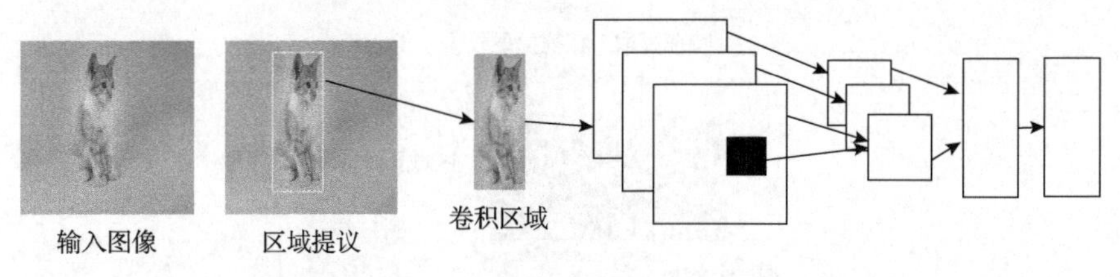


图 7.4　R-CNN 原理示意图

R-CNN 的主要步骤如下：

(1) 区域提议。使用选择性搜索方法将待检测图像中抽取的 2000 个左右的边界框认定是候选的。

(2) 区域大小归一化。把上述抽取出来的 2000 个左右的候选框缩放成指定的尺寸。

(3) 特征抽取。采用卷积神经网络，抽取特征。

(4) 分类和回归。在特征层的平台上紧接上两个完全连接层，然后使用 SVM 方法进行分类识别，采取线性回归对边框坐标和尺寸进行小的移动，不同分类仅仅对一个边框回归器进行训练。

R-CNN 的不足之处如下：

(1) 基于区域提议尽管不使用“穷举”，但是仍然包含 2000 个左右的候选框，采取卷积神经网络进行处理，因包含许多重复的运算，计算量较大。

(2) SVM 模型由于是线性化的模型，当标注数据都使用时不是最佳抉择。

(3) 训练测试分为多步，特征抽取、分类、区域提议、回归均为分离的训练步骤，中间信息需进行专门的存储。

(4) 通过卷积训练出来的特征需要先进行存储，上述特征要占用几百吉字节甚至更多存储空间，训练的时空代价较高。

上述问题造成 R-CNN 的时间代价高，使用 GPU 运行一幅图像花费 13s，使用 CPU 更要花费 53s。

R-CNN 和 SPP-Net 的 2000 个左右候选框需反复多次识别，为了解决特征提取重复计算的问题提出了快速 R-CNN 方法[15]，快速 R-CNN 方法巧妙地将目标识

别与定位放在同一个 CNN 中构成 Multi-task 模型，如图 7.5 所示，其总体思路是：

(1) 采取一个感兴趣区域池化层，使用方法与空间金字塔池化层相似，池化层相当于精简了的空间金字塔池化层；

(2) 采取多任务的方式进行分类和回归，使用感兴趣区域池化层端到端的传播梯度使图像的训练一步到位，尽量不占用额外的存储空间，以存储中间层的特性；

(3) 采取奇异值分解 (singular value decomposition, SVD) 方法，将全连接层的特征向量分割为 2 个尺寸较小的全连接层。

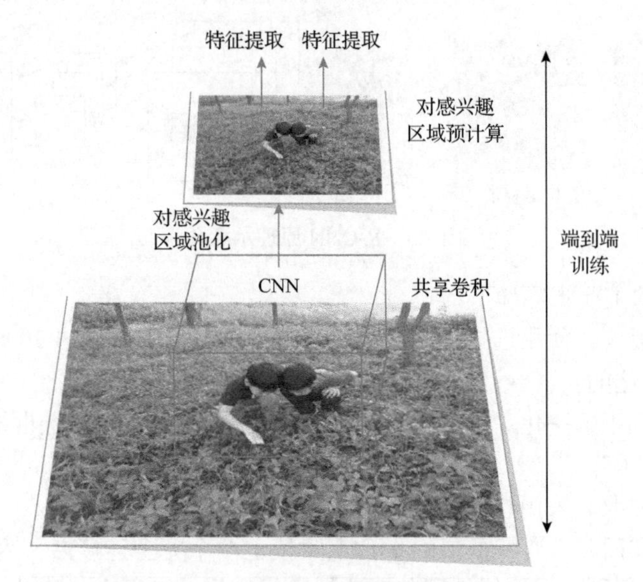


图 7.5　快速 R-CNN 总体思路

快速 R-CNN 的主要步骤有：

(1) 特征提取。采用卷积神经网络，将全幅图像输入得到特征层。

(2) 区域提议。采取选择性搜索的方法将区域候选框从原始图像中抽取出来，同时把抽取出来的候选框分别映射到末端的特征层。

(3) 区域归一化。将不同区域候选框中利用基于兴趣的区域池化的过程，特征层能够得到确定尺寸的特征。

(4) 分类和回归。连续使用两层完全连接层，逐一采取 Softmax 多分类开展目标识别工作，采取回归模型对边框坐标和尺寸做小的移动。

快速 R-CNN 在保留 R-CNN 优点的基础上，使得算法效率更加高效，快速 R-CNN 训练一幅图像的速度是 R-CNN 的 9 倍，测试图像的速度是 R-CNN 的 200 倍以上，快速 R-CNN 训练速度比空间金字塔池化层快近 3 倍，测试图像的速度比空间金字塔池化层快约 10 倍。

快速 R-CNN 使用选择性搜索进行区域提议，但速度仍然有待加强。更快速 R-CNN 则直接使用区域提议网络(region proposal network, RPN)计算候选区域。RPN 输入一个随机的尺寸的图像，输出一系列矩形选择区域框的提议，每个矩形区域映射一个目标置信度和位置信息，其工作流程如图 7.6 所示。

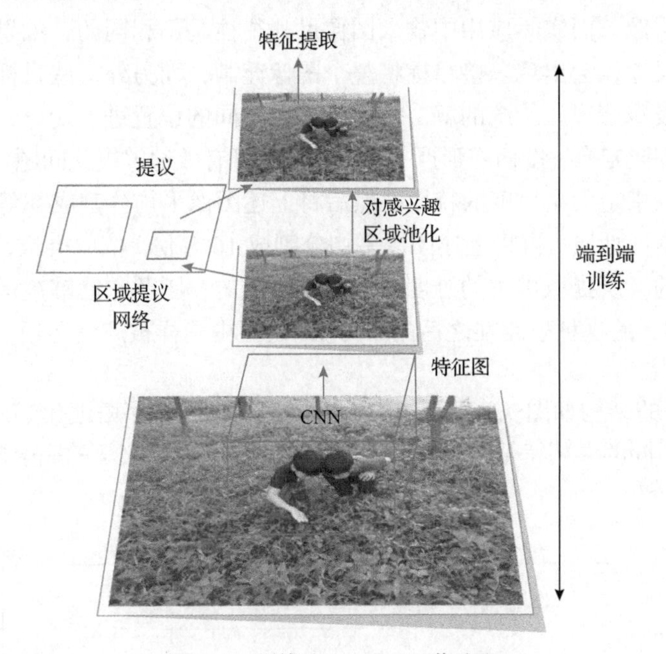


图 7.6　更快速 R-CNN 工作流程

更快速 R-CNN 大体步骤如下：

(1) 特征提取。与快速 R-CNN 类似，以全幅图像作为输入，采取卷积神经网络获得图像的特征层。

(2) 区域提议。在末端的卷积特征层上采取 $k$ 个大小不一的方框执行提议，$k$ 通常设定为 9。

(3) 分类与回归。在不同的方框对应的小块上开始执行“有目标”与“无目标”二分类，同时采取 $k$ 个回归模型对候选框坐标和尺寸做小的移动，然后采取目标分类将 $k$ 个回归模型对应各自的锚框。

快速 R-CNN 是以整幅图像作为初始值输入，采取卷积神经网络获得图像特征层，更快速 R-CNN 也是如此，不同之处在于它不再使用选择性搜索的算法，而是采取 RPN，在区域提议、分类与回归方面都使用且分享卷积特征，从而获得进一步的加速，更快速 R-CNN 分两步对特定数量个锚框做目标判定后进行目标识别。

2. SPP-Net

SPP-Net[16]除了进行 crop 或 warp 运算，还用空间金字塔池化层的卷积功能来将之替换。引入 SPP-Net 的主要原因是卷积神经网络的完全连接层需要输入相同尺寸大小的图像，而实际应用中输入图像尺寸往往是不相同的，如果强行将其转化为同样的尺寸，会出现一些目标将整个图像充满，而另外一些目标仅仅搁置在图像边缘的极端情况。传统的解决方法就是在不同的位置进行切分，该操作会造成对象因为拉伸变换过度而变形严重，SPP-Net 可有效地解决此问题。SPP-Net 对整个图像提取指定大小尺度的特性，然后将上述图像平均分割成 4 等份，从中提取出相同的维度性质，再将上述图像平均分割成 16 等份。依此类推，不论图像的尺寸是怎样的，所提取出来的维度性质都是相同的，因此它能够被运转到完全连接层。SPP-Net 的这种思路在之后的 R-CNN 模型中同样被广泛运用，受到科研工作者的青睐。

SPP-Net 的结构如图 7.7 所示，最后一层使用空间金字塔池化(SPP)层把任意大小、维度不同的卷积特征图转化为维度相同、固定长度表示的完全连接层输出。

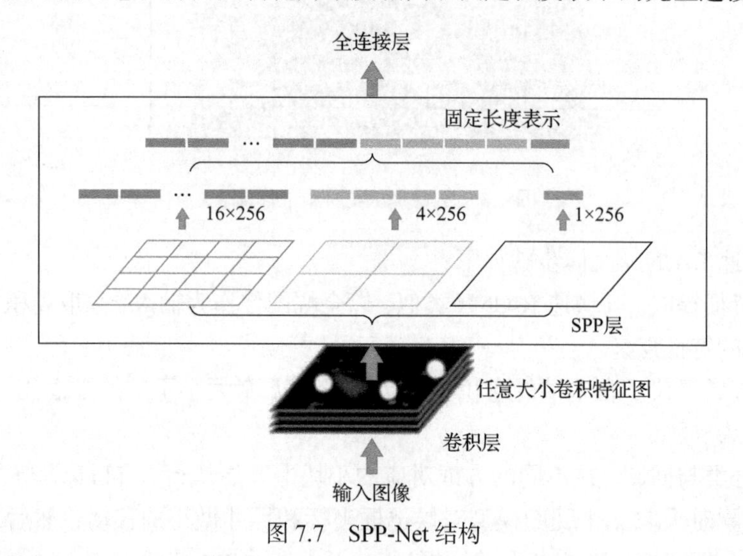


图 7.7　SPP-Net 结构

SPP-Net 做目标检测识别的基本思路为：

(1) 区域提议。使用选择性搜索从原图中生成 2000 个左右的候选窗口。

(2) 区域尺寸变换。SPP-Net 不会像以前一样执行区域尺寸归一化，只变换到 $\min(w, h) = s$，以统一长度与宽度的最短边长度，$s$ 选自 $\{480,576,688,864,1200\}$，且选择的标准是使缩放的候选框大小接近分辨率长和宽为 224。

(3) 特征提取。采取 SPP-Net 结构的方法对特征进行抽取。

(4)分类和回归。与 R-CNN 相近，采取 SVM 且使用前述的特征对分类器模型进行训练，同时采取边框回归对候选框坐标进行小的移动。

当 R-CNN 进行区域提议时，由于 crop 或 warp 引入了偏差，设计空间金字塔池化层以改变输入候选框的尺寸，化解了这些偏差，其余与 R-CNN 基本相同。

3. R-FCN

前述方法可以细分为两个子网络：共享的计算与感兴趣区域无关的全卷积子网络和不共享的计算与感兴趣区域相关的子网络。R-FCN 在最末端的全连接层采用了位置较敏感的卷积网络，以便其他计算处理可以共享使用[17]，该方法将每个提议区域均匀划分为多个长和宽都为 $k$ 的方框，每个方框都预设有各自对应的编号，然而预测时会有 $C$+1 个输出，$C$ 为类别数，加 1 是因为加上了背景类别，输出通道的总数量为 $k^2\times(C+1)$，其原理如图 7.8 所示。R-FCN 的主要贡献在于解决了分类网络的位置不敏感性与检测网络的位置敏感性之间的矛盾，在提升精度的同时利用位置敏感得分图提升了检测速度。

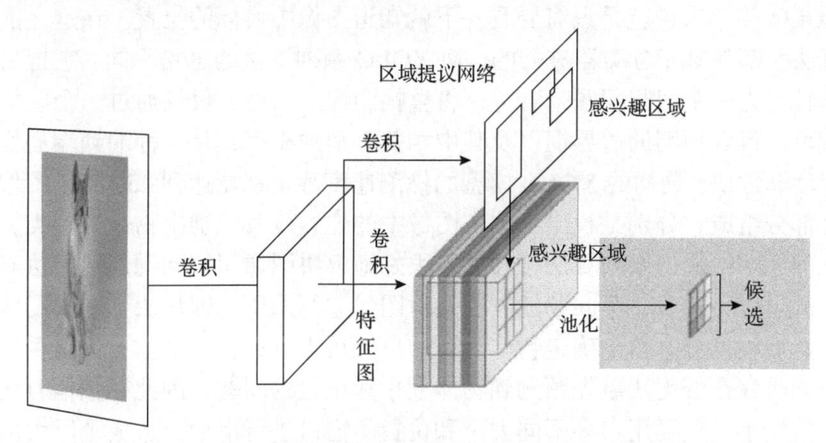


图 7.8　R-FCN 工作原理

R-FCN 的步骤如下：

(1)区域提议，即采用全卷积网络结构的 RPN 进行特征提取与训练。

(2)分类与回归，即采取与 RPN 共同使用的特征开展分类，进行 bbox 回归时，$C$ 一般设置为 4。

### 7.3.2　基于端到端的方法

前面介绍了基于区域提议的方法，本节介绍端到端的识别方法，主要包括 SSD(single shot multibox detector, 单次多盒探测器)算法与 YOLO(you only look once, 只看一次)系列算法，这两类算法均是无需区域提议的目标检测识别方法。

1. SSD 算法

SSD 算法克服了 YOLO 系列算法的缺点，SSD 网络分为两部分，分别对图像进行分类与识别，一部分是专门用于图像分类的标准网络，另一部分是专门用于识别的多尺度特性映射层，因而具有识别不同尺寸目标的效果。

SSD 算法在保持 YOLO 系列算法高速性的同时，效果也提升了不少，主要是从更快速 R-CNN 中借鉴了 Anchor(锚)机制，并使用多尺度，从原理仍然可以看出，默认框的形状和大小是预先设置的，因此对于提取特定图像的小目标无法取得令人满意的效果。

2. YOLO 系列算法

YOLO 系列算法是以计算机视觉和显著性检测为基础，基于深度学习和神经网络的一类目标检测算法。YOLO 系列算法在训练中运用了 BP 算法的思想，使得此算法具有统一性和实时性，同时具有强大的微小目标识别的功能。

YOLO 简单来说就是只需要看一下就知道图像中目标的位置。在这之前目标检测算法大都是基于分类器进行的，而 YOLO 系列算法的思路不同，它把目标检测问题转化为一个回归问题来看待，将整幅图像输入后，仅仅通过一个卷积神经网络就可以得到预测的边界框以及其中相关类别的概率，是一种端到端的优化，处理速度非常快，最初的 YOLO 模型的检测速度甚至都能达到 45 帧/s。图像检测由两个部分组成，分别是找出物体在图像中的位置以及识别出物体的种类，而基于卷积神经网络的一系列算法已经可以很好地解决图像识别问题，但无法确定目标物体的位置，解决这个问题的方法是对图像进行遍历，即从头到尾对图像进行扫描，然后根据分类器来确定物体大概的位置后再进行识别操作，但这种方法效率低，同时存在着无法事先预测到物体大小和位置的问题，因此在扫描时无法确定窗口的大小，就要用很多不同大小和位置的窗口进行滑动，造成了巨大的计算量，在实际问题中很难应用。

在上述基础和背景下衍生出了目前常用的两种图像检测方法。一种是 R-CNN 系列的双阶段网络结构方法。由于无法确定物体的位置，R-CNN 提出了一种候选区域的思路，也就是说先对图像进行搜索，选出一些可能存在物体的区域，这一思路称为选择性搜索(selective search)，该方法可以去掉一些无用的子区域，减少计算量，再对这些区域进行识别，此思路后续还有很多改进的算法，如快速 R-CNN 等。尽管如此，这个系列方法仍然要“看两眼”，即先预选候选区域再进行图像识别，实时性方面难以满足要求，在进一步的研究和探索之下，另一种算法，即 YOLO 系列算法应运而生。

1) YOLO $V_1$ 算法

YOLO $V_1$ 算法，即“看一眼”算法，就是将卷积神经网络的两步合在一起，即将物体的位置和类别放在一起处理，转化成一个回归问题，以同时获得边界框和类别信息的方式实现端对端操作，即先将图像进行统一尺寸的操作，然后送入卷积神经网络，进行卷积等操作后同时得到边界框和类别的预测，如图 7.9 所示。

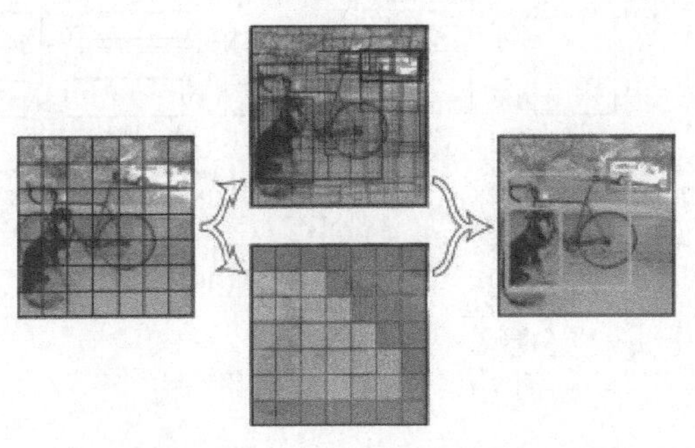

图 7.9　YOLO $V_1$ 检测

首先将输入的图像划分为 $S \times S$ 大小的网络，如果目标物体的中心落在其中一个单元中，那么该网络就负责对该目标进行检测，包括边界框预测以及置信度得分，得分值就代表了预测的准确程度。预测置信度计算公式为 $\Pr(\text{Object}) \times \text{IOU}_{\text{pred}}^{\text{truth}}$，如果结果为零就代表网格中不存在识别的物体，否则置信度得分等于预测框和真实目标之间的交集(IOU)。最终得到的边框由五种元素组成，分别是：坐标$(x, y)$，表示边界框的中心相对网格边界的上下偏移量；$w$ 和 $h$，分别代表宽度和高度，是相对于整幅图像的一个估计值；置信度，即 IOU(交并比)值；在各网格中还会得到一个条件概率，表示在已经确定网格中包含某一类目标物体的前提下，它归属于该类别的概率，即

$$\Pr(\text{Class}_i|\text{Object}) \times \Pr(\text{Object}) \times \text{IOU}_{\text{pred}}^{\text{truth}} = \Pr(\text{Class}_i) \times \text{IOU}_{\text{pred}}^{\text{truth}}$$

当 YOLO $V_1$ 算法用于实际的数据集时，最终得到的 prediction 数值与图像划分的大小 $S$、应用数据集的种类 $C$ 以及每个网络中边界框的个数 $B$ 有关，即 $\text{prediction} = S \times S \times (B \times 5 + C)$，该方法要求输入网络的图像有相同的大小和分辨率，由于各网格中会得到多个边界框的预测值和置信度，每个目标物体只属于置信度最高的类别，即 IOU 最高的边界框为最终输出结果。

(1) 网络结构。

YOLO $V_1$ 网络结构如图 7.10 所示，该结构在 GoogleNet 模型的基础上做了改进，主要是初始模块与之不同，采用了 1×1 的卷积层和 3×3 的卷积层进行处理。

图 7.10 中包含 24 个卷积层和 2 个全连接层，在此基础之上提出了更快版本的 YOLO 算法，目的是能够更快地检测到物体的边界框，因此将 24 个卷积层

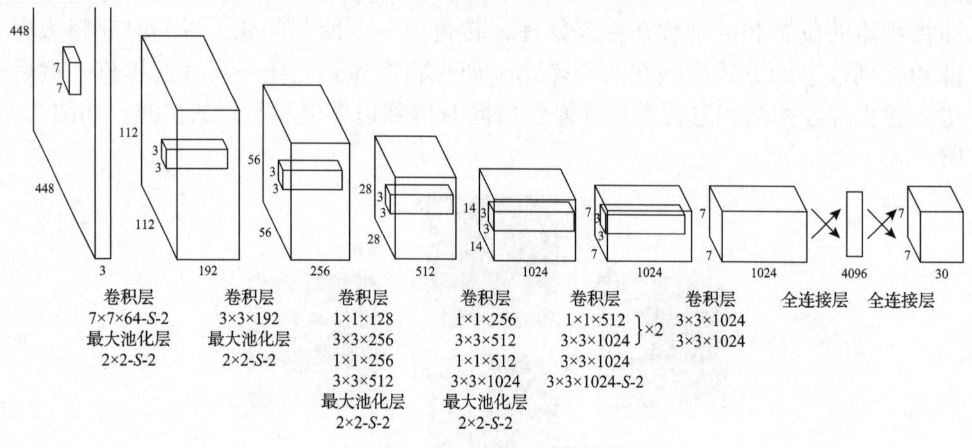


图 7.10　YOLO $V_1$ 网络结构

简化成了 9 个，同时也减少了一些不必要的结构，其余的参数没有改动，输出的结果是 7×7×30 规模的预测。

(2) 训练。

训练用 ImageNet 1000 数据集作为预训练集，在卷积层上完成预训练，预训练过程中只采用前 20 个卷积层，此后就是平均池化层和全连接层，训练模型在验证集上获得了 88%的准确率，精度可以媲美 Google Net 模型。

(3) YOLO $V_1$ 算法的局限性。

YOLO $V_1$ 算法对边界框的要求比较严格，每个网格中只产生两个边界框且限制了物体的种类数，每个网格中只能检测出一个类别的目标物体，因此空间上的限制意味着无法识别出数量多的目标，如当检测的图像在同一网格中存在蚁群、树叶、人群等密集物体时，无法检测出物体的数量。此外，模型在预测时是基于大量的数据训练而成的，意味着使用已有模型对新目标进行推广效果较差，尤其是当图像中存在不常见的目标物体时很难检测出来。最后，由于损失函数中定位误差起着决定性作用，加上它对大小边框中的定位误差处理相同，大小边框中物体的识别还有待进一步区分和优化。

2) YOLO $V_5$ 算法

在 YOLO $V_1$ 算法横空出世以后，后续的改良算法接踵而至，一直延续至目前的 YOLO $V_5$ 算法的版本。基于 YOLO $V_1$ 算法存在的一些问题，YOLO $V_2$ 算法进行了一些优化和改进，主要包括将核心网络更换为 448×448 的 Darknet19 网络，并且对网络结构进行了调整，采用了全卷积层的网络，同时引入了多尺度的训练，提升了网络整体的检测能力和泛化效果。YOLO $V_3$ 算法把 Darknet19 网络进一步升级成了 Darknet53 网络，引入了多尺度的特征融合和预测算法，在 COCO 数据集上改良了 9 种不同的锚框。在 YOLO 算法版本不断更新迭代性能越来越强大之际，在 2020 年 2

月 21 日，YOLO 算法提出者 Joseph 突然在社交平台上宣布暂停研究，原因是他发现 YOLO 算法被用在了军事和涉及隐私等领域，存在着很大的隐患，但在他停止这项研究没多久就有研究人员接手后续工作，继续开展 YOLO 算法方面的研究，同年 4 月 23 日 YOLO $V_4$ 发布，6 月 10 日 YOLO $V_5$ 发布，它在 YOLO $V_4$ 的基础上的改动不多，但在检测速度方面进步很大，该系列算法的发展历程如图 7.11 所示。

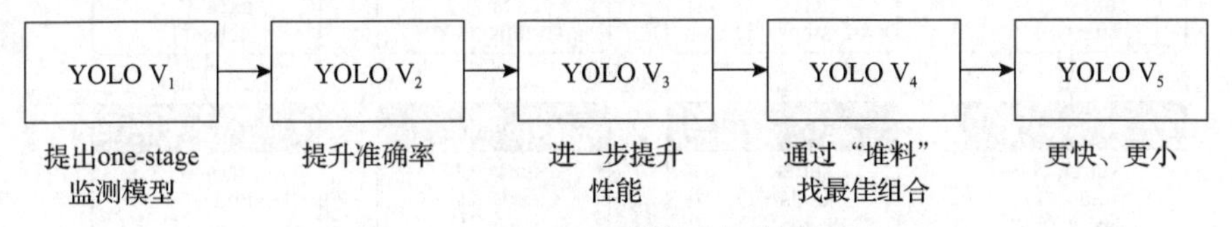


图 7.11　YOLO 系列算法的发展历程

YOLO $V_5$ 网络共有四个模型，分别是 YOLO $V_{5s}$、YOLO $V_{5m}$、YOLO $V_{5l}$ 以及 YOLO $V_{5x}$，s、m、l、x 分别代表不同的比例。在 COCO 数据集的基础上对四种网络分别进行了性能的测试，其中 YOLO $V_{5s}$ 网络规模最小，运行速度最快，但精确度最低，而其他三种模型都是在这个网络模型的基础上进行拓展得到的，尽管精度在不断提高但速度也在不断变慢，四种网络性能参数对比如表 7.3 所示。

**表 7.3　YOLO $V_5$ 中四种网络性能参数对比表**

| 模型 | $AP^{val}$ | $AP^{test}$ | $AP_{50}$ | $Speed_{GPU}$/ms | $FPS_{GPU}$/(帧/s) | params/MB | FLOPS/B |
|---|---|---|---|---|---|---|---|
| YOLO $V_{5s}$ | 36.1 | 36.1 | 53.3 | 2.1 | 476 | 7.5 | 13.2 |
| YOLO $V_{5m}$ | 43.5 | 43.5 | 62.5 | 3.0 | 333 | 21.8 | 39.4 |
| YOLO $V_{5l}$ | 47.0 | 47.1 | 65.6 | 3.9 | 256 | 47.8 | 88.1 |
| YOLO $V_{5x}$ | 49.0 | 49.0 | 67.4 | 6.1 | 164 | 89.0 | 166.4 |

注：AP 为平均精确率，val 为验证集，test 为测试集，50 为类别数，Speed 表示 GPU 的响应时间，FPS 为 GPU 的每秒帧率，params 为参数大小，FLOPS 为每秒浮点运算量。

YOLO $V_5$ 网络结构主要由四部分组成，分别是输入端、Backbone 网络、Neck 网络以及 Prediction 输出端。

(1) 输入端。

由图 7.12 可以看出输入网络的是尺寸大小为 608×608 的图像，在训练阶段开始之前，会先对输入的图像进行一些预处理、图像大小的缩放以及归一化等处理，之后再进行后续的操作。YOLO $V_5$ 为了提高训练的速度和网络性能，提出了 Mosaic 数据增强方法，并且提出了自适应锚框计算方法和自适应图像缩放方法。

Mosaic 数据增强方法，是在 CutMix 方法的基础上改良得到的，具体做法就是随机挑选数据集中的四张照片，并且随机地对它们进行裁剪、拼接、平移等各种组合处理，同时添加到数据集中继续训练，这样做可以极大地丰富数据集，同时又不会占用很大的内存，使得训练更快，识别率更高。

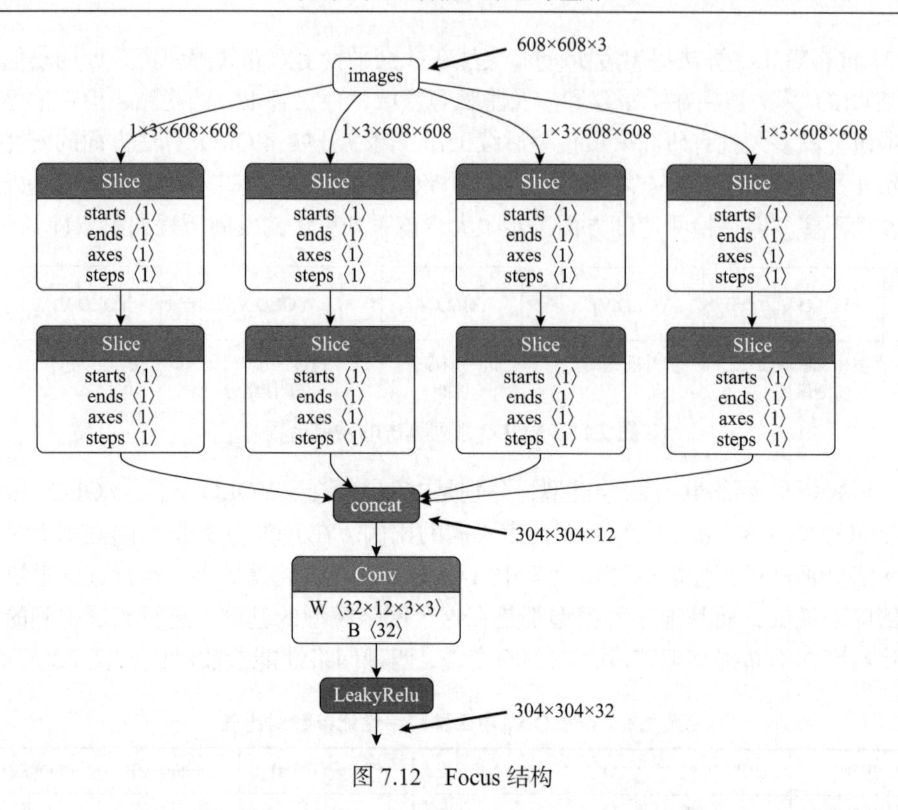


图 7.12　Focus 结构

自适应锚框计算需要选择合适的锚框来适配不同的数据集，在进行训练时使用确定好的锚框生成相应的边界框，根据误差来进行反向训练，从而不断地调整优化，形成最终的边界框。YOLO $V_5$ 使用这种算法并把它嵌入了代码之中，针对不同的数据集，自动产生不同大小的锚框，并根据需要打开或者关闭，具体代码为“parser.add_argument('–noautoanchor', action='store_true', help='disable autoanchor check')”。

自适应图像缩放是在进行目标检测前的必要步骤，很多目标检测算法在识别之前，通常要将图像调整为特定的分辨率，再输入算法网络中进行训练和学习，如果只是简单地把输入的图像缩放至算法要求的像素，可能存在不同数据集图像的比例不同的问题，填充不当可能会产生大量冗余并且产生黑边现象，针对这个问题，YOLO $V_5$ 算法提出了自适应图像缩放方法，即把待输入的图像与所需的像素进行计算，分别得出长、宽缩放比，原始图像的像素与缩放比相乘，得到此缩放比调整后的图像大小，再根据计算填充对应的黑边。

(2) Backbone 网络。

该网络主要由 Focus 结构、卷积层、跨阶段局部网络(cross stage partial network, CSP)结构和 SPP 组成，主要实现特征提取的功能，其中 Focus 结构如图 7.12 所示。

可以看出，Focus 结构的主要操作是切片操作(Slice)，把原始输入 608×608×3 的图像，通过切片操作后形成 304×304×12 的映射图，经过一个 32 层的卷积层，输出为 304×304×32 的特征图，切片操作的基本原理如图 7.13 所示，将一个 4×4×3 的图像转化为 2×2×12。CSP 结构是基于 CSPNet 产生的一种结构，YOLO $V_{5s}$ 中应用了两种 CSP 结构，其中 CSP1_X 应用在 Backbone 网络中，CSP2_X 则应用在 Neck 网络中，可以增强网络的学习能力，在降低计算量的同时提高了准确率。CSP1_X 结构的主要作用就是将输入分成两个分支，一支先进行卷积等操作，再通过残差结构后再进行一次卷积，另一支则是直接进行卷积，两支进行拼接，再进行激活和卷积等操作，CSP2_X 结构只是将残差结构变为 2 个 CBL 模块。

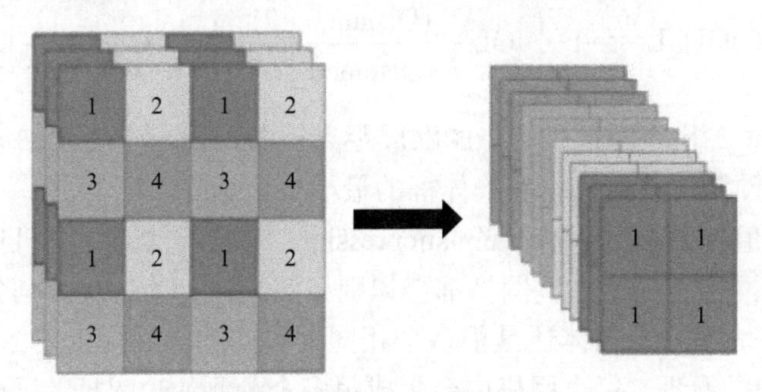


图 7.13　切片操作的基本原理

(3) Neck 网络。

在卷积网络中由于网络层深浅的不同，对应的图像和语义特征也不同，在目标检测中同时需要这两种特征的对应，这就需要将深层和浅层的特征合并，即使用 FPN(特征金字塔网络)+PAN(路径聚合网络)结构。FPN 是一种特征金字塔的思想，根据图像构造一个原始的图像金字塔，在每一层提取特征进行预测，对其进行卷积、池化等操作来构建金字塔，把预处理之后的图像输入网络，构建一个自下而上的网络，采取上采样和降低维度等处理，最后进行卷积融合得到预测的结果。FPN 主要是把高层的语义特征向下传递，但定位信息没有传递下来，需要在后面添加一个 PAN 网络，它是一种自下而上的金字塔，将缺失的定位信息向上传递，与 FPN 进行补充。

(4) Prediction 输出端。

Prediction 输出端的主要作用是将 Neck 的输出进行卷积操作。

①损失函数。IOU 代表交并比，即网络预测的边界框与物体实际框之间的交集与两者并集的比，IOU_Loss 代表损失函数，IOU_Loss=1 − IOU，但基于 IOU 的损失函数存在一定问题，当 IOU 的值为 0 时，预测的边界框与物体实际框交集为空集，损失函数无法进行计算，如果两个边界框的 IOU 数值相等，那么此函数无法对它们进行区分。

针对 IOU 存在的问题，YOLO $V_5$ 采用 CIOU_Loss 作为损失函数进行计算，在 IOU 的基础上添加了边界框的宽高比和中心点距离等信息：

$$\text{CIOU\_Loss}=1-\text{CLOU} \tag{7.1}$$

$$v=\frac{4}{\pi^2}\left(\arctan\frac{w^{\mathrm{gt}}}{h^{\mathrm{gt}}}-\arctan\frac{w^{p^2}}{h^{p}}\right) \tag{7.2}$$

式(7.2)是对长宽比影响因子的计算，其中 $w$ 和 $h$ 分别代表宽和高，gt 代表真实物体的框，$p$ 代表预测边界框的大小。

$$\text{CIOU\_Loss}=1-\left(\text{IOU}-\frac{(\text{Distance\_2})^2}{(\text{Distance\_}C)^2}-\frac{v^2}{(1-\text{IOU})+v}\right) \tag{7.3}$$

其中，Distance_2 代表两框中心点的欧氏距离；Distance_$C$ 代表 $C$ 对角线之间的距离；$C$ 代表预测边界框和真实物体框的最小外接矩阵。

②非极大值抑制(non-maximum suppression, NMS)。如果一个目标物体过大，占用了很多个网格，那么这些网格都会识别出该物体，为解决如何知道这几个网格识别的物体是同一个物体还是很多个相同种类的物体，提出了 NMS 原理。根据 YOLO 识别的原理，每个网格内会生成很多个预测的边界框，同时会显示物体类别的置信度，把其中置信度最大的边界框作为极大边界框，将其与相邻网络的极大边界框比较，若两者的 IOU 值超过了预先设定的阈值，则表示两个网格识别的是同一个物体，只留下置信度比较大的边界框，忽略剩下的边界框；若小于这个阈值，则认为是另一个相同种类的物体。

YOLO $V_5$ 是 YOLO 系列的最新算法，其在 YOLO $V_4$ 的基础上做出了以上的创新和改进，是目标检测最新的算法，速度和性能都十分出色，要想应用到实际的问题中，还需要数量足够且适合的数据集进行训练，才能将 YOLO 算法的性能展示出来，因此数据集的制作和处理也相当关键。

(5)环境配置。

YOLO $V_5$ 算法对环境的要求较为烦琐，环境的配置主要包括驱动的安装、Anaconda 和 Python 的安装、PyTorch 环境的安装。首先根据计算机的显卡配置安装相应的驱动程序，实验中适配器为 GeForce GTX 1050 Ti，依据实验所用计算机配置下载NVIDIA驱动程序。之后根据计算机系统安装相应的Anaconda和Python，实验中安装的为 Anaconda3 下的 Python3.8 版本。然后要安装比较重要的 PyTorch 环境。第一步是在虚拟空间安装相应的基础包，之后要下载 CUDA 和 CUDNN 来安装环境相应的依赖包和配置文件，实验中安装的为 CUDA v11.3 版本以及对应的 11.3 版本 CUDNN。在安装相应的配置文件后，打开 Pycharm 新建工程来确定环境是否安装成功，成功后可开始进行实验。

3) YOLO $V_5$ 算法改进思路

YOLO $V_5$ 对微小目标检测的效果还有待提高，对其原理进行分析可知，下采样的倍数比较大而待识别的样本尺寸比较小，因此难以提取微小目标的信息特征，识别效果不好，可以对这部分进行改进，具体做法就是增加锚框的采样层数，以此来提升网络对微小目标特征的提取。通过尝试对 YOLO $V_5$ 初始锚框大小和位置进行修改，首先将其修改为自适应的聚类方法进行训练，其次将锚框的初始范围由最开始默认的[1/2, 3/2]修改为[1/4, 7/4]，通过扩大锚框的范围，可以有效地改善图像的质量，提高学习效率和训练效果，如表 7.4 所示。

**表 7.4　算法改进前后性能参数对比表**

| 标签类别 | 标签数 | 准确率 | | PR 曲线平均归一化面积(IOU=0.5∶0.95) | |
|---|---|---|---|---|---|
| | | 原算法 | 改进算法 | 原算法 | 改进算法 |
| bolt | 30 | 0.987 | 0.991 | 0.551 | 0.523 |
| nut | 31 | 0.957 | 0.962 | 0.572 | 0.593 |
| hammer | 29 | 0.953 | 0.956 | 0.73 | 0.801 |
| label | 70 | 0.862 | 0.862 | 0.53 | 0.572 |

修改锚框后识别效果对比如图 7.14 所示，修改锚框的初始大小和位置可以有效提升准确率和召回率，并且能够提升对异物识别的置信度，将其训练方法改为自适应聚类方法也可以在一定情况下提升训练效果和效率。还可尝试在网络中引入协同注意力(coordinate attention, CA)机制，以加强网络对微小物体方向和位置的敏感度，效果比较明显。CA 网络结构如图 7.15 所示。

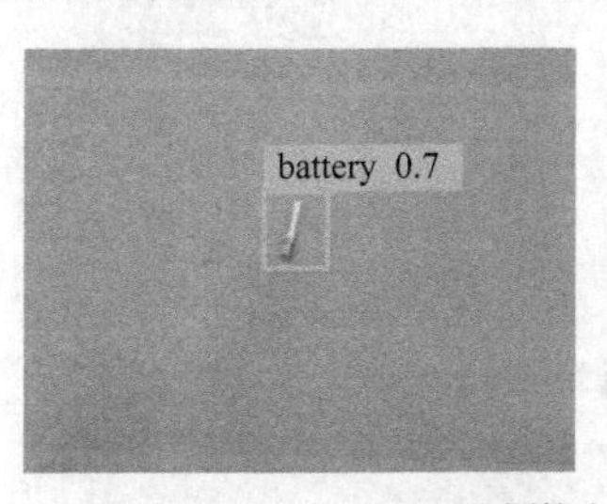


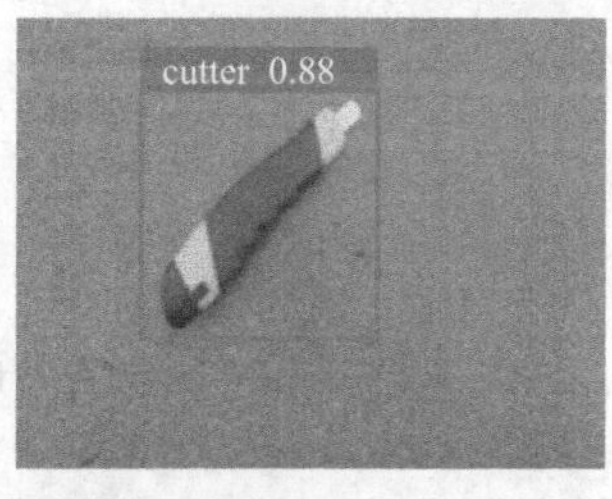


(a) 原算法识别结果

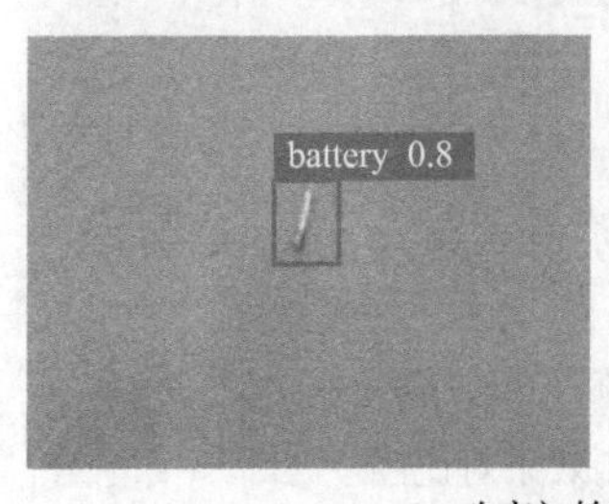


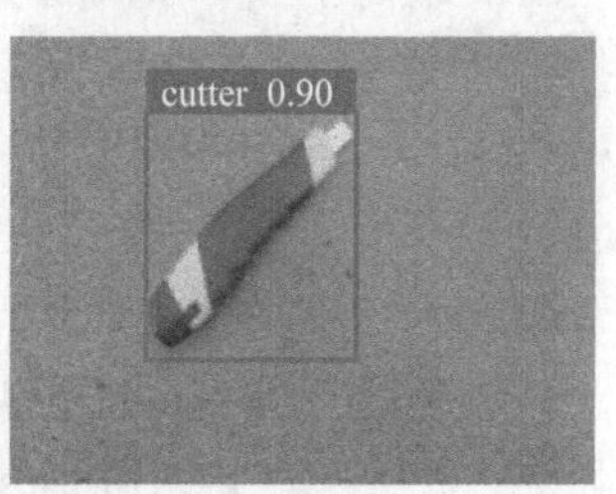


(b) 改变初始锚框识别结果

图 7.14　修改锚框后识别效果对比

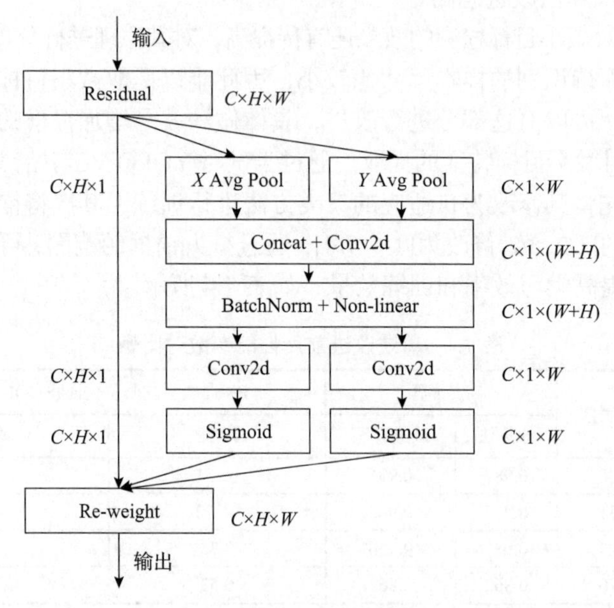


图 7.15　CA 网络结构图

引入 CA 机制后，对微小物体识别的置信度有了一定的提升，达到了预期的效果，如图 7.16 所示。

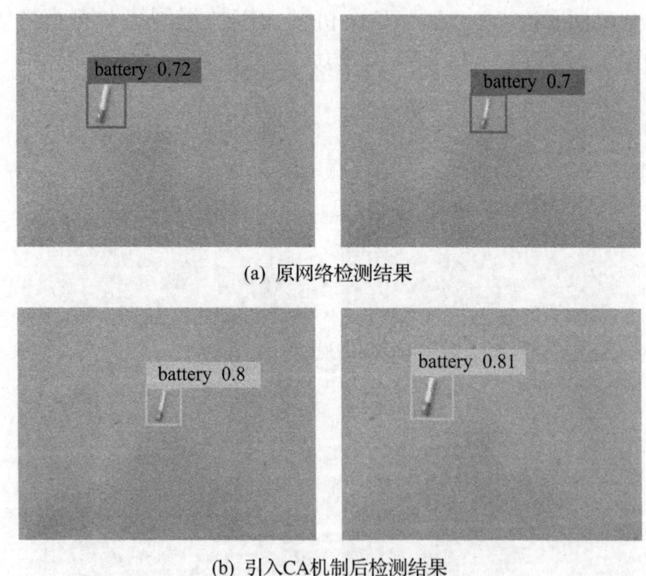


(a) 原网络检测结果

(b) 引入CA机制后检测结果

图 7.16　检测效果对比图

## 7.4 本章小结

针对分布式视觉感知问题，本章首先介绍了分布式视觉感知的相关主要研究内容，然后从分布式视觉信息表征和分布式视觉跟踪两个方面介绍了分布式视觉感知原理，最后介绍了分布式视觉感知与理解的相关技术与应用案例。

## 参考文献


[1] 陈正. 分布式视觉跟踪系统研究及设计[D]. 武汉: 武汉大学, 2011.

[2] Bhanu B. Distributed Video Sensor Networks[M]. London: Springer, 2011.

[3] Wolf W, Ozer B, Lv T. Smart cameras as embedded systems[J]. Computer, 2002, 35(9): 48-53.

[4] Mallett J, Bove V M, Officer G. The Role of Groups in Smart Camera Networks[M]. Bosbon: Massachusetts Institute of Technology, 2006.

[5] Lowe D G. Object recognition from local scale-invariant features[C]. Proceedings of the 7th IEEE International Conference on Computer Vision, Kerkyra, 2002: 1150-1157.

[6] Thomas A, Ferrar V, Leibe B, et al. Towards multi-view object class detection[C]. IEEE Computer Society Conference on Computer Vision and Pattern Recognition, New York, 2006: 1589-1596.

[7] Yeo C, Ahammad P, Ramchandran K. Rate-efficient visual correspondences using random projections[C]. The 15th IEEE International Conference on Image Processing, San Diego, 2008: 217-220.

[8] He W, Yamashita T, Lu H, et al. SURF tracking[C]. The 12th International Conference on Computer Vision, Kyoto, 2009: 1586-1592.

[9] Noh H, Araujo A, Sim J, et al. Large-scale image retrieval with attentive deep local features[C]. IEEE International Conference on Computer Vision, Venice, 2017: 3476-3485.

[10] Mondal A. Supervised machine learning approaches for moving object tracking: A survey[J]. SN Computer Science, 2022, 3(2): 1-21.

[11] Walia G S, Kapoor R. Recent advances on multicue object tracking: A survey[J]. Artificial Intelligence Review, 2016, 46(1): 1-39.

[12] 刘伟春. 复杂背景下运动目标的视觉跟踪方法研究[D]. 长沙: 国防科技大学, 2020.

[13] 李玺, 查宇飞, 张天柱, 等. 深度学习的目标跟踪算法综述[J]. 中国图象图形学报, 2019, 24(12): 2057-2080.

[14] Grabner H, Leistner C, Bischof H. Semi-supervised On-line Boosting for Robust Tracking[M]// Lecture Notes in Computer Science. Berlin: Springer, 2008: 234-247.

[15] Girshick R. Fast R-CNN[C]. IEEE International Conference on Computer Vision, Santiago, 2016: 1440-1448.

[16] He K M, Zhang X Y, Ren S Q, et al. Spatial pyramid pooling in deep convolutional networks for visual recognition[J]. IEEE Transactions on Pattern Analysis and Machine Intelligence, 2015, 37(9): 1904-1916.

[17] Dai J, Li Y, He K, et al. R-FCN: Object detection via region-based fully convolutional networks[C]. Proceedings of the 30th International Conference on Neural Information Processing Systems, Barcelona, 2016: 379-387.

# 第 8 章　分布式协同搜索

对特定区域的协同搜索重要的是在搜索探测传感器可达范围内实现区域覆盖，区域覆盖是机器人领域经常碰到的研究课题，过去几十年研究人员对单机器人覆盖问题进行了广泛的研究。随着移动机器人、无人机等集群及相关感知与通信技术的发展，人们逐渐将注意力集中在多机器人的分布式协同覆盖方面，这也是多机器人覆盖问题的一种新形式，是实现对目标监控区域可探测性的重要方式，其目标是确保感兴趣的实体(如点、目标、区域等)被完全覆盖[1]，同时还要满足完成任务时间短、未覆盖区域小、重复路径少等合理成本和资源限制的约束条件。该问题适用于不同领域的多种应用，从工业领域的真空吸尘到军事领域的扫雷以及人道主义领域的搜索和救援行动等方面均有较大应用前景[2]。

## 8.1　分布式协同搜索概述

对于多机器人，要完成协同搜索任务主要涉及协同路径规划与协同任务分配问题[3]，与传统的点对点路径规划不同，协同路径规划用于确定机器人通过其自由空间中所有点的路径，有离线和在线两种形式。离线形式是假设机器人配备工作区域地图，而在线形式不假设机器人可以获得任何关于环境的先验信息，与之相对应的覆盖方法可以分为确定性方法和非确定性方法，确定性方法保证了环境的全覆盖，而非确定性方法往往不能保证环境的全覆盖。多机器人协同搜索的任务分配过程，需要经过任务分解(task decomposition)、任务指派(task assignment)、任务调度(task scheduling)等若干阶段。任务分解阶段主要是将整个行动分解成具体的单个任务或者将整个行动空间分解为特定区域(region)，任务指派阶段是将每个任务指派给特定的机器人，任务调度阶段则是规划每台机器人的任务执行顺序以避免路径冲突(如冲撞等)，下面将分别进行介绍。

### 8.1.1　协同路径规划

多机器人的分布式协同搜索中覆盖路径规划的基本思想是利用各机器人分别规划路径并通过协作的方式提供更高鲁棒性的区域目标覆盖，并降低完成任务所需的时间。主要涉及以下几个问题：生成能够完全或尽量覆盖环境路径的能力、完成覆盖操作所需的时间、环境先验信息的可用性，以及障碍的问题。

覆盖路径规划大致可分为以下三类覆盖问题：①地毯覆盖(blanket coverage，也称为区域覆盖)，其目标是使区域内的每个点与至少一个传感器保持检测距离(静态传感器、静态目标)，机器人区域覆盖问题是通过确定机器人所搜索的路径以完全或尽量覆盖环境的问题，目前已经研究了包括从环境的网格分解到启发式的开发等多种方法[4]；②扫描覆盖(sweep coverage，也称为巡航覆盖)，其目标是移动传感器数量使其搜索超过给定区域，以最大化搜索到目标(移动传感器、静态目标)的概率；③栅栏覆盖(barrier coverage，也称为屏障覆盖)，其目标是最佳地保护某区域免受未检测到的渗透(静态传感器、移动目标)。继续延伸可以提出第四种覆盖问题，即移动传感器、移动目标的情况，此类问题不仅在实践中非常重要，而且在理论和技术上也非常具有挑战性。

全覆盖路径规划(complete coverage path planning, CCPP)(图 8.1)算法目前应用较多，主要用于机器人自动作业场景，如全自动扫地机器人、洗地机等[5]。该算法解决的关键问题主要是遍历目标区域内除障碍物以外的全部区域，同时要求在遍历过程中有效避开所有障碍物，并且尽量避免路径重复，提高效率。CCPP问题的本质是在栅格地图中准确地寻找机器人的下一个移动位置，只有如此才能使机器人自主规划出一条切实可行且重复率低的移动路径。当问题求解规模过大时，CCPP 算法属于 NP 难问题，难以直接求得最佳路径，大多数情况下是规划出相对较优的路径，通常采用搜索算法、启发式算法、神经网络算法等，同时需要

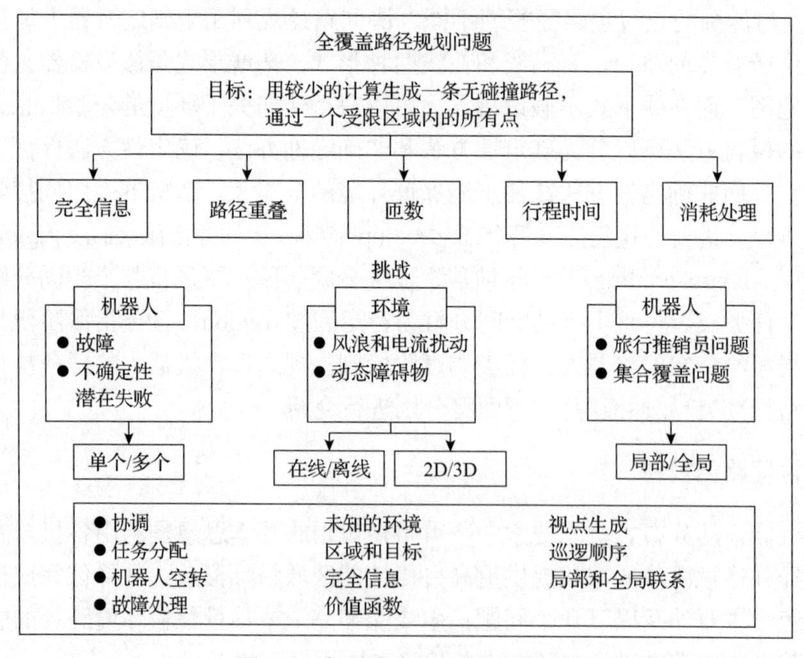


图 8.1　全覆盖路径规划问题框图

衡量算法性能的指标，如区域覆盖率、路径重复率、拐角数量、路径总长度等。根据实现方法分为经典方法和智能方法，经典方法主要包括平行轨迹法、人工势场法、基于栅格地图的方法等，智能方法主要包括模糊逻辑法、神经网络法、遗传算法等。

1. 平行轨迹法

平行轨迹法是常见的规则搜索策略，使用此类方法搜索完整个区域后，区域中的每一点至多有一次(不重复)落入观察区域，如图 8.2 所示。对单个机器人而言是从目标区域的起点出发，以“Z”字形或“回”字形轨迹搜索整个目标区域；对多机器人而言，需要考虑根据机器人数量以划分目标区域，并为机器人分配对应的搜索区域，在各自分配的子目标区域，以“Z”字形或“回”字形轨迹搜索。当机器人遇到障碍物或区域边界时垂直于当前轨迹转向，最后需检测子区域邻接路径是否已完全覆盖用以判断结束任务或继续搜索。

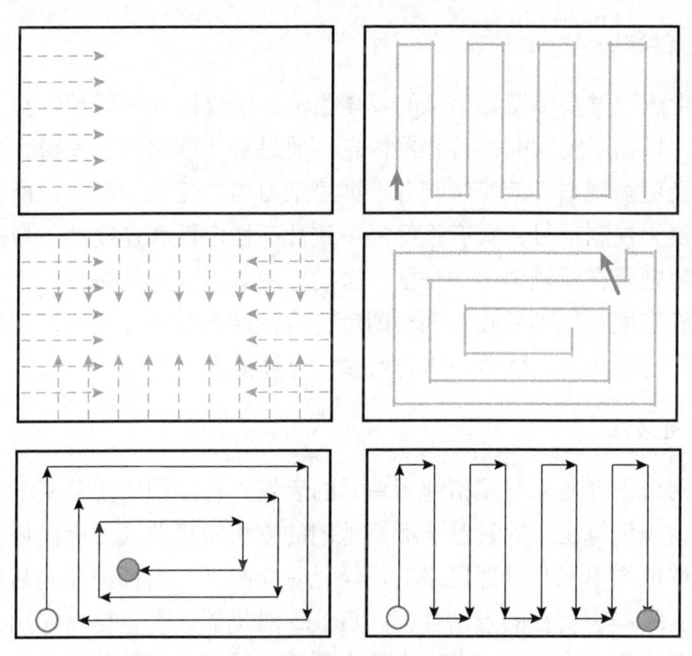

图 8.2　平行轨迹法示意图

2. 人工势场法

该方法是一种虚拟力法，将机器人置身于目标区域内事先设定的人工引力场中运动，在障碍物周围构建障碍物斥力势场，在目标点周围构建引力势场，机器人在这两种势场组成的复合场中受到斥力作用和引力作用，斥力和引力的合力指引着被控对象的运动，搜索无碰的规划路径。人工势场法规划出来的路径一般比较平滑并且安全，但该方法容易陷入局部最优[6]。

3. 基于栅格地图的方法

栅格地图是以机器人为中心，$X$轴和$Y$轴的分辨率为单个格子大小，当$X$轴分辨率等于$Y$轴分辨率时，每个格子为一个正方形，分辨率越小则表示地图精度越高。基于栅格地图的方法是将地图栅格化后，搜索连通栅格以表示路径，并致力于达到路径最短、效率最优等目标。Dijkstra 算法是最经典的图搜索算法之一，属于宽度优先算法，采用枚举遍历的方式，计算起点到终点的所有路径，并选择成本最低、可搜索最短的路径。$A^*$算法是 Dijkstra 算法的一种改进策略，通过设计启发函数评估所有代价以加快搜索速度。基于栅格地图的方法适用于已知起点和终点，求起点到终点的最短距离；对于不知道终点或终点变化的情况，需要寻找最短路径的情况，Dijkstra 算法更具有普适性[7-9]。

4. 模糊逻辑法

模糊逻辑法通过多传感器信息的模糊逻辑，来模拟人的驾驶经验，将感知和行为相结合，根据系统实时的传感器信息，通过查找感知行为库得到规划信息，从而实现路径覆盖规划。该算法符合人类思维习惯，免去了数学建模，也便于将专家知识转换为控制信号，具有很好的一致性、稳定性和连续性。最优的隶属度函数、控制规则及在线调整方法是该方法的应用难点，尤其是总结模糊规则比较困难，一旦确定模糊规则后在线调整困难，应变性差。该方法鲁棒性较好，适合未知、动态环境的场景，随着障碍物增多，计算量增大[10]。

5. 神经网络法

受神经网络中神经元与栅格地图单元的启发，神经网络法是基于生物启发的机器人全覆盖规划算法。通过基于栅格地图的方法对机器人目标区域进行网格划分，划分后的地图单元与神经网络的神经元对应起来，由神经元的活性值决定路径规划依据，障碍物所在的点活性值为负值，对机器人产生排斥作用，负神经元活性值仅在其附近产生影响；目标点或未覆盖区域点的活性值最高，对机器人有吸引作用，其余节点受周围网格点活性值影响，影响逐层递减，正神经元活性值则以慢慢衰减的程度对整个目标区域产生作用，机器人向活性值高的点移动。该算法根据栅格地图单元的性质(未搜索单元、已搜索单元或障碍物等)，决定神经元的输入，进而计算神经元的活性值，提高覆盖效率。该算法实时性好，可以自动避障与逃离死区，当栅格单元数量较大时计算量大，同时神经网络模型的衰减率等参数需要通过反复实验调优，存在人为因素影响。

6. 遗传算法

遗传算法是一类借鉴生物界的进化规律(适者生存、优胜劣汰遗传机制)演化而来的基于种群的随机化搜索方法。遗传算法是计算数学中用于解决最优化的搜索算法，属于一种进化算法，它将问题的解通过一定的方法，编码到染色体中，通过适应度函数得到每个个体的适应度，通过选择将适应度高的个体保留到下一代中，不断迭代，可获得满意解[11]。

### 8.1.2　协同任务分配

对于任务区域覆盖，多机器人的任务分配是主要问题之一，包含任务分解、任务指派以及任务调度等方面内容。根据多机器人系统的能力特点、任务及其环境的要求，多机器人任务分配(multi-robot task allocation，MRTA)的方法也不是唯一的，科学合理的任务分配是多机器人协同搜索性能的保证[12]。对 MRTA 的研究可以简化为多个同构机器人，每个机器人一次最多只能执行一项任务，即单任务机器人；每个任务只需要一个机器人来实现，即单机器人任务，并且任务分配是即时分配，而非时间延长分配。同构多机器人系统的任务分配，每个机器人不需要事先设定相同的角色，只需要运行时动态地去分配不同的角色；对于更为复杂的异构多机器人的任务分配，需要根据每个机器人的能力来定。现在大多数的研究是基于分布式任务分配开展的，该类方法中单个机器人分配自己的任务，不需要全局连接的网络，也不需要中央服务器，每个机器人通过观察其视野内相邻机器人的状态，将自己的任务执行能力与其相邻机器人的能力进行比较，并自行分配满足期望的任务。分布式任务分配更加适用于弱通信环境，以其突出的鲁棒性、柔性、可扩展性、高效性以及对未知和动态环境的适应性受到了广泛研究，但也存在任务分配一致性较难实现的问题[13-16]。

机器人的任务分配是一个最优决策问题，它受到一些基本的限制，包含环境限制、机器人限制以及任务限制。环境限制包含移动障碍物、未知环境、杂乱环境等；机器人限制包含传感器故障、通信丢失、机器人行进距离的不确定性、电池容量的异质性消耗、计算容量、资源约束等；任务限制包含有时间限制的任务、多代理任务、分层任务等。异构和同构多机器人系统的任务分配方式存在差异，在异构系统中任务分配可以根据各个机器人的能力特点决定；在同构系统中所有机器人平等对待，但它们可能需要在设计时或在运行时动态地区分为不同的角色，主要方法有如下几种。

1. 基于行为的任务分配

任务分配是任务与执行者之间的结合，好的分配是将任务分配给最适合的执行者，从而保质保量地完成任务。该方法通过寻找具有最大效用的机器人-任务对，并将任务分配给对应机器人，基于行为的动态任务分配对多机器人探索问题由两层基于行为的控制结构组成，任务识别和机器人之间的通信被归类为高级行为，而避障、导航和任务切换被归类为低级行为。机器人的分布式协调需要机器人之间的本地通信，而不是全局通信来分配任务，任务切换或交换行为与任务分配模型相结合，该方法可以处理任务执行阶段发生的机器人故障。基于行为的任务分配大多用于弱通信、不确定和动态的现实环境多移动机器人应用中的任务分配。

2. 基于市场的任务分配

基于市场的任务分配模仿市场交易概念，通过拍卖机制将任务分配给具体的机器人，在集中式和分布式机器人协同搜索网络中均可实现。首先拍卖机器人向团队中的其他机器人发布任务信息，并请求投标；然后团队中的每个机器人都根据自己的执行能力准备投标任务，接着将出价转发给拍卖机器人；最后拍卖机器人将任务分配给报价最低的机器人。基于市场的任务分配分为单项拍卖与组合拍卖，单项拍卖方法进行任务式拍卖，组合拍卖为一组任务进行拍卖。在搜索和救援任务中包含如受害者的风险水平、杂乱的路径和机器人的能力水平等的不确定性，为了处理不确定性，任务分配列表和成本估算会定期更新，区间不确定性理论可用于处理这些不确定性，定期间隔内更新投标估算并重新分配任务。这种方法提高了任务完成率，并在搜索和救援应用中增加了拯救生命的数量，而任务重新分配处理间接增加了机器人的能量消耗。基于市场的方法主要分为基于拍卖(auction-based)的方法、基于市场(market-based)的方法、基于交易(trade-based)的方法三种[17]，区别三者的特征主要有：①基于拍卖的方法使用基于估计成本的出价，但基于市场的方法考虑成本和收益；②基于拍卖的方法不允许任务重新分配，但基于市场的方法和基于交易的方法允许以后的重新分配。需要说明的是，基于市场的方法可以实现单个机器人的高效率，但是难以实现多机器人系统的整体最优化，基于市场的任务分配策略依赖于强连接的机器人网络，在沟通缺失或沟通环境薄弱时的任务完成率较低。

3. 基于群体智能的任务分配

基于群体智能的任务分配方法是在自然界群居性生物协作行为的启发下，研究复杂问题分布式求解的理论与方法，该类方法在没有集中控制器，并且在不提供全局模型的条件下能够寻找到问题的解决方案，即利用群体中个体之间的信息共享与相互协作来解决任务分配的优化问题，尤其适应于在动态环境下进行任务分配的情况，为多机器人任务分配提供了重要思路。在动态任务分配中常以任务完成时间、机器人移动距离、电池资源利用率的最小化、任务分配率和任务完成率的最大化为目标，常用的方法有遗传算法、粒子群优化算法、蚁群优化算法，以及粒子群优化算法及蚁群优化算法的变种等方法。

尽管协同覆盖搜索的研究很多，但也存在一些挑战：①算法方面，很多覆盖问题往往是内在多维的，如多维空间、通信、资源、时间维度等，有的覆盖问题可以自然地映射为图表达的等价组合，这些是在算法设计时都需要考虑的方面。②建模方面，首先是传感器灵敏度建模，对于不同类型的传感器选择不同类型的模型更加合适。最初许多任务都是在假设检测是二进制的情况下处理的，如观察到或没有观察到感兴趣的对象等。因此，需要引入更多更全面的感知模型，可以甚至应该处理越来越复杂的模型。同时也应注意到更复杂的传感模型有时候也并不能更真实地描述问题，并且可能会显著减少(或增加)应用领域。③系统方面，关于协同覆盖搜索的研究分为理论研究和系统研究两方面，理论研究的数学基础很好但实际相关性很低的情况并不罕见，而系统研究主要是在高度抽象和简化后基于完整的、经过验证的实现，将两个方面相结合去解决问题仍然面临不小的挑战。另外在低成本实现和能效上，特别是在自我可持续覆盖系统中的低功率要求。④安全方面，目前安全已经涵盖了从隐私和信任到抵御硬件、软件和物理攻击等方面，如确保覆盖范围的机器人网络无人值守，甚至可能部署在敌对环境中，确保高覆盖率的同时保护行动隐私等方面。

## 8.2　基于蚁群优化算法的多机器人协同搜索

多机器人协同搜索很重要的方面是多机器人协同路径规划，就是在一定区域内，按照一定的评价标准，满足特定的约束条件，从起点到终点为每个机器人规划出一条最优的安全路径，该方法在军事和民用领域都有广泛的应用，且越来越多地应用于各类复杂的任务环境，如灾后救援、侦察打击等。

国内外多机器人路径规划研究方法大致分为传统方法、智能优化方法和其他方法三大类。其中传统方法主要有基于图论的方法(如可视图法、自由空间法、栅格法、Voronoi 图法以及人工势场法等)；智能优化方法主要有遗传算法、蚁群优化算法、免疫算法、神经网络、强化学习等；其他方法主要有动态规划、最优控制、模糊控制等，它们中的大部分都是从单个机器人路径规划方法扩展而来的。蚁群优化算法是一种模拟自然界中蚂蚁觅食行为的仿生学优化算法，这种算法具有正反馈、分布式计算、启发式等特点。

### 8.2.1　问题建模

假定搜索区域大小为 50km×50km，包含 100 到 400 个不等的随机障碍物区域，路径规划对象为 10 个同构机器人，它们需要从地图的不同起始点协同搜索某目标位置，规划的路径需要尽可能短且每个智能体彼此之间的路径差尽可能小。

传统的地图建模方法有栅格法、Voronoi 图法等，栅格法的基本原理就是把规划空间均匀地分成二维栅格或者三维栅格，然后为每个栅格权值来存储信息从而区分威胁栅格和有效栅格，一般情况下会将栅格作为路径规划中的基本单元，如图 8.3 所示。

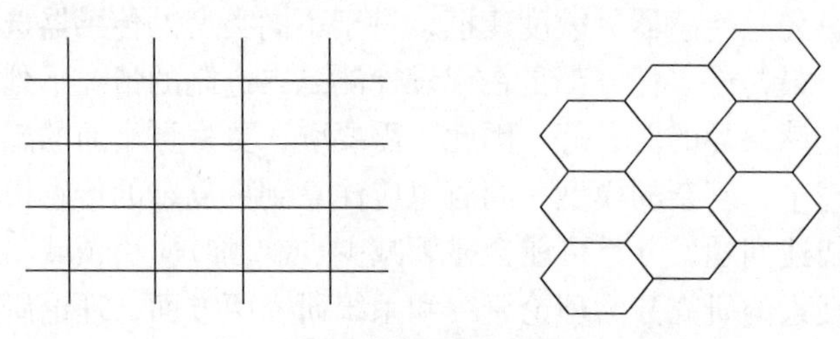

图 8.3　栅格法建模

而 Voronoi 图法建模属于几何建模方法，Voronoi 图由数个相同且连续多边形组成，多边形的边是连续相邻点的垂直平分线，如图 8.4 所示。由于根据点集划分的区域到点的距离最近的特点，可以有效求解区域划分问题，Voronoi 图法相对简单，且构造速度快，很多学者将 Voronoi 图法应用于机器人的二维路径规划中。

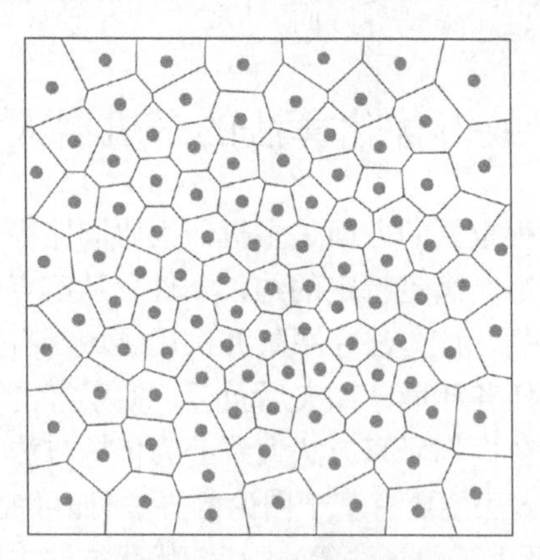

图 8.4　Voronoi 图法建模

上述两种地图建模方法针对多机器人复杂环境的路径寻优的需求均有不足之处，如使用栅格法对实际障碍物进行刻画时往往存在分辨率不足的问题，如果要提高分辨率就不得不扩大地图规模，同时也会增大搜索空间；Voronoi 图法能够保证路径的安全性且搜索空间较小，但不适宜于寻找理论上的最优路径，路径点的选择过于保守。为将路径规划算法应用于障碍物密集的复杂环境中，使用离散点坐标作为规划航路的路径点，且每次路径更新时的步长可以调整，因此规划出的线路相比于栅格法和 Voronoi 图法会更加精细，障碍物区域是以威胁源为中心，以最大威胁距离为半径的一个圆，当路径点在威胁范围内时认为是不安全的。对于 100 到 400 个不等的随机障碍物区域，根据每个离散的坐标点到障碍物圆心的距离生成距离矩阵(每一个元素代表一个离散点到障碍物圆心的距离)，建立确定安全距离和障碍物区域，对于密集型的障碍物环境，还需记录离每个坐标点最近的 20 个障碍物的坐标编号。

### 8.2.2　路径寻优

1. 可行路径生成

在选定起点后，根据该路径点需要选择下一步行进的方向和行进的步长，行进的方向包括上、下、左、右、左上、右上、左下、右下共八个方向。选择好路径的方向后，需要选择相应的步长，每次行进的最大步长可根据任务的需求和地图的规模灵活调整。

接下来是邻域移动的过程，需要考虑邻域路径点集合的选取并筛选其中的路径点，保证生成的路径不经过障碍物区域。首先需要建立本次寻找可行路径的路径点集合 $\{P_{\text{set}} | P_{\text{set}}=(P_1, P_2, \cdots, P_n)\}$，$n$ 为路径点总个数，初始化设为空集。根据邻域移动的规则确定邻域路径点 $P_i$ ($i$ 为索引号)，对每个邻域路径点重复以下操作：①判断该路径点 $P_i$ 是否在禁忌表中，即该路径点是否存在于当前的路径点集合 $\{P_{\text{set}}\}$ 中。②判断路径点 $P_i$ 是否是非法的边界点或者正处于禁飞区列表之中，若满足上述两个条件之一，则需跳过后续的判断，直接转入对下一个邻域路径点的判断。③假设上一次循环中加入 $\{P_{\text{set}}\}$ 的路径点为 $P_k$，判断 $P_i$ 和 $P_k$ 之间路径的连线是否与障碍物区域相交，即判断 $\overrightarrow{P_iP_k}$ 到邻近威胁源的距离是否小于安全半径。若小于安全半径还需根据夹角条件做最终的裁决，若 $\overrightarrow{OP_i}$ 和 $\overrightarrow{OP_k}$ 与 $\overrightarrow{P_iP_k}$ 的夹角 $\theta$ 和 $\varphi$ 均为锐角，则说明路径与障碍区域相交(否则可能还未到或者已经过了障碍物)，需跳过后续的判断，直接转入对下一个邻域路径点的判断。④判断邻域点是否为终点，若为终点，则需要通过③中是否经过障碍区域的判断，才能将终点直接加入路径点集合 $\{P_{\text{set}}\}$ 中。

设经过上述筛选的邻域点的集合为 $\{P_{\text{Near}} | P_1, P_2, \cdots, P_i, \cdots, P_s \in P_{\text{Near}}\}$，需要通过引导因子 $\eta_i$、信息素计算其转移概率值 $P(i)$，并结合轮盘赌规则从集合 $\{P_{\text{Near}}\}$ 中选取一个邻域点作为新的路径点 $P_{k+1}$。

$$\eta_i = \frac{1}{\|P_i - P_{\text{end}}\|^2} \tag{8.1}$$

$$P(i) = \frac{\left[\tau_i(t)\right]^{\alpha}\left[\eta_i(t)\right]^{\beta}}{\sum\limits_{S_i \in \{P_{\text{Near}}\}}\left[\tau_i(t)\right]^{\alpha}\left[\eta_i(t)\right]^{\beta}} \tag{8.2}$$

轮盘赌的具体规则为：首先顺序累加集合$\{P_{\text{Near}}\}$中的元素得到$S_i$，其中最后一个累加值为$S_n$，同样使用 rand 函数产生一个随机值$r$，当$r$为 0 时，重新计算随机值。当$i$值随迭代次数递增时，依次使用$S_i/S_n$和$r$进行比较，当出现$S_i/S_n$大于或等于$r$的对象时，立即选择该路径点并加入当前路径点集合作为新的路径点$P_{k+1}$。

2. 路径迭代寻优

在寻找到一条完整的路径或者一条路径中的路径点个数已达到最大设定值后，会返回关于该路径的三种信息，即路径点的集合$\{P_{\text{set}}\}$、路径的总长度$P_{\text{Length}}$和是否找到了一条完整路线的标志信息“Found”。上述信息在程序中被存储在结构体“Ant”中。若路径的标志信息“Found”为 1，则可将路径信息的结构体加入新的集合$\{\text{PATH}_{\text{Found}}\}$中。一般的蚁群优化算法会考虑使用式(8.3)对信息素进行更新，即

$$\begin{cases} \tau_{ij}(t+1) = (1-\rho)\tau_{ij}(t) + \rho\Delta\tau_{ij} \\ \Delta\tau_{ij} = \sum\limits_{k=1}^{n}\Delta\tau_{ij}^{k} \end{cases} \tag{8.3}$$

其中，$\rho$为信息素挥发因子，$1-\rho$为信息素残留因子，$\rho$的取值通常为[0, 1]；$\Delta\tau_{ij}^{k}$为当第$k$条路径中经过路径点$i$与路径点$j$之间的路径时所释放的信息素浓度；$\Delta\tau_{ij}$为本次迭代中所有路径在路径点$i$与路径点$j$之间释放的信息素浓度的总和。

但在前期搜索阶段中还存在许多未到达终点的路径，若也对这些路径采用相同的信息素更新规则，势必会加入过多的干扰因素，影响对最优路径的选择，更易陷入局部最优的解。因此，在本实验中只考虑对找到包含终点的路径采用式(8.3)的信息素的更新方式。

前期的信息素积累的过程缓慢，还需进一步从筛除劣解和平衡启发因子、信息素的量级这两个角度加速收敛过程。

(1)引入排名赛机制，筛除路径长度排名靠后的“Ant”，使信息素积累朝着寻找适应度更高的解的方向进行，具体如下：

当迭代次数小于总迭代次数的 30%时，仍按照传统蚁群优化算法中的信息素更新方式计算，从而能够保证解的探索广度；

当迭代次数处于总迭代次数的 30%～60%时，按照路径长度从短到长排序，只对所有“Ant”中排名前 20%的路径按照式(8.3)中的方式进行信息素的更新，从而加快了算法的速度，避免在不必要的地方留下过多的信息素；

当迭代次数已超过总迭代次数的 60%时，只对路径长度位于前 5%的“Ant”更新信息素。

(2)经过实验过程的具体调试和观察后，为平衡启发因子、信息素的量级对式(8.3)中的第一个式子做如下调整，即

$$\tau_{ij}(t+1)=(1-\rho)\tau_{ij}(t)+C\rho\Delta\tau_{ij} \tag{8.4}$$

其中，$C$ 为常数，本实验中取为 100。

当每次迭代搜索完成后，筛选出“Ant”中的最短路径，并与当前的最优路径比较，若小于当前最优路径的长度，则将该路径设为当前的最优路径。

在多机器人协同路径规划方面，需要考虑彼此之间的路径差尽可能地小，以满足聚集任务的要求。经过路径迭代寻优过程后，当满足最大迭代次数后会自动退出搜索过程，并返回最优路径，对起点和终点进行更新后，开始重复上述过程对下一条路径进行迭代寻优，此时寻优过程与前面路径基本相同，但需要额外保存 9 条相对最优路径，并将新得到的 10 条路径的长度与第一条路径的长度比较作差，选取绝对值最小对应的路径作为第二条最优路径。后续的最优路径的确定均基于上述选择规则，直到所有的起点和终点都被遍历，并得到各自的最优路径。

### 8.2.3　实验与分析

算法关键参数选取如表 8.1 所示。

**表 8.1　算法关键参数选取**

| 参数 | 种群内个体数量最大值 | 最大迭代次数 | 信息素重要程度 $\beta$ | 启发函数重要程度 $\alpha$ | 信息素挥发程度 | 个体视距(单步步长) |
|---|---|---|---|---|---|---|
| 取值 | 50 | 50 | 1～3 | 1～3 | 0.1 | 2～6 |

| 参数 | 障碍物数量 | 路径集合所容许的最大路径点数目 | 考虑邻近的障碍物数量 |
|---|---|---|---|
| 取值 | 120 | 80 | 20 |

不同的邻域搜索步长(视距)对路径解结果的影响如图 8.5 所示。

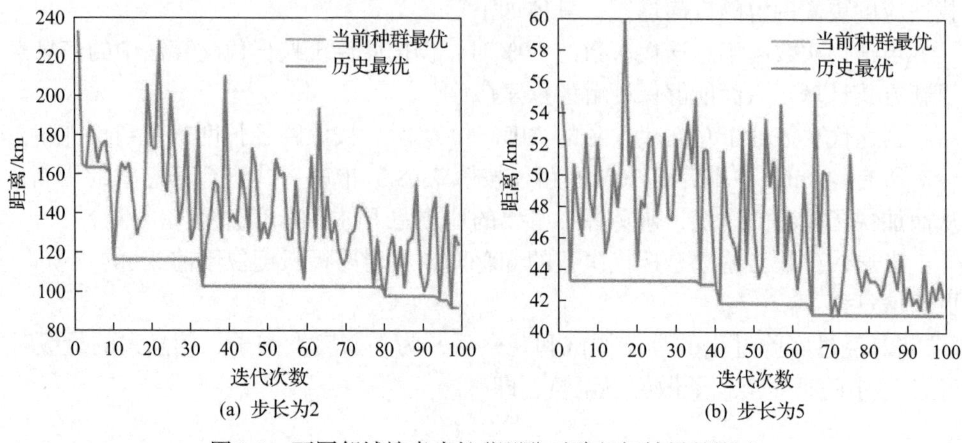


图 8.5　不同邻域搜索步长(视距)对路径解结果的影响

不同邻域搜索步长(视距)最终的寻路结果如图 8.6 所示，步长较大相比步长缩小，在迭代次数相同的情况下，能找到更优的路径，且在起始阶段搜索到的解质量较高，但两种结果均显示出蚁群优化算法不能使路径解始终朝着最优的方向收敛的缺点，迭代过程中经历的平台期较长，后期改进的程度有限。

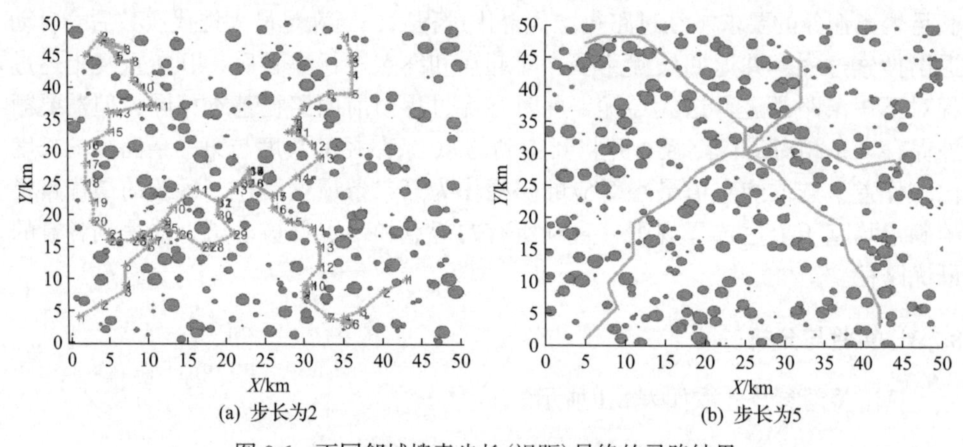


图 8.6　不同邻域搜索步长(视距)最终的寻路结果

由图 8.6 也可直观地看出，步长较小时规划出的路径在一定迭代次数内无法收敛到最优，同时还会存在路径打结的情况。而步长较大时，规划出的路径更佳。

不同步长、不同权值系数下不同的寻优结果如图 8.7 所示，可以看出在步长相同的情况下，启发式权值较大时，寻优结果更好一些；在权值系数相同的情况下，步长较长的寻优结果更好一些。

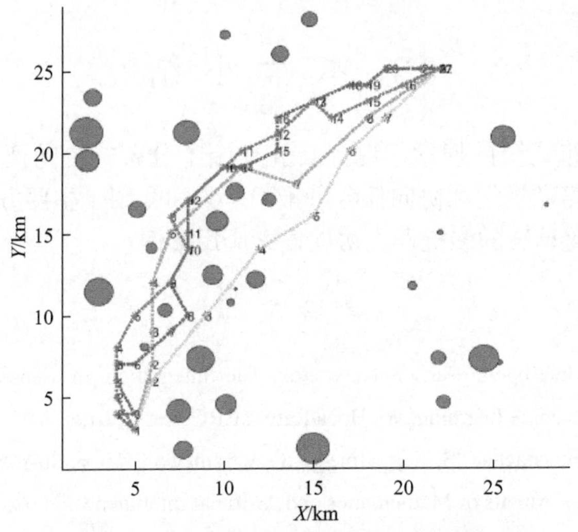


图 8.7　步长和权值系数对寻优结果的影响

黄色：$\beta=1, \alpha=3, l=4$；绿色：$\beta=3, \alpha=1, l=4$；

蓝色：$\beta=1, \alpha=3, l=2$；粉色：$\beta=3, \alpha=1, l=2$

最终实验结果如图 8.8 所示，可见十架无人机从不同方向汇聚到了目标点。通过对以上实验过程的描述以及实验结果的分析，可归纳出本实验还存在的问题：①单纯使用蚁群优化算法初始搜索时极具盲目性；②启发因子引导只考虑了到目标点的距离，还未加入其他启发信息；③当地图的规模增大时，计算速度会很慢；④路径规划的协同机制不够完善。

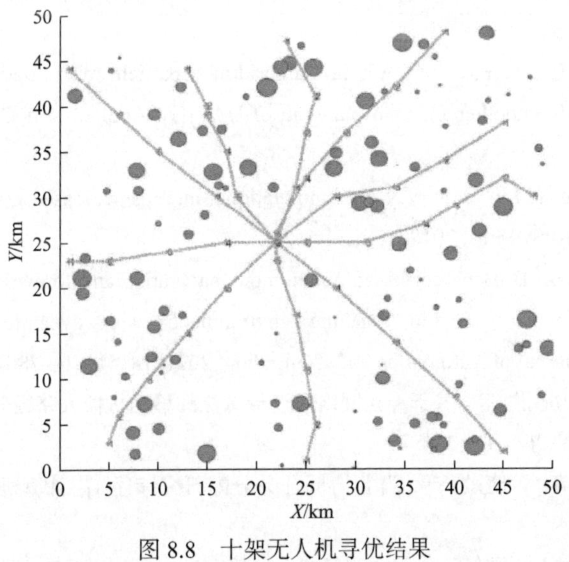


图 8.8　十架无人机寻优结果

$\beta=1, \alpha=3, l=6$

## 8.3 本章小结

本章针对分布式协同搜索问题，首先介绍了分布式协同搜索的主要研究内容，然后从协同路径规划和协同任务分配两个方面介绍了主要方法内涵，最后介绍了基于蚁群优化算法的多机器人协同搜索应用案例。

### 参考文献

[1] Hu F, Hao Q. Intelligent Sensor Networks: The Integration of Sensor Networks, Signal Processing and Machine Learning[M]. Boca Raton: CRC Press, 2012.

[2] Gasparri A, Krishnamachari B, Sukhatme G S. A framework for multi-robot node coverage in sensor networks[J]. Annals of Mathematics and Artificial Intelligence, 2008, 52(2-4): 281-305.

[3] 周星. 多机器人全覆盖问题的任务分配算法研究[D]. 长沙: 国防科技大学, 2019.

[4] Choset H. Coverage for robotics—A survey of recent results[J]. Annals of Mathematics and Artificial Intelligence, 2001, 31(1-4): 113-126.

[5] Sampedro C, Rodriguez-Ramos A, Bavle H, et al. A fully-autonomous aerial robot for search and rescue applications in indoor environments using learning-based techniques[J]. Journal of Intelligent & Robotic Systems, 2019, 95(2): 601-627.

[6] 李钧泽, 孙咏, 焦艳菲, 等. 基于改进人工势场的 AGV 路径规划算法[J]. 计算机系统应用, 2022, 31(3): 269-274.

[7] 巩慧, 倪翠, 王朋, 等. 基于 Dijkstra 算法的平滑路径规划方法[J]. 北京航空航天大学学报, 2022, 6(10): 48-55.

[8] Wu X D, Bai W B, Xie Y E, et al. A hybrid algorithm of particle swarm optimization, metropolis criterion and RTS smoother for path planning of UAVs[J]. Applied Soft Computing, 2018, 73: 735-747.

[9] Zhao Y J, Zheng Z, Liu Y. Survey on computational-intelligence-based UAV path planning[J]. Knowledge-Based Systems, 2018, 158: 54-64.

[10] Hacene N, Mendil B. Behavior-based autonomous navigation and formation control of mobile robots in unknown cluttered dynamic environments with dynamic target tracking[J]. International Journal of Automation and Computing, 2021, 18(5): 766-786.

[11] 刘玲, 王耀南, 况菲, 等. 基于神经网络和遗传算法的移动机器人路径规划[J]. 计算机应用研究, 2007, (2): 264-265, 268.

[12] 陈宝童, 王丽清, 蒋晓敏, 等. 群智协同任务分配研究综述[J]. 计算机工程与应用, 2021, 57(20): 1-12.

[13] 秦新立. 多机器人协同任务分配与路径规划的研究[D]. 天津: 天津大学, 2018.

[14] Lee W, Kim D. Adaptive approach to regulate task distribution in swarm robotic systems[J]. Swarm and Evolutionary Computation, 2019, 44: 1108-1118.

[15] Mayya S, Wilson S, Egerstedt M. Closed-loop task allocation in robot swarms using inter-robot encounters[J]. Swarm Intelligence, 2019, 13(2): 115-143.

[16] Pang B, Song Y, Zhang C J, et al. Autonomous task allocation in a swarm of foraging robots: An approach based on response threshold sigmoid model[J]. International Journal of Control, Automation and Systems, 2019, 17(4): 1031-1040.

[17] 齐心跃, 田彦涛, 杨茂, 等. 基于市场机制的多机器人救火任务分配策略[J]. 吉林大学学报(信息科学版), 2009, 27(5): 506-513.

# 第 9 章　分布式对抗博弈决策

分布式对抗是一种广泛存在于自然社会中的多方竞争形态。博弈决策是一类利用博弈论思维将对手纳入认知推理循环中来优化方案的决策范式。分布式对抗博弈决策通常可以拆分成两个子问题，即资源分配(排兵布阵)与异步协同(兵力协同)。

## 9.1　分布式对抗博弈决策概述

### 9.1.1　博弈决策

博弈决策由决策和博弈两个概念组成，两者既相互联系又有一定区别，其可以简单地理解为由决策和博弈两种活动的共性成分组成，博弈活动中的决策，或决策活动中的博弈。区别于决策博弈(decision-making gaming)[1]主要是指对抗多方制定和选择未来行动方案的过程，博弈决策(game theoretical decision-making)主要是指依托博弈交互理论来分析对抗多方可能行动及己方反制(应对)策略、考虑对手情况下的己方优先配置策略等活动。

### 9.1.2　分布式对抗

分布式战争是未来强敌进攻的主要战争形式，面对强敌分布式作战需要分布式对抗，智能博弈决策为分布式对抗提供了可行路径。分布式作战体系从结构上有异构、跨域、弹性等特点，从对抗上有高动态、强对抗、快演进等特点，为有效应对分布式进攻需要分布式的对抗，必须在资源管理与调度、作战力量运用等方面适应分布式特征。

博弈理论和人工智能技术的结合可为分布式对抗决策提供有效可行路径。智能博弈强调采用博弈均衡求解、最优策略搜索、深度强化学习等最新方法和技术，从整体和局部两个角度破解分布式对抗问题，求解分布式对抗场景下的整体资源调度、局部策略搜索问题，以均衡的力量分配、最优的策略选择在不同层面实现分布式对抗，建立起高效弹性资源分配、精准鲁棒的策略生成方法，将智能博弈算法结合机器算力，提升分布式对抗决策的速度和适应性。

# 9.2　分布式对抗博弈决策基本原理

## 9.2.1　智能博弈决策模型

当前围绕智能博弈决策的相关研究从认知的角度可以分成四大类：①基于完全或有限理性考虑的运筹型博弈模型，主要采用基于确定性机理模型的博弈搜索与在线优化方式提供智能；②面向经验匮乏的不确定型博弈模型，主要采用基于海量多源数据的高效学习与未知经验或知识习得；③挑战直觉和灵感的探索型博弈模型，主要采用基于平行数字孪生环境或元宇宙的试错(反馈)及迁移获得智能；④考量种群协同演化的群体交互型博弈模型，主要采用基于开放性群体多样性交互的种群演化。面向智能博弈决策的四类博弈模型如图 9.1 所示。

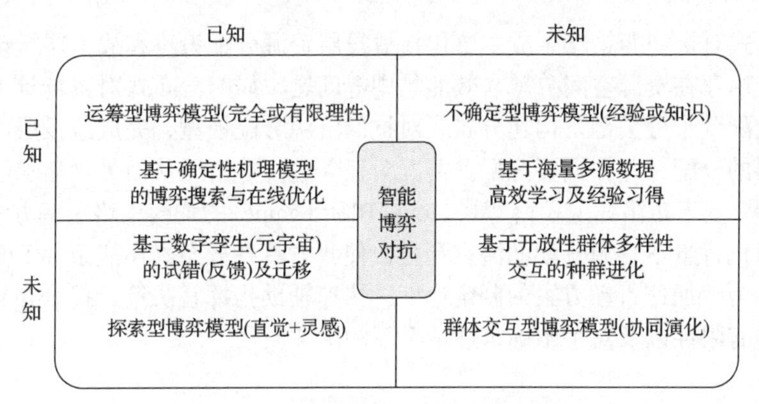


图 9.1　面向智能博弈决策的四类博弈模型

## 9.2.2　智能博弈决策流程

敌我双方博弈对抗过程可以建模成一个多阶段动态博弈，每经过一轮观察-判断-决策-行动(observation-orientation-decision-action，OODA)循环，就即将进入下一阶段的博弈对抗，如图 9.2 所示。复杂动态博弈建模应尽量考虑攻防对抗的诸多特殊性质，如复杂性(环境、敌、我交织)、众多性(多维、多属性、多类别、多样、多变)、动态性(环境、策略、意图、局势动态时变)、非完美信息性(信息欺骗、缺失)、不确定性(环境、武器、人因不确定性)、博弈性(攻防对抗过程中，参与方不仅需要与敌方对抗，考虑团队利益，还需与己方内部成员之间进行交互，考虑个人利益)。

在每一个作战阶段，围绕 OODA 循环，需要完成战前作战筹划(任务使命分析、地理空间分析、兵力对比分析、战斗部署分析)、态势感知与推理(聚类分群融合、作战意图识别、作战威胁评估、过程结果预测）、方案生成与优化（快速模拟推演、行动方案生成、行动方案优化、行动方案推荐）、行动协调和控制（作战计划调度、局部自适应协调、意图事件处理、人在回路干预）。

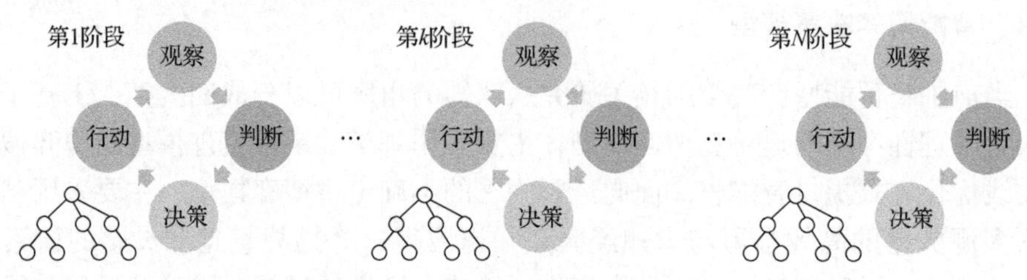


图 9.2　敌我双方博弈对抗过程

### 9.2.3　分布式对抗博弈决策

分布式对抗博弈策略生成主要包括战役层资源分配策略和战术层行动策略。由于战役层存在资源空间分散、效能集中等问题，研究分布式对抗场景下资源要素的有效配置十分关键。构建分布式对抗的资源分配模型，完成战役层面上的兵力、武器的分配，并根据资源配置情况对任务进行分解，从而为策略求解与优化提供引导。基于布洛托上校博弈（Colonel Blotto game）的均衡策略求解方法，探索分布式对抗背景下资源分配的潜在利益，使我方具备分布式作战条件下高效的资源分配能力，加速行动方案的制定速度，快速辅助指挥官决策，提升在高度对抗性、资源有限性以及对手不确定性情况下的决策质量。

## 9.3　分布式对抗博弈决策技术

### 9.3.1　对抗条件下布洛托上校博弈资源分配

资源分配是决策科学领域的核心问题，在资源分配问题中，需要将资源分配给若干个目标（对象），根据待分配资源与目标对象之间的类型和数量，考虑相应的限制条件和待优化目标，构建资源分配模型，得出资源分配方案。运筹学与博弈论作为决策科学的两个分支，为资源分配问题提供了建模工具与求解方法。在电力分配、网络服务分配、安全设备布设、作战兵力布设、军事攻防资源分配、在轨服务资源分配、云计算服务分配、政治选举等领域，很多问题可以建模成资源分配问题。资源分配问题相关研究的很多情境均涉及多个竞争性决策者之间的策略交互，而博弈论特别适合建模决策者之间的交互。近年来，人工智能技术的相关研究从计算智能、感知智能逐步向决策智能聚焦，相关方法正从传统上的以数据拟合为核心求解最优值转向以博弈论为核心求解均衡[2]。

1. 布洛托上校博弈基础

布洛托上校博弈是一类典型的对抗性资源分配博弈，简称布洛托博弈，其概念最早由 Borel 于 1921 年提出[3]。初始版本的布洛托上校博弈相关术语与军事相关，其描述了一个两人博弈对抗场景：博弈双方均有固定的资源预算，双方同时将资源分配到多个战场。当局中人在某个战场上分配的资源比对手多时，就赢得该战场的价值并获得对应的战场价值，而输了的一方获得的战场价值为零，获得较多战场价值的一方即最后的赢家。虽然博弈规则非常简单，但由于策略空间规模大，且问题形式多样，因而布洛托上校博弈求解至今仍未完全解决。布洛托上校博弈与军事资源分配问题密切相关，并且由于其模型简单且具有通用性，在实际中也可以依据事实对该模型进行更改。布洛托上校博弈早期的相关应用主要聚焦在军事和后勤问题上[4]，这类问题的资源对象可以是兵力、武器装备、弹药，研究目标是对抗双方应该如何分配作战资源而获得战斗的胜利。由于其“赢者通吃”的属性，美国等西方国家的政治选举问题也可以建模成布洛托上校博弈问题，候选人如何分配其时间、金钱、人力等资源至各个州，而比其对手获得更多的选票[5]。2021 年，兰德公司围绕“马赛克战”作战概念，发布《布洛托上校博弈对马赛克战的启示》研究报告[6]，借助布洛托上校博弈模型，从作战资源分配能力层面探讨了马赛克战是否比传统集成式作战模式更具优势的问题，分析马赛克战在未来作战模式中作战资源分配方面的优越性与局限性。布洛托上校博弈模型下同构资源和异构资源在多战场上的分配场景如图 9.3 所示，用来检验马赛克战模式下武器资源的分配是否比传统单一集成的作战模式更具优越性。

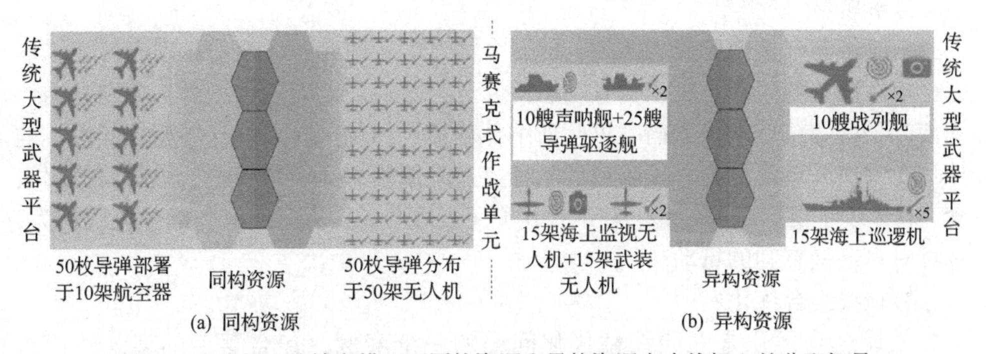


图 9.3　布洛托上校博弈模型下同构资源和异构资源在多战场上的分配场景

近年来，随着人工智能技术的发展，从感知智能、认知智能到决策智能，博弈论为决策问题建模提供了支撑。基于大数据+算力+算法的数据驱动范式，为博弈问题求解提供了通用解决方案。其中，基于学习(深度学习、强化学习)设计的迭代式问题求解方法是离线博弈策略学习的基础范式。然而，在线博弈对抗过程与离线批式(batch)利用模拟多次对抗学习博弈策略不同，博弈各方处于策略解耦合状态，在线博弈对抗策略的求解本质是一个流式(flow)学习过程，需要根据少量此前交互样本来做决策。根据具体对抗场景，当前的相关研究将博弈求解区分为两大类，一类为离线求解，包括围绕博弈均衡查找(finding)、计算(computation)与学习(learning)的方法，如利用与模拟器交互的迭代式学习方法、基于算法博弈论的一阶优化方法、基于环境模型的预训练方法。这些方法的求解对象是离线预训练模型或博弈蓝图策略。另一类为在线求解，包括围绕适应性应对对手的单次博弈策略搜索方法、重复博弈策略无悔学习方法和动态博弈策略优化方法等。这类方法的求解对象是适应性、鲁棒性、安全性等反制策略。

1) 博弈对抗场景

单次完全信息博弈 $G=\left(N,\left(S^j\right)_{j\in N},\left(u^j\right)_{j\in N}\right)$ ($N$ 为局中人集合) 是单次完全信息博弈的条件为：模拟只发生单次事件，每个局中人 $j\in N$ 知道博弈的所有参数和细节，所有局中人同时独立地采取行动。$S^j$ 的每个元素都被称为局中人 $j\in N$ 的纯策略，而集合 $S$ 的每个元素都称为一个策略组合(strategy profile)。

多阶段非完全信息博弈 $G=\left(N,\left(S^j\right)_{j\in N},\left(u^j\right)_{j\in N}\right)$ 是多阶段非完全信息博弈的条件为：模拟发生次数为 $T$ 的多阶段事件，对于其中的每一个阶段 $t$，每个局中人 $j\in N$ 知道博弈的部分参数，即除了博弈的共同参数外，局中人只知道自己的策略空间和收益，而对于其他局中人的策略空间和收益是未知的，所有局中人同时独立地选择他们的行动，按照此规定进行 $T$ 次博弈直到结束。

2) 解概念

一般将非合作博弈分为四类，即完全信息静态博弈、完全信息动态博弈、不完全信息静态博弈、不完全信息动态博弈。与之对应的有四种均衡，分别是纳什均衡、子博弈精炼纳什均衡、贝叶斯纳什均衡、精炼贝叶斯纳什均衡。其中，纳什均衡常被简单地称为均衡，或者均衡点，是策略博弈中最核心、最重要的解概念，它体现了博弈的稳定性。在纳什均衡下，每个局中人针对其他局中人的行为，选择对自己最有利的行动。

3) 在线组合优化

在线组合优化是在线线性优化问题的一个实例，包含著名的多臂赌博机(multi-armed bandit，MAB)[7]问题和在线最短路径(online shortest path，OSP)问题都属于可利用此前交互进行预测进而决策的问题。这类问题假设策略学习器和对手之间进行一系列博弈，不同阶段的博弈之间存在联系，学习器不仅需要关心即时收益，还需要立足长远目标进行动作选择，因为当前的动作可能会影响未来的收益。此外，学习器决策时可能不了解对手的一些信息，也不知道过去行为的收益甚至不知道博弈的一些参数。

在线线性优化问题中，学习器和对手之间进行 $T$ 轮博弈，$S \subset \mathbf{R}^D$ 表示学习器的动作集，$D \in N \backslash \{0\}$，在每一个时间阶段 $t \in [T]$，学习器在不知道对手动作的情况下选择动作向量 $\tilde{p}_t \in S$，产生一个损失向量 $l_t \in [0,1]^D$，即在时间阶段 $t$，学习器选择动作和对手对抗后的损失。该损失对学习器的公开程度决定了学习器能够获取的最大信息反馈量。在线线性优化问题中学习器的信息反馈一般包括以下三种情形：

(1) 完全信息 (full information) 反馈。在时间阶段 $t$ 结束时，学习器能够观察到所有动作的损失向量 $l_t$；

(2) 半赌博机信息 (semi-bandit information) 反馈。在时间阶段 $t$ 结束时，学习器能够观察到所做动作的损失向量 $l_t$；

(3) 赌博机 (bandit information) 反馈。在时间阶段 $t$ 结束时，学习器只能观察损失标量 $L(\tilde{p}_t) = (l_t)^{\mathrm{T}} \tilde{p}_t$，即所做动作总的损失。

需要注意的是，在半赌博机信息反馈的情形中，还存在由所做动作的损失经过简单的推理获得未知动作损失的特殊情形，即带“侧面观测”(side observation) 的半赌博机信息反馈。其是否存在由实际问题决定，但不可否认，若能推理获得未知动作的损失，则针对不同的动作能够获得更准确的权值估计，从而对下一阶段动作的生成有重要影响。与不完全信息博弈中的信息补全思想类似，通过信息补全可以获得尽可能多的对手信息，是己方获得有利决策优势的直接途径。使用符号 $X > Y$ 表示反馈设置为 $X$ 时所获得的信息较反馈设置为 $Y$ 时所获得的信息更多，则在线线性优化问题中不同的信息反馈设置的关系如下：

完全信息>侧面观测半赌博机信息>半赌博机信息>赌博机信息

2. 典型布洛托上校博弈模型

Gross 等[4]是早期比较系统性研究布洛托上校博弈问题的学者，其面向简单的战场兵力配置问题，设置了三种不同的对抗条件。针对战场数量 $n \geqslant 3$ 的情形，设置对抗双方拥有数量相等的资源预算，又称对称预算，反之为非对称预算；若同一个战场的价值评估相等，则称为同质 (homogeneous) 战场，反之称为异质 (heterogeneous) 战场；若不同战场之间价值相等，则称为等价战场，反之称为非等价战场。

布洛托上校博弈与军事资源分配问题密切相关，特别是异质资源的布洛托上校博弈模型，是探索作战资源分配策略优劣的有效工具。当前围绕布洛托上校博弈模型的相关研究主要聚焦在以下四点：①改造“赢者通吃”，设计新型布洛托函数；②资源约束条件；③博弈局中人数量；④状态与动作空间连续。

1) 广义布洛托上校博弈

$n$ 个战场，资源预算为 $X_A$ 、 $X_B$ 的广义布洛托上校(generalized Colonel Blotto, GCB)博弈记作 $\mathrm{GCB}_n^{X_A,X_B}$ ，局中人 $P \in A, B$ 的策略集合为 $\left\{ x^P \in \mathbf{R}^{n+} : \sum_{i=1}^{n} x_i^P \leqslant X_P \right\}$ ，当局中人分别采用纯策略 $x^A$ 和 $x^B$ 时，收益为 $\Pi_P\left(x^A, x^B\right)$ 。在 $\mathrm{GCB}_n$ 中，条件假设非常宽泛，对于对抗双方的资源预算、战场价值评估等条件不做约束。

2) 离散布洛托上校博弈

现实世界中的很多资源不可分割，如战场对抗环境下的兵力资源，西方政治选举竞争中的人力、物力等资源。考虑资源不可分割的情形，离散布洛托上校(discrete Colonel Blotto, DCB)博弈记作 $\mathrm{DCB}_n$ ，局中人的预算与分配约束都是整数，即 $X_A, X_B \in N \setminus \{0\}$ ，则局中人 $\phi \in \{A, B\}$ 的策略集合为 $\left(x_1^\phi : x_n^\phi\right) : x_i^\phi \in N, i = 1, 2, \cdots, n$ ，且 $\sum_{j=1}^{n} x_j^\phi \leqslant X^\phi$ 。

因此，虽然布洛托上校博弈的基本规则十分简单，但其模型本身所涉及的条件假设可以十分复杂，使得布洛托上校博弈问题的求解变得十分困难，目前的研究主要聚焦在 $\mathrm{CB}_n^C$ 和常和 $\mathrm{DCB}_n$ 等部分限制性条件下，对于 $\mathrm{CB}_n$ 的问题求解至今仍然悬而未决。

3) 广义乐透布洛托博弈

由于布洛托上校博弈中赢者通吃的规则过于苛刻，广义乐透布洛托(generalized Lottery Blotto，GLB)博弈记作 $\mathrm{GLB}_n(\zeta)$ ，假设每个局中人均可以以一定概率获得相应的收益。基于原始赢者通吃的布洛托函数被改成基于竞争成功函数(contest success function, CSF)，即 $\zeta_A, \zeta_B : \mathbf{R}^{2+} \to \mathbf{R}$ 。对于纯策略组合 $x^A$ 、 $x^B$ ，博弈双方的收益分别为 $\Pi_\zeta^A\left(x^A, x^B\right) = \sum_{i=1}^{n} w_i^A \cdot \zeta_A\left(x_i^A, x_i^B\right)$ ， $\Pi_\zeta^B\left(x^A, x^B\right) = \sum_{i=1}^{n} w_i^B \cdot \zeta_B\left(x_i^A, x_i^B\right)$ 。

4) 广义规则布洛托上校博弈

如何泛化赢者通吃规则是广义规则布洛托上校(general rule Colonel Blotto, GRCB)博弈的核心。其中，Vu 等[8]研究了偏袒布洛托上校博弈(Colonel Blotto game with favoritism)，将资源预置(pre-allocation)与非对称资源效益(asymmetric resource's effectiveness)看成某种形式上的偏袒。对于 $n$ 战场的偏袒布洛托上校博弈，记作 $\mathrm{CB}_n^F$ ，局中人 $A$ 和 $B$ 的纯策略为 $x^A = x_i^A \in S^A$ 和 $x^B = x_i^B \in S^B (i = 1, 2, \cdots, n)$ 。对应收益函数分别为 $\Pi_{\mathrm{CB}_n^F}^A\left(x^A, x^B\right) = \sum_{i=1}^{n} w_i \beta\left(x_i^A, q_i x_i^B - p_i\right)$ ， $\Pi_{\mathrm{CB}_n^F}^B\left(x^A, x^B\right) =$

$\sum_{i=1}^{n} w_i\left[1-\beta\left(x_i^A, q_i x_i^B - p_i\right)\right]$，其中，$\beta:\mathbf{R}^{2+}\to[0,1]$满足$\beta(x,y)=1$（当$x>y$时）、$\beta(x,y)=\alpha$（当$x=y$时）、$\beta(x,y)=0$（当$x<y$时）。

5) 在线离散布洛托上校博弈

离散布洛托上校博弈中学习器与对手在$n$个战场上对抗$T$个阶段，在阶段$t\in[T]$，每个战场$i$的价值$b_t(i)>0$，满足$\sum_{i=1}^{n} b_t(i)=1$，学习器的策略向量满足$S_{k,n}:=\left\{z\in\mathbf{N}^n:\sum_{i=1}^{n} z(i)=k\right\}$。

对于一个给定战场数量为$n$、部队数量为$k$的在线离散布洛托上校博弈，可以相应构建一个有向无环图，在线离散布洛托上校博弈的策略集合$S_k$中，$n$与图上从起点$s$至终点$d$之间的所有路径集合$G_{k,n}$一一映射。则完全信息反馈对应可以观测边上的所有损失，半赌博机反馈对应观测到所选路径上边的损失，赌博机反馈对应仅能观测到所选路径上边的聚合损失。此外，对于半赌博机反馈，学习器可以通过侧面观测图的结构来推导出相关信息[9]。需要注意的是，这类侧面观测与多臂赌博机的侧面观测不同，前者表示图中边的观测，后者表示路径(行动、路径)的观测。在线离散布洛托上校博弈信息反馈方式如表 9.1 所示。

**表 9.1　在线离散布洛托上校博弈信息反馈方式**

| 信息反馈 | 对手策略 | 战场价值 | 战场结果 | 战场总损失 |
|---|---|---|---|---|
| 完全信息 | * | * | * | * |
| 侧面观测 | 部分可推理 | * | * | * |
| 半赌博机 |  | * | * | * |
| 赌博机 |  |  |  | * |

注："*"表示可推理。

通过将 György 等[10]定义的网络路由问题对应的图结构进行改进，可以将在线离散布洛托上校博弈问题转化为 OSP 问题。在 OSP 问题中，学习器的动作集是 DAG 上从源头到目的地的一组路径[11]。OSP 可以用一个 DAG 定义，DAG 有以下属性：有两个特殊的顶点，即源点和目的点，分别表示为$s$和$d$；$P$表示从$s$到$d$的所有路径集，DAG 的顶点集和边集分别用$V$和$E$表示。设置$|V|\geqslant 2$以及$|E|\geqslant 1$，且每条边$e\in E$至少属于一条路径$p\in P$。用$n$表示集合$P$中最长的路径长度，即$\|p\|_1\leqslant n,\forall p\in\{P\}$。

3. 布洛托上校博弈离线求解方法

Czarnecki 等[12]结合实证博弈策略分析理论分析了布洛托上校博弈的策略空间形态。但由于决策空间(战场)具备置换不变性，布洛托上校博弈要求局中人在所有可能的排列中均匀地混合以避免被利用，面向布洛托上校博弈的学习方法生成的策略也具备非传递性(non-transitive)。Omidshafiei 等[13]围绕收益张量采用$\alpha$-rank 响应图分析(图统计分析、主成分分析、响应图谱分析、聚类、收缩)探索了各类博弈策略的空间形态。

从博弈论的角度出发，将基于布洛托上校博弈模型的单次完全信息对抗条件下资源分配问题称为离线布洛托上校博弈，相关研究大部分建立在离线布洛托上校博弈条件下，致力于寻找该条件下的纳什均衡。其中完全信息是指对抗双方对战场数量$n$、对方的资源预算以及布洛托函数拥有共同知识假设。Gross 等[4]研究了常和布洛托上校博弈中最简单的一种情形，博弈双方的资源预算相等，战场数量$n=3$，且设置布洛托函数在双方分配策略相等时平分战场价值，即他们构造的布洛托上校博弈是对称博弈。现有的很多研究针对离散布洛托上校博弈问题进行求解，与广义布洛托上校博弈不同，离散布洛托上校博弈是一个有限式博弈，因为要求资源预算以及局中人的分配策略至少是整数的某个粒度，故局中人的分配策略数量是有限的。Hortala-Vallve 等[14]研究了对抗双方拥有相同预算的离散布洛托上校博弈问题，描述了纯策略纳什均衡存在时布洛托函数的形式(当双方分配相同的资源至同一个战场时，双方平均分得该战场的价值)以及维持纳什均衡时对抗双方的代价。由于离散布洛托上校博弈的策略空间随着战场数量和预算数量的增加呈指数级增长，相关研究主要聚焦在同质战场(即常和布洛托上校博弈)条件，且主要致力于降低求解方法的计算复杂性。

1)线性规划求解

Behnezhad 等[15]研究了常和离散布洛托上校博弈问题，使用线性规划方法来寻找最优策略。Behnezhad 等[16]认为，即使是单纯形方法(尽管它的指数运行时间)在实际应用中也比椭球体方法表现得更好。

2)最优单变量耦合

Roberson[17]研究了更具一般性的常和布洛托上校博弈中的纳什均衡求解问题，在未限制战场数量以及博弈双方的资源预算是否相等的情况下，提出了一个基于 Copula 理论的博弈求解方法，获得了该条件下博弈双方的最优单变量分布，但是 Copula 理论的表述十分复杂，实现起来十分困难。Kovenock 等[18]研究了常和布洛托上校博弈的最优单变量分布的求解，给出了一类由特殊方程的正数解描述的最优单变量分布，但是仍然无法从这些最优单变量分布集合中构造满足预算约束的联合分布。Schwartz 等[19]针对任意数量战场但等价的常和布洛托上校博弈问题，求解出唯一的最优单变量分布，并证明了存在由这些最优单变量分布的 $n$ 变量联合分布，但是未能求解出该联合分布。Thomas[20]研究了博弈双方资源预算相等以及外加其他约束条件下的布洛托上校博弈。

构造最优单变量的求解方法难度较大，而且往往只能针对特定条件下的离散布洛托上校博弈问题进行求解，普适性的结论往往很难获得。此外，全支付拍卖(all-pay auction, APA)的均衡刻画经常被用作研究布洛托上校博弈均衡的工具。在一个全支付拍卖中，竞标者秘密决定他们各自的出价来竞争同一个物品，出价最高者赢得该物品并获得其价值，且所有竞标者支付其各自的出价(包括竞得物品的获胜者)[21]。通过上述分析可知，对于这类构造单变量的求解方法，普适性的结论往往很难获得。

3)动态策略迭代

McMahan 等[22]提出了利用子博弈增量迭代方式求解博弈的双隐喻(double oracle, DO)方法。Lanctot 等[23]将 DO 方法与深度强化学习方法结合提出了策略空间响应隐喻(policy space response oracle, PSRO)方法。Adam 等[24]设计了用于连续布洛托上校博弈的均衡计算 DO 算法。Zou 等[25]基于 DO 算法提出面向离线布洛托上校博弈求解的 $\varepsilon$ - DO 算法，使其能够求解离线布洛托上校博弈的近似纳什均衡。Bertrand 等[26]提出了基于技能和一致性的扩展版 Elo 策略评估方法，在多类空间分析各类策略的空间分布。此外，Noel[27]提出利用强化学习方法来求解布洛托上校博弈。

4. 布洛托上校博弈在线求解方法

多臂赌博机(MAB)问题模型是有限信息反馈的序列学习问题中最基本的模型之一。多臂赌博机按照损失(或者收益)产生方式的不同分为随机型(stochastic)多臂赌博机和对抗型(adversarial)多臂赌博机。随机型多臂赌博机中每支臂的收益服从一个固定但未知的概率分布[28]，在每次实验中，学习器选择其中一支臂而后获得对应的损失，通过重复实验，学习器有望获知赌博臂收益的概率分布参数，从而在后续的实验中最小化损失。Lai 等[29]是较早研究随机型多臂赌博机问题的学者，并首次提出上置信界(upper confidence bound，UCB)算法，UCB 算法的核心思想是面对不确定性时保持乐观态度，其总是假设任何不确定性都将对学习器有正面影响。Auer 等[30]在 Lai 等的基础上提出 $\alpha$ - UCB 算法，实现了关于时间范围 $T$ 的对数遗憾上界。随机型多臂赌博机由于问题复杂度不高，因此研究理论较为完善。

面向多臂赌博机问题的 Exp3 算法最早由 Auer 等[31]提出，Exp3 算法是 Hedge 算法[32]的变体，是一种代表探索和利用的指数权值算法。在线对抗过程中的收益一般不满足独立同分布假设，因为对手的行为会随着时间或者策略的改变而变化，则 UCB 算法在在线对抗过程中遗憾是线性相关的[33]。与随机型多臂赌博机不同，对抗型多臂赌博机中每支臂的收益由对手决定。对抗型多臂赌博机经常被用来建模学习器和对手之间的博弈问题，因为对抗型多臂赌博机提供了一个良好的权衡探索和利用的模型框架，而探索和利用的权衡正是在线对抗问题普遍需要面临和解决的难点。对抗型多臂赌博机中的对手又区分为遗忘型对手和非遗忘型对手[34]。在遗忘型对手场景中，不同动作的损失(或者收益)由对手事先设定好(也可以看成和对手对抗产生)，并且在学习器开始行动之后不进行更改；但是如果对手具备学习能力，能够依据学习器过去的表现而随时更改策略，则称为适变型对手[33]。

Auer 等[31]提出的 Exp3 算法，能够针对遗忘型对手的赌博机问题实现 $O\left(\sqrt{DT\ln D}\right)$ 的期望遗憾上界($D$ 表示赌博机的赌博臂数量，在其他问题中表示动作维度)，Exp3 算法被认为是求解对抗型多臂赌博机问题的基准算法，其核心是利用指数权值更新不同动作的权值[35]；在 Exp3 算法的基础上，Auer 等又通过引入专家建议进行动作采样，提出 Exp4 算法并获得和最佳专家几乎相同的收益。

1)在线最短路径 Exp3 算法

在现实情况中，如果资源是重复可利用的，则每一次对抗双方的预算都和上一阶段相同(剩余部分资源对抗结果不会带来好处)，假设博弈的其他共同参数在每次对抗中也是相同的，则双方之间多轮次对抗可以看成重复博弈。将基于布洛托上校博弈模型的在线资源分配问题称为在线布洛托上校博弈，主要描述学习器和对手之间进行多次资源分配对抗的情形，对于其中的每一次对抗，学习器在不知道部分信息的条件下做出决策(如战场价值或者当前对手的预算等)，当一次对抗结束之后，学习器接收部分信息反馈(如分配策略的收益等)，在这种情况下，学习器通常需要连续地动态学习，并调整利用已知信息和探索获得新信息之间的权衡，生成良好策略以实现最小化累积损失(或者最大化累积收益)的目标。在线布洛托上校博弈本质上是具有组合结构的在线资源分配问题，是在线组合优化问题的一个实例。

在上述经典多臂赌博机问题中，一次只摇一支臂，在组合多臂赌博机问题中，一次拉动的不是一支臂，而是多支臂组成的集合，称为超臂(super arm)。拉完这个超臂后，超臂所包含的每个基准臂会给一个反馈，而这个超臂整体给学习器带来某种复合的收益。因此，在线布洛托上校博弈可以直接建模为组合多臂赌博机(combinatorial multi-armed bandit, CMAB)模型，其中每个纯策略对应一支超臂，同时 CMAB 模型可以完全捕捉到关于博弈的信息反馈。

信息反馈量的大小决定了 CMAB 问题的属性，类似于博弈论中完全信息问题和不完全信息问题的区别，对应的求解方法迥异。由于 CMAB 问题仍然隶属于在线线性优化问题的框架，类比在线线性优化问题，针对完全信息反馈的在线资

源动态分配问题，Freund 等[32]提出的 Hedge 算法实现了 $O\left(\sqrt{T\ln|S|}\right)$ 次线性遗憾界，其中 $S\subset\{0,1\}^D$，该算法是使用二进制方式来表示动作的一种方法；Koolen 等[36]对全信息反馈的在线线性优化问题进行了深入的研究，提出了一种 Hedge 算法的变体，实现了 $O\left(\sqrt{Tn\ln(D/n)}\right)$ 遗憾界，其中 $n=\max\limits_{p\in S}\{\|p\|_1\}$。针对赌博机反馈，Dani 等[37]提出几何 Hedge 算法，获得 $O\left(D^{3/2}\sqrt{T}\right)$ 的期望遗憾界，这是首个获得关于时间范围 $T$ 的次线性期望遗憾界的算法。另一个针对赌博机反馈的在线线性优化问题的算法是在线镜像下降算法，该算法基于凸优化中的镜像下降(mirror descent, MD)方法进行构造，并首次由 Cesa-Bianchi 等[34]分析了镜像下降和在线学习之间的联系，之后 Abernethy 等[38]提出了首个针对赌博机反馈的在线线性优化问题的镜像下降算法。

由于经典的多臂赌博机问题中，一次只摇一支臂，该问题下的信息反馈符合完全信息反馈和赌博机反馈的情形，而对于半赌博机信息反馈则需要在组合多臂赌博机问题下才会发生，故针对半赌博机信息反馈的研究较少，例如，Alon 等[39]将不同程度的赌博机反馈信息类型建模为图结构，并提出了强可观察图、弱可观察图和不可观察图的定义，分别对应于上述三种不同的信息反馈情形。

Exp3 算法是一种面向多臂赌博机问题的遗憾最小化算法，经过改进可以实现组合多臂赌博机问题的遗憾最小化。在线学习问题通常对算法有实时性要求，借助 OSP 问题良好的图结构，可以实现 Exp3 算法高效的运行效率。György 等[10]研究了经典的路由问题，需要在路由网络上依次选择路径进行数据包的传输，实现时间范围 $T$ 内的数据包传输累积时间的最小化，György 同时考虑了完全信息反馈和半赌博机信息反馈的情形。Cesa-Bianchi 等[40]考虑了半赌博机信息反馈和赌博机信息反馈的在线最短路径问题，并分析了对路径进行均匀采样是不可取的。Vu 等[41]针对具有组合结构的在线布洛托资源分配问题，提出作用于有向无环图的 Edge 算法，实现关于时间范围 $T$ 的次线性期望遗憾上界，同时该算法的运行时间要优于经典的 COMBAND 算法。以上研究以多臂赌博机为实例，研究不同问题类型下的求解方法，为在线布洛托上校博弈问题的建模与求解提供了良好的支撑。

2) 赌博机背包(BwK)

在前面讨论的在线布洛托上校博弈问题中，学习器不需要关心如何将总预算分配至各个时间阶段 $t$，因为每个时间阶段 $t$ 的预算(称为阶段预算)都是相同的，或者说没有总预算的约束，只需考虑阶段预算，而且每次对抗的阶段预算都相等，而博弈的其他共同参数在每次对抗也是相同的，故双方之间在时间范围 $T$ 内的对抗其实是重复博弈。重复博弈中的资源可以是非消耗性资源，具备重复使用的特点，然而在现实对抗性活动中，消耗性资源也是普遍存在的，此时局中人之间的对抗形式会发生变化。假设在时间范围 $T$ 内存在总预算约束，则学习器需要兼顾如下两个层面的问题：

(1) 在上层级，学习器面临在时间范围 $T$ 内的阶段预算分布优化问题，即如何将总预算分配至各个时间阶段。学习器基于观察到的历史信息反馈进行分配，各个时间阶段的预算是相关的，某些时间阶段分配的预算增加(相对于平均数) 意味着另一些阶段分配预算的减少。

(2) 在下层级，学习器在每个时间阶段 $t$ 和对手(类型为遗忘型或者非遗忘型[34]) 进行单次对抗条件下的布洛托上校博弈。该问题和重复博弈条件下的布洛托上校博弈问题不同的是，学习器在时间范围 $T$ 内的每个阶段的预算可能不同。而对于其中的单次对抗问题，仍然属于组合多臂赌博机问题框架，涉及多个战场之间的资源分配，必须整体考虑分配的合理性，任何仅仅专注于一个战场的做法都是不可取的，类似于组合多臂赌博机问题中如何分配有限的阶段预算给超臂(将多个赌博臂称为超臂)，从而获得可观的收益。

将上述包含两个层级问题的在线布洛托上校博弈称为多阶段对抗条件下的资源分配问题。目前对于在线布洛托上校博弈问题，大部分的研究如 9.2 节所述，是基于固定的阶段预算进行的，即不考虑上层级的时间范围 $T$ 内的阶段预算分布优化问题，学习器在时间范围 $T$ 内的每个阶段的预算都是相等的，利用下层级算法在时间范围 $T$ 内进行重复博弈实现遗憾最小化，而考虑多阶段对抗条件下资源分配问题的不多。和多阶段对抗条件下资源分配问题相近的研究为受背包容量约束的赌博机背包(bandit with knapsack, BwK) 问题，是一个在供应、预算限制下的多臂赌博机问题的一般模型。

赌博机背包问题主要包括随机型赌博机背包问题、对抗型赌博机背包问题、情境型赌博机背包问题、非平稳赌博机背包问题等。

赌博机背包问题的典型应用场景[42]有赌博机背包、重复斯塔克尔伯格博弈背包、预算受控重复首价拍卖等。Ashwinkumar 等[43]提出了两种基于线性规划的随机型赌博机背包问题求解方法。Agrawal 等[44]将随机型赌博机背包设置推广至分别包括任意凹收益和任意凸约束的情形，并分别获得 $O\left(L|l_d|\sqrt{\frac{D}{T}\ln\left(\frac{DTd}{\delta}\right)}\right)$ 和 $O\left(|l_d|\sqrt{\frac{D}{T}\ln\left(\frac{DTd}{\delta}\right)}\right)$ 的高概率遗憾界，其中 $d$ 是收益或者损失的维度，$L$ 为 Lipschitz 常数。Agrawal 等[45]针对 Badanidiyuru 等[46]研究的上下文赌博机背包问题，在 Agarwal 等[47]提出的算法上做出改进，获得的高概率遗憾界比 Ashwinkumar 等[43]提出的方法提高了 $\sqrt{a}$ 因子 ( $a$ 表示资源种类)，而且其算法运行时间是策略

集大小的对数平方根。Immorlica 等[48]研究了包括随机型、对抗型、全信息反馈、半赌博机信息反馈以及上下文赌博机在内的多种不同问题下的赌博机背包问题，并设计 Lagrange BwK 算法求解对抗型赌博机背包问题，获得了高概率遗憾界。Li 等[49]采用原始-对偶的视角来研究赌博机背包问题，从对偶的角度强调背包约束对遗憾的影响，并基于原始问题和对偶问题共同定义了次优动作。

Sankararaman 等[50]研究了带背包容量约束的半赌博机反馈的组合赌博机背包(combinatorial bandit with knapsack, CBwK)问题，其收益服从固定的分布。并指出，在传统的随机组合多臂赌博机问题中，立足于找到每一轮次中对应于最佳期望收益的动作即可，而在带背包容量约束的半反馈随机组合多臂赌博机中，其主要挑战在于需要求解所有轮次中最佳期望收益的动作分布，而伴随着组合多臂赌博机问题中指数级的动作空间，该问题求解难度很大。

Leon 等[51]研究了带总预算约束的动态布洛托上校博弈问题，学习器将有限的资源分配至有限的时间阶段，而在每个时间阶段，学习器和对手同时分配资源至多个战场进行对抗，每次对抗结束后，学习器仅仅能够获得总战场损失信息反馈，目的是经过时间范围 $T$ 次对抗后，实现期望遗憾最小化。以上研究针对带背包容量约束的多臂赌博机问题进行建模和求解，结合在线布洛托上校博弈问题的研究，可以进一步求解在线多阶段布洛托上校博弈问题。

### 9.3.2　强对抗环境下多智能体强化学习协同对抗

1. 多智能体马尔可夫博弈模型

多智能体强化学习在解决分布式对抗场景下的策略生成问题时，常被建模为多智能体马尔可夫博弈模型。马尔可夫博弈是将 MDP 模型推广至多智能体场景下的特例。马尔可夫博弈是 MDP 的扩展，通常采用元组 $\left(\mathcal{N},\mathcal{H},\left\{\mathcal{U}^i\right\},\mathcal{P},\left\{R^i\right\},\gamma\right)$ 表示，其中 $\mathcal{N}=\{1,2,\cdots,N\}$ 表示多智能体集合，$\mathcal{H}$ 表示一系列所有智能体可观测到的状态的集合，$\mathcal{U}=\mathcal{U}^1\times\mathcal{U}^2\times\cdots\times\mathcal{U}^N$ 为所有智能体的联合动作空间，转移概率函数 $\mathcal{P}:\mathcal{H}\times\mathcal{U}\times\mathcal{H}\to\mathbf{R}$ 表示状态转移的概率，$\gamma$ 表示折扣因子。每个智能体都有一个特有的奖励，$R^i:\mathcal{H}\times\mathcal{U}\times\mathcal{H}\to\mathbf{R}$，奖励通常是共享的，即合作智能体团体中所有智能体的奖励都是相同的。在时刻 $t$，任意智能体 $i$ 根据自己独立的策略 $\pi^i:\mathcal{H}\to\mathcal{P}\left(\mathcal{U}^i\right)$ 选择并执行动作。当环境在联合动作 $\mathcal{U}=\mathcal{U}^1\times\mathcal{U}^2\times\cdots\times\mathcal{U}^N$ 下从状态 $x_t$ 转移至 $x_{t+1}$ 时，每个智能体立即获得 $R^i$ 的奖励。与单智能体强化学习类似，多智能体强化学习的目标也是改变智能体的策略，以期获得最大长期累积奖励。

与单智能体不同，值函数 $V^i:\mathcal{H}\to\mathbf{R}$ 不仅取决于单个智能体的策略，还取决于

其他智能体的策略，即 $V^i_{\pi^i,\pi^{-i}}(x)=E_{x_{t+1}\sim\mathcal{P},u_t\sim\pi}\left[\sum_{t=0}^{\infty}\gamma^t R^i(x_t,u_t,x_{t+1})\,|\,x_0=x\right]$，$\pi^{-i}$ 表示除了智能体 $i$ 以外其余智能体的联合策略。对抗场景下多智能体的最优策略由智能体本身策略和其余智能体策略共同决定，然而当其他智能体策略固定时，可以通过搜索最佳响应来最大化自身的效用。

面向情境的多样性方案生成可以采用马尔可夫博弈建模，在线方案优选可以采用序贯博弈建模，人在回路调控可以采用“人在环”学习方法实现。

2. 情境-操作员-智能体认知决策框架

围绕行动方案智能推荐，构建了情境(context)、操作员(operator)和智能体(agent)认知决策框架，具备“三生”协同演化性质，即面向协同适配的情境与智能体“互生”、面向人机融合的人与智能体“共生”、面向镜像克制的智能体与对手“孪生”。

情境是战场环境要素的抽象描述，与环境交互产生。操作员表示决策行为的主体，一般是指指挥决策实体。智能体根据需要达成的作战目标，通过战场态势判断、推理、决策等生成并优化待执行的作战方案、计划及任务组合。

3. 智能博弈对抗模型及策略学习方法

使用多智能体强化学习建模群体对抗博弈策略的推演评估，首先需要策略博弈过程进行形式化的描述。对应到战术推演过程，将军事单元视为智能体，对于涉及多方对战或者合作的任务，可以从博弈论角度将该任务建模成非完全信息博弈。现实世界的博弈是由传递压制部分和循环压制部分混合组成的，其博弈策略空间几何结构类似于一个旋转的陀螺。智能体智能水平的提升主要依赖传递博弈均衡策略的优劣和循环博弈策略的多样性。旋转陀螺几何体揭示了智能体策略水平从底部到顶层的提升过程中，循环压制维(即策略多样性)首先需要得到拓展，在突破陀螺中间部分后，则需要明确的压制性目标驱动学习压制性策略。

针对行动方案智能推荐流程，利用序贯元博弈理论，构建多样性学习生成与无悔在线优化模型。为了获得博弈对抗的离线蓝图策略，从智能体策略的多样性属性出发，构建利用策略评估和策略提升的两阶段范式，学习多样性的离线蓝图策略。在线对抗过程中，面对非平稳对手，智能体需要具备即时自适应调整策略的能力，可从对手建模入手，利用在线无悔学习方法控制在线决策时的动态遗憾，获得长程对抗对手的适变能力。

1)面向离线多样性策略的分布式强化学习

通过强化学习的方式自动进行策略优化并在满足给定策略需求条件下，需要尽可能多样化的策略生成参数组合。作为差异性的一种度量，多样性一直是人工智能进化领域的一个重要课题，其中使用了各种概念。多样性是学习可迁移技能和收集接近最优策略的有用工具。

2) 面向在线适变策略的序贯元博弈无悔学习

通过构建以关键情境为枢纽态势的序贯元博弈模型，可以形成连接态势的态势树拓扑模型，态势之间的转换可以包括行动方案的选择，针对不一样的对手，可以采用无悔学习方法优化在线适变策略。

3) 面向可解释策略调控的人在回路强化学习

采用人在回路的强化学习方法，可以习得类人的决策策略，为随机性与高风险决策提供可解释性说明，用可于人在回路的策略调控。

## 9.4 本 章 小 结

本章首先从博弈决策与分布式对抗两个方面简要概述了分布式对抗博弈决策；其次分析了分布式对抗博弈决策基本原理，主要包括智能博弈决策模型、智能博弈决策流程与分布式对抗博弈决策；最后介绍了分布式对抗博弈决策技术，包括布洛托上校博弈资源分配和多智能体强化学习协同对抗。

### 参 考 文 献


[1] 李璟. 战斗力对抗[M]. 北京: 国防大学出版社, 2019.

[2] 蒋胤傑, 况琨, 吴飞. 大数据智能：从数据拟合最优解到博弈对抗均衡解[J]. 智能系统学报, 2020, 15(1): 175-182.

[3] Borel E. La théorie du jeu et les équations intégralesa noyau symétrique[J]. Comptes Rendus de l'Académie des Sciences, 1921, 173(58): 1304-1308.

[4] Gross O, Wagner R. A continuous Colonel Blotto game[R]. Santa Monica: Rand Project Air Force, 1950.

[5] Kovenock D, Roberson B. Coalitional Colonel Blotto games with application to the economics of alliances[J]. Journal of Public Economic Theory, 2012, 14(4): 653-676.

[6] Grana J, Lamb J, O'Donoughue N A. Findings on mosaic warfare from a Colonel Blotto game[R]. Santa Monica: National Defense Research Institute, 2021.

[7] Robbins H. Some aspects of the sequential design of experiments[J]. Bulletin of the American Mathematical Society, 1952, 58(5): 527-535.

[8] Vu D Q, Loiseau P. Colonel Blotto games with favoritism: Competitions with pre-allocations and asymmetric effectiveness[C]. Proceedings of the 22nd ACM Conference on Economics and Computation, New York, 2021: 862-863.

[9] Vu D Q, Loiseau P, Silva A, et al. Path planning problems with side observations—When colonels

play hide-and-seek[C]. Proceedings of the AAAI Conference on Artificial Intelligence, 2020, 34(2): 2252-2259.

[10] György A, Linder T, Ottucsák G. The Shortest Path Problem under Partial Monitoring[M]// Learning Theory. Berlin: Springer, 2006: 468-482.

[11] Takimoto E, Warmuth M K. Path kernels and multiplicative updates[J]. The Journal of Machine Learning Research, 2003, 12(4): 773-818.

[12] Czarnecki W M, Gidel G, Tracey B, et al. Real world games look like spinning tops[C]. Proceedings of the 34th International Conference on Neural Information Processing Systems, New York, 2020: 17443-17454.

[13] Omidshafiei S, Tuyls K, Czarnecki W M, et al. Navigating the landscape of multiplayer games[J]. Nature Communications, 2020, 11(1): 5603.

[14] Hortala-Vallve R, Llorente-Saguer A. Pure strategy Nash equilibria in non-zero sum Colonel Blotto games[J]. International Journal of Game Theory, 2012, 41(2): 331-343.

[15] Behnezhad S, Dehghani S, Derakhshan M, et al. Faster and simpler algorithm for optimal strategies of Blotto game[J]. Proceedings of the AAAI Conference on Artificial Intelligence, 2017, 31(1): 369-375.

[16] Behnezhad S, Blum A, Derakhshan M, et al. From battlefields to elections: Winning strategies of Blotto and auditing games[C]. Proceedings of the 29th Annual ACM-SIAM Symposium on Discrete Algorithms, Philadelphia, 2018: 2291-2310.

[17] Roberson B. The Colonel Blotto game[J]. Economic Theory, 2006, 29(1): 1-24.

[18] Kovenock D, Roberson B. Generalizations of the general lotto and Colonel Blotto games[J]. Economic Theory, 2021, 71(3): 997-1032.

[19] Schwartz G, Loiseau P, Sastry S S. The heterogeneous Colonel Blotto game[C].The 7th International Conference on NETwork Games, COntrol and Optimization, Trento, 2017: 232-238.

[20] Thomas C. *N*-dimensional Blotto game with heterogeneous battlefield values[J]. Economic Theory, 2018, 65(3): 509-544.

[21] Baye M R, Kovenock D, Vries C G. The solution to the Tullock rent-seeking game when $R$>2: Mixed-strategy equilibria and mean dissipation rates[J]. Public Choice, 1994, 81(3-4): 363-380.

[22] McMahan H B, Gordon G J, Blum A. Planning in the presence of cost functions controlled by an adversary[C]. Proceedings of the 20th International Conference on Machine Learning, Washington , 2003: 536-543.

[23] Lanctot M, Zambaldi V, Gruslys A, et al. A unified game-theoretic approach to multiagent reinforcement learning[C]. Proceedings of the 31st International Conference on Neural Information Processing Systems, New York, 2017: 4193-4206.

[24] Adam L, Horčík R, Kasl T, et al. Double oracle algorithm for computing equilibria in continuous games[J]. Proceedings of the AAAI Conference on Artificial Intelligence, 2021, 35(6): 5070-5077.

[25] Zou M W, Chen J, Luo J R, et al. Equilibrium approximating and online learning for anti-jamming game of satellite communication power allocation[J]. Electronics, 2022, 11(21): 3526.

[26] Bertrand Q, Czarnecki W M, Gidel G. On the limitations of Elo: Real-world games, are transitive, not additive[J/OL]. 2022: arXiv: 2206.12301. https://arxiv.org/abs/2206.12301. [2023-12-01].

[27] Noel J C G. Reinforcement learning agents in Colonel Blotto[J/OL]. 2022: arXiv: 2204.02785. https://arxiv.org/abs/2204.02785. [2023-12-01].

[28] Bartlett P, Dani V, Hayes T, et al. High-probability regret bounds for bandit online linear optimization[C]. Proceedings of the 21st Annual Conference on Learning Theory, Helsinki, 2008: 335-342.

[29] Lai T L, Robbins H. Asymptotically efficient adaptive allocation rules[J]. Advances in Applied Mathematics, 1985, 6(1): 4-22.

[30] Auer P, Cesa-Bianchi N, Fischer P. Finite-time analysis of the multiarmed bandit problem[J]. Machine Language, 2002, 47(2-3): 235-256.

[31] Auer P, Cesa-Bianchi N, Freund Y, et al. The nonstochastic multiarmed bandit problem[J]. SIAM Journal on Computing, 2002, 32(1): 48-77.

[32] Freund Y, Schapire R E. A decision-theoretic generalization of on-line learning and an application to boosting[J]. Journal of Computer and System Sciences, 1997, 55(1): 119-139.

[33] Bard N D C. Online agent modelling in human-scale problems[D]. Edmonton: University of Alberta, 2016.

[34] Cesa-Bianchi N, Lugosi G. Prediction, Learning, and Games[M]. Cambridge: Cambridge University Press, 2006.

[35] Littlestone N, Warmuth M K. The weighted majority algorithm[J]. Information and Computation, 1994, 108(2): 212-261.

[36] Koolen W M, Warmuth M K, Kivinen J, et al. Hedging structured concepts[C]. Association for Computational Learning, Haifa, 2010: 93-105.

[37] Dani V, Hayes T P, Kakade S M. The price of bandit information for online optimization[C]. Proceedings of the 20th International Conference on Neural Information Processing Systems, New York, 2007: 345-352.

[38] Abernethy J, Hazan E E, Rakhlin A. Competing in the dark: An efficient algorithm for bandit linear optimization[C].The 21st Annual Conference on Learning Theory, Helsinki, 2008: 263-273.

[39] Alon N, Cesa-Bianchi N, Dekel O, et al. Online learning with feedback graphs: Beyond

bandits[C]. Conference on Learning Theory, Paris, 2015: 23-35.

[40] Cesa-Bianchi N, Lugosi G. Combinatorial bandits[J]. Journal of Computer and System Sciences, 2012, 78(5): 1404-1422.

[41] Vu D Q, Loiseau P, Silva A. Combinatorial bandits for sequential learning in Colonel Blotto games[C]. The 58th Conference on Decision and Control, Nice, 2020: 867-872.

[42] Castiglioni M, Celli A, Kroer C. Online learning with knapsacks: The best of both worlds[J/OL]. 2022: arXiv: 2202.13710. https://arxiv.org/abs/2202.13710. [2023-12-01].

[43] Ashwinkumar B, Robert K, Aleksandrs S. Bandits with knapsacks[C]. Proceedings of the 54th IEEE Symposium on Foundations of Computer Science, Berkeley, 2013: 1-50.

[44] Agrawal S, Devanur N R. Bandits with concave rewards and convex knapsacks[C]. Proceedings of the 15th ACM Conference on Economics and Computation, Stanford, 2014: 989-1006.

[45] Agrawal S, Devanur N R, Li L. An efficient algorithm for contextual bandits with knapsacks, and an extension to concave objectives[C]. Conference on Learning Theory, New York, 2016: 4-18.

[46] Badanidiyuru A, Langford J, Slivkins A. Resourceful contextual bandits[C]. Conference on Learning Theory, Barcelona, 2014: 1109-1134.

[47] Agarwal A, Hsu D, Kale S, et al. Taming the monster: A fast and simple algorithm for contextual bandits[C]. International Conference on Machine Learning, Beijing, 2014: 1638-1646.

[48] Immorlica N, Sankararaman K A, Schapire R, et al. Adversarial bandits with knapsacks[C]. The 60th Annual Symposium on Foundations of Computer Science, Baltimore, 2019: 202-219.

[49] Li X, Sun C, Ye Y. The symmetry between arms and knapsacks: A primal-dual approach for bandits with knapsacks[C]. International Conference on Machine Learning, Vienna, 2021: 6483-6492.

[50] Sankararaman K A, Slivkins A. Combinatorial semi-bandits with knapsacks[C]. International Conference on Artificial Intelligence and Statistics, Guangzhou, 2018: 1760-1770.

[51] Leon V, Etesami S R. Bandit learning for dynamic Colonel Blotto game with a budget constraint[C]. The 60th IEEE Conference on Decision and Control, Virtual, 2021: 3818-3823.

# 第 10 章　分布式智能博弈推演

“推演”作为战争预实践的一种重要方式与手段，广泛应用于军事演训、冲突分析、危机处置等领域[1,2]。与战术或战役级兵棋推演不同，战略博弈推演常用来研究国家安全与竞争、军事冲突与战争、危机管控等事关国家的重大战略问题，当前围绕此类问题的研究不仅需要海量情报信息的支持，还需借助战略博弈推演系统进行跨层级推演。近年来，人工智能技术的军事化应用使得战争制胜机理与战斗力生成机理发生了变化。如何以智驭能(感知对抗智能、认知推理智能与决策博弈智能)是机械化、信息化、智能化三化融合发展背景下开展智能化战略博弈推演的核心课题[3]。

早前的一些研究主要聚焦综合集成研讨厅[4],如何利用思维导图[5],以及优势、劣势、机会、威胁(strength, weakness, opportunity and threat, SWOT)矩阵分析[6]等设计战略博弈研讨系统[7]。本章首先简要介绍战役战术级兵棋推演平台、方法分类及挑战，战略博弈推演的演进脉络、方法分类和关键支撑技术；其次设计基于云原生的战略博弈推演系统架构；最后分析危机事件认知、兵力结构评估、方案推演、冲突分析共四类典型应用场景。

## 10.1　智能博弈推演概述

### 10.1.1　战役战术兵棋推演

1. 兵棋推演平台及演进分析

兵棋推演发展至今，随着计算机技术、人工智能技术、虚拟现实技术等新兴元素的融入，能够更加真实地模拟现实战争，为军事指挥能力训练和作战效能评估提供了良好的平台，成为现代军事作战行动模拟的重要研究内容。

2007 年，美国启动“深绿”计划，该计划的目标便是将人工智能技术应用到军事辅助决策中，帮助指挥员理解战场态势、预测对手行动、修正作战计划等。随着计算机技术的快速发展，各类计算机兵棋系统也如雨后春笋般陆续出现。国外兵棋系统发展较早，美军通过联合战区级兵棋系统(joint theater level simulation, JTLS)和联合冲突战术兵棋系统(joint conflict and tactical simulation, JCATS)对行动方法进行分析评估[8]。美国矩阵游戏公司开发设计的《指挥：现代海空行动》(*Command: Modern Air/Naval Operations, CMANO*)是一款海空战争兵棋，它是目前最为流行的民用兵棋系统[9]。2020 年美国兰德公司发布了《思维机器时代的威慑》报告[10]，该报告讨论的核心问题是兵棋推演中人工智能和自主技术如何随着事件的发展影响局势升级和威慑方式。Powell[11]提出使用兵棋推演测试全域作战(all-domain operation, ADO)概念，美国空军和海军近年来正在开发一个以ADO为导向的兵棋推演系统，并提出了一种兵棋推演的设计，能够在作战层面上对ADO的规划和执行的领导力进行教育及开发。Badalyan等[12]提出设计一种人工智能使能的实时兵棋推演系统，旨在提高实时兵棋推演人工智能辅助决策(wargaming real-time artificial intelligence decision-aid, WRAID)能力。

近年来，美军提出重振兵棋推演作为第三次抵消战略的核心，以此支撑马赛克战[13]、多域战[14]等新型作战概念的开发。国外兵棋推演系统得到了极大的发展，兵棋推演已成为战略意图验证的有效工具[15]，兵棋的形态一直在演进[16]。2020年美国国防部高级研究计划局通过其官网宣布“打破游戏规则”人工智能探索项目，旨在开发人工智能程序并将其应用于现有任务级兵棋中，以打破复杂的模型所造成的不平衡。此外，2022年北约发布了分析型兵棋推演技术报告[17]。

2. *兵棋智能决策方法分类*

1)基于知识的兵棋智能决策方法

传统的智能决策主要过程为感知当前任务状态，在可行的动作空间中，对满足既定目标的动作做出响应，从而达到新的任务状态，然后继续进行下一阶段的决策。当前，基于知识的兵棋智能决策方法主要有四种，分别为基于标准研究所问题求解器(standard research institute problem solver, STRIPS)和规划领域置信语言(planning domain definition language, PDDL)的经典规划、基于分层任务网络(hierarchical task network, HTN)的层次任务网络、基于Java智能体开发框架(Java agent development framework, JADE)的案例推理和基于信念-愿望-意图(belief-desire-intention, BDI)的过程推理。基于规则的兵棋推演智能体的设计主要基于人类兵棋玩家经验形成的知识库，从而实现智能体的动态决策。基于规则的兵棋智能体设计的通用模型框架是OODA决策框架[18]，即观察、判断、决策和行动。自2017年国内举办各类兵棋推演大赛以来，大部分参赛团队设计的智能体还是以规则人工智能为基础，通过对规则人工智能进行多次迭代优化设计来参加比赛。在2021年的“墨子杯”第五届全国兵棋推演大赛智能体专项赛中，获得冠军的便是来自中北大学的“智信中北联队”，他们设计的智能体便以基于规则的人工智能为主要框架。基于规则的人工智能通常存在一些局限性，如智能体的通用性比较低，但是它的设计过程往往比较简单，并且具有较强的可解释性。目前大多数兵棋智能体都是基于规则知识设计的，即以人类推演的历史经验进行战法总结，通过行为树、有限状态机等框架实现智能体动态决策。

2)基于学习的兵棋智能决策方法

随着AlphaStar、AlphaDogFight等人工智能程序取得的巨大成功，以深度强化学习为基础的策略迭代方式成为目前智能决策领域的主流技术。李琛等[19]将A3C 算法引入兵棋推演中的智能体开发设计，在简单想定(对称态势，双方作战单元为坦克加战车)进行了实验并取得了不错的效果。张振等[20]将 PPO 应用于兵棋智能体开发设计，并与监督学习结合，在智能体预训练的基础上进行了优化，在六角格兵棋环境中实现了策略的快速收敛。尹奇跃等[21]将强化学习和自博弈技术相结合实现了联合策略的学习，它能够同时维护多个不同参数的智能体，使得智能体能够保持多样性，这在一定程度上解决了智能决策过程中存在的策略非传递性问题。施伟等[22]使用深度强化学习技术在“墨子”兵棋系统中进行了多机协同空战的研究，最终模型涌现了多种人人对抗过程中常见的战术战法，如多机自主编队协同对抗、自主机动快速避弹、S 形诱骗敌方弹药战法等。梁星星[23]基于兵棋平台，设计了支持多机并行的行动策略智能学习框架，针对兵棋推演样本数据利用率低、策略收敛速度慢等问题设计了基于预测编码的样本自适应行动策略智能规划框架，提高了对战场态势的感知能力，改善了策略训练效率。

3)知识和学习融合的兵棋智能决策方法

基于知识的智能体具有较强的可解释性，但是受限于设计者的经验水平。基于学习的智能体不依赖人类玩家的推演经验，可以通过大规模的对局次数来学习不同态势下最优的行动策略，具有超越专业兵棋玩家的潜力。部分研究人员将上述两种智能体设计方法归纳为知识驱动和数据驱动方法。蒲志强等[24]分析两种设计方法的优缺点和知识数据协同驱动的可能性方案(架构级协同和算法级协同)。基于规则的设计方法擅长在特定想定中处理兵棋推演过程中前期排兵布阵的问题，该阶段还未发生对抗，无法产生单元损失得分奖励，此时无法通过学习的方式学习到有效策略。基于学习的方法在中后期对抗过程中具有很大的优势，该阶段奖励频繁发生变化，智能体可以通过状态—动作—奖励信息快速学习到有效的策略。黄凯奇等[25]提出了一种融合知识与数据的人机对抗框架，该框架以 OODA 理论为基础，提炼出了兵棋智能决策过程中的关键阶段和问题，并认为不同的问题可以通过拆解的方式分别使用基于规则和基于学习的方法进行求解。施伟[26]将模糊规则和层次强化学习相结合，设计了一种数据驱动和知识驱动融合的兵棋智能决策框架，利用规则知识提升了智能体的训练速度。张驭龙[27]构建了内嵌先验知识模型与强化学习智能临机规划方法相融合的框架体系，在典型的任务级临机规划案例中进行了实验，验证并学到了多种战术策略。陈晓轩[28]利用先验知识对强化学习模型中的奖励进行塑造，提升了智能体的探索效率。刘满等[29]设计了基于知识驱动的群体级兵棋智能体。

3. 智能兵棋推演面临的挑战

智能兵棋推演技术有广阔的研究前景，但也存在如下很多挑战。

1) 非完美信息博弈更加强调对抗性

兵棋和《星际争霸》、《王者荣耀》等即时策略(real-time strategy, RTS)游戏都存在“战争迷雾”的特点，各推演方只能获取己方单元观测到的信息，无法获取战场的全局态势信息，此时决策就需要对对手策略和意图进行判断，同时利用“战场迷雾”隐藏自身行动进而迷惑对手。兵棋在规模上($10^{2000}$)远远大于围棋($10^{172}$)，因此策略训练的难度非常大。同时，兵棋的态势主要是算子属性、推演方统计信息等数据类信息，不同于图像数据可以用卷积神经网络处理，对于兵棋态势的智能感知需要设计恰当的网络完成。

2) 动作空间更加注重结构化控制

战役级兵棋存在多种不同形式的动作指令，如推演方条令设置、任务参数设置、单元机动控制、打击参数配置、传感器参数配置等多种不同形式的指控命令，复杂的动作结构需要使用结构化的动作解耦方案。

3) 推演实体规模巨大

战役级兵棋想定中存在多种不同类型的作战单元，作战单元的数目一般在数百到数千不等，这增加了作战单元之间相互配合的难度。使用基于规则的智能体往往无法处理此类大规模协同问题，使用基于强化学习的控制算法训练难度也相当大。

4) 决策时间更长

《王者荣耀》一局对抗持续时间一般是 20min 左右，《星际争霸》一局对抗持续时间在 40min 左右，游戏玩家需要完成数千次的决策。战役级兵棋推演时间一般在 1.5～3h，玩家需要做出更多的决策才能完成整局推演，决策的难度更大。

5) 博弈策略非传递性

对于三个策略 A、B、C，A 能战胜 B，B 能战胜 C，则 A 能战胜 C，则认为策略之间存在传递性。在兵棋中不存在特定的最优策略，策略之间存在的是一种类似于“石头-剪刀-布”的相互克制关系，因此使用简单的自博弈技术无法实现智能体能力的迭代提升。

6) 多智能体异步协作

在多智能协同的环境中，智能体之间的合作会提升单个智能体的能力，兵棋是一类多算子竞技博弈环境，需要多算子配合最大化集体得分，这一类决策问题可以建模为组队零和博弈，关于这一问题的研究目前理论相对匮乏。

### 10.1.2 战略博弈推演

#### 1. 战略博弈推演演进脉络

战略博弈推演本质上包含两层意思，即多维度、多参与方、多层次博弈模型和面向博弈对抗演练的推演过程。与商业动作中企业竞争战略推演方法不同[30]，军事类战略博弈推演是指依托综合情报信息、兵棋推演系统、综合研讨环境平台，综合运用军事思维科学、复杂系统科学、军事运筹分析、数智仿真模拟、人工智能学习方法，组织开展的战略研究、评估、演训等预实践类活动[31]。

战略博弈推演经历了萌芽探索、创新成型、成熟发展和创新飞跃共四个阶段[31]，相关典型事例如图 10.1 所示。美军早期主要采用多种方式手段结合的净评估(net assessment)，利用竞争优势分析、场景分析、假想敌机制、模型模拟工具和翌日推演等手段形成对对手、环境及博弈结局的综合分析评估。此外，以兰德公司为代表的国外研究机构先后探索和研发了联合一体化应急模型[32]、兰德战略评估系统[33]、"翌日"模拟方法[34]、对冲(hedgemony)战略选择博弈[35]，其中兰德战略评估系统主要包括自动化兵棋推演、基于规则建模、结构化兵力分析与作战行动建模四部分，将兵棋推演与仿真建模融合。在国内，受钱学森综合集成研讨厅思想的启发，司光亚[36]研发了战略推演"决胜"系统；杨镜宇等[37]设计了面向事件认知的战略博弈系统；吴曦等[38]给出了下一代战略博弈推演系统设计方案；陈敏等[7]设计了军事战略博弈研讨系统；赵彬[39]探索了军事战略博弈冲突分析方法；周文等[40]设计了面向战略博弈的推演系统；徐屹泰等[41]探索了战略博弈与兵棋推演跨层联动方式(战略博弈、战役推演、战术检验)。

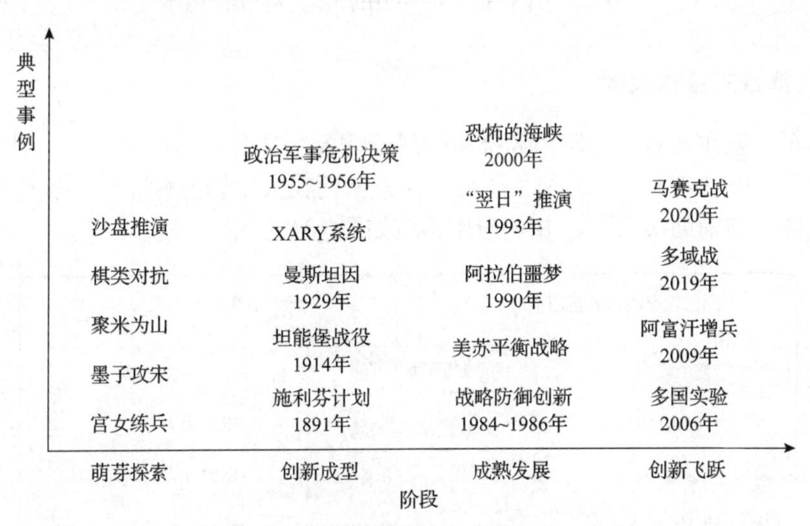


图 10.1　战略博弈推演演进各阶段典型事例

2. 战略博弈推演方法分类

战略博弈推演方法可依据组织形式、组织流程、方式方法、手段运用、功能作用、应用领域、层次范围等分类[31]，如表 10.1 所示。

表 10.1　战略博弈推演方法分类

| 分类依据 | 方法 |
| --- | --- |
| 组织形式 | 黑盒/白盒、单方/双方/多方、单层级/多层级 |
| 组织流程 | 回合交替式、连续同步式、完全自主式 |
| 方式方法 | 课题研究式、专项论证式、方案演练式 |
| 手段运用 | 桌面推演式、仿真系统式、综合研讨式 |
| 功能作用 | 教育训练、课题专项、决策辅助、理论研究 |
| 应用领域 | 社会公共安全、军事/政治领域、多域融合 |
| 层次范围 | 发展规划、危机处置、战争行动 |

3. 战略博弈推演组织流程

战略博弈推演的组织流程主要分为筹划设计(研究课题、推演内容、方法流程)、组织准备(准备推演想定与数据、选择推演方法、拟制推演计划、确定推演编组、建立推演规则、准备推演场地)、实施内容(预先试推、情景导入、战略筹划、动态对抗)、总结评估(复盘分析、归纳总结)。

## 10.2　智能博弈推演基本原理

### 10.2.1　演进式全栈架构

美军一直在开展“战略博弈推演—战役建模与分析—试验与学习—训练—数字工程”(GEMS)为一体的相关研究，探索如何在人工智能赋能的多域战场中提升军事能力与辅助决策[42]，相关应用领域如图 10.2 所示。

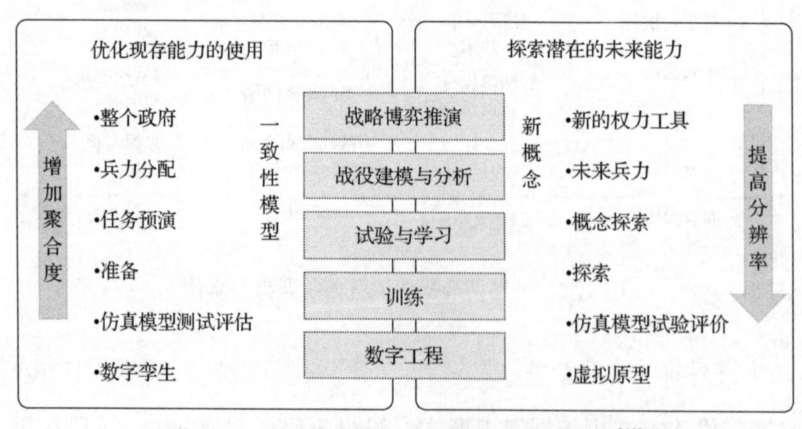


图 10.2　美军战略博弈 GEMS 架构应用领域[42]

### 10.2.2　元理论视角

博弈论又称对策论、赛局理论，是解决军事、经济、政治乃至社会各领域冲突、竞争与协作等问题的有力工具。半个世纪以来，共计有 7 次将诺贝尔经济学奖授予 15 位博弈论的研究者。从经典的策略博弈、扩展式博弈、合作博弈、微分博弈到平均场博弈、多智能体博弈、马尔可夫博弈，各类博弈模型为多类场景提供了建模参考。其中根据行动顺序与信息，非合作博弈可划分为完全信息静态博弈、不完全信息静态博弈、完全信息动态博弈与不完全信息动态博弈。根据决策者的偏好刻画，博弈论分析方法分为：①基于基数偏好(cardinal preference)的定量博弈分析方法，如正则式博弈、扩展式博弈、合作博弈等；②基于序数偏好(ordinal preference)的非定量博弈分析方法，如元博弈(偏对策、亚对策)、超博弈(超对策、误对策)、软博弈(软对策)等。依据偏好刻画，相关博弈模型区分如图 10.3 所示。

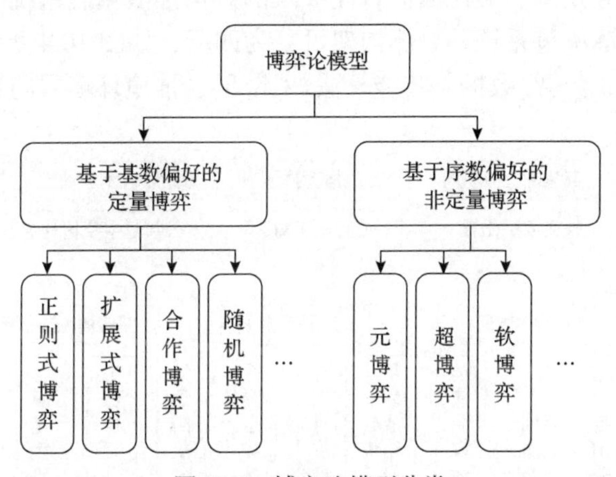


图 10.3　博弈论模型分类

从综合集成[4]到元博弈论与超对策理论[43]，从一个更高维度视角分析问题的思想一起都被嵌入各类学术思想中。区别于冯·诺依曼与摩根斯坦基于基数偏好构建的经典博弈理论，Howard[44]早在 1971 年针对理性悖论提出了面向非定量博弈分析的元博弈理论；Bennett[45]于 1977 年提出了超博弈理论，主要用于解释局中人认知不一致、可能存在错误判断等情形；Howard[46]于 1990 年提出了软博弈理论，通过引入情绪等非理性因素，研究博弈前协商阶段、偏好可变等情形；Fraser 等[47]于 1984 年基于元博弈理论构建了针对冲突行为进行正规分析的决策分析方法；Howard[48,49]于 1994 年提出了戏剧理论，设计了面向“困境”的对抗分析方法。

### 10.2.3 双层学习模型

战略博弈推演过程可建模成顶层回合制多阶段博弈主模型与底层即时策略博弈模型为一体的双层学习模型。当前基于经验博弈理论分析(empirical game theoretic analysis, EGTA)[50]的策略空间响应预言机(PSRO)类方法[51]为各类博弈问题求解提供了通用框架，而扩展式元博弈(extensive form meta-game)[52]可用于战略博弈问题建模。

## 10.3 智能博弈推演相关技术

### 10.3.1 智能博弈推演系统架构设计

人工智能赋能的智能系统设计利用“数据+算力+算法”等优势，充分运用数字孪生与云原生等技术。类比面向智能成长的兵棋推演生态系统[53]，基于云原生构建智能博弈推演决策系统，总体构架可分为四层，如图 10.4 所示。自底向上依次为基础支撑层、数智(数据与智能算法)引擎层、推演环境层与典型应用层。

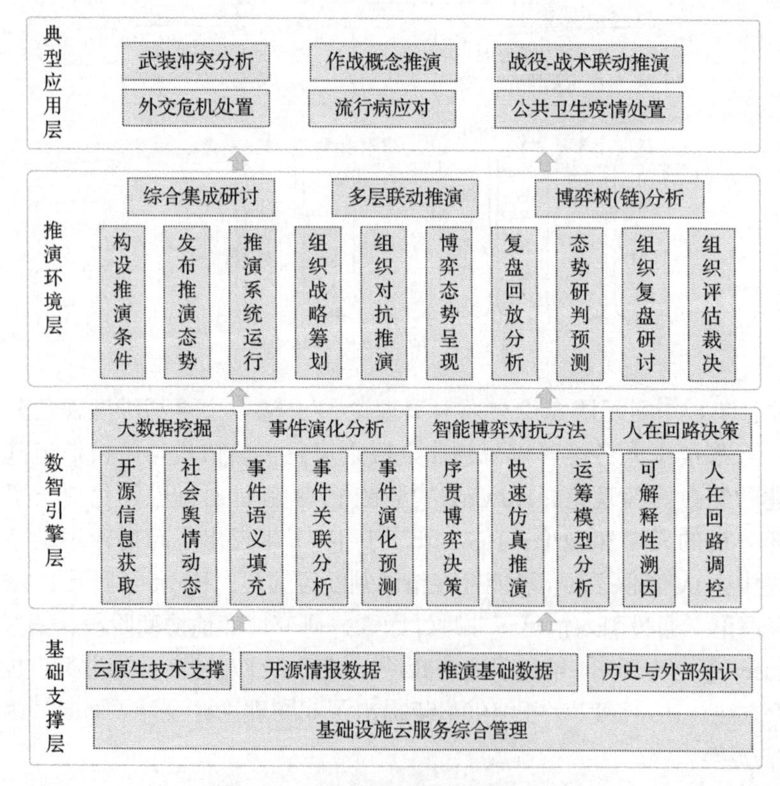


图 10.4 智能博弈推演决策系统架构

1. 基础支撑层

基础支撑层主要包括基础设施云服务综合管理、云原生技术支撑、开源情报数据、推演基础数据、历史与外部知识等。

2. 数智引擎层

数智引擎层主要是数据引接与智能算法的融合，主要包括大数据挖掘、事件演化分析、智能博弈对抗方法与人在回路决策等子模块。为上层推演环境提供的服务主要包括开源信息获取、社会舆情动态、事件语义填充、事件关联分析、事件演化预测、序贯博弈决策、快速仿真推演、运筹模型分析、可解释性溯因、人在回路调控等。

3. 推演环境层

推演环境层主要为人在回路的战略博弈提供推演筹划设计、准备、实施等活动，具体流程包括构建推演条件、发布推演态势、推演系统运行、组织战略筹划、组织对抗推演、博弈态势呈现、复盘回放分析、态势研判预测、组织复盘研讨与组织评估裁决。可提供综合集成研讨环境、组织多层联动推演活动，进行博弈树(链)分析。

4. 典型应用层

典型应用层提供多类战略博弈推演场景，主要包括武装冲突分析、作战概念推演、战役-战术联动推演、外交危机处置、流行病应对、公共卫生疫情处置等。

### 10.3.2 关键支撑技术与方法

结合当前多类战略博弈推演系统的主要模块，分析其中的关键支撑方法与技术，主要包括面向底层支撑的云原生技术、战略博弈数据集构建[54]、时序知识图谱演进模式学习方法[55]、基于人工智能的认知建模方法[56]、面向服务的虚拟现实与数字孪生技术[57]、SWOT分析技术[6,58]、冲突分析技术[59]。

1. 云原生技术与全栈中台

中台的本质是避免数据的重复加工，通过服务化的方式，提高共享能力，赋能相关应用。基于云原生技术设计全栈式人工智能赋能中台(数据中台、知识中台、认知决策中台)，构筑智能化基座，服务战略博弈推演。

2. 战略博弈主题数据图谱

通过分析历史案例、预测潜在危机、对抗生成样本等方式收集战略博弈主题数据集，其中危机事件时序知识图谱是重点。由于事件的发展都遵循一个时间序列，将时间信息融入以往的静态知识图谱中，构建危机事件的时序知识图谱是综合危机预警的前沿课题。

3. 人机共生的数字孪生环境

人机共生是人机融合的最佳模式，主要通过人机的合理分工、充分协作，使得指挥员聚焦顶层的决策[60]，聚焦于让机器理解指挥员动态多样的作战意图。当前这类仿真平台主要有 2021 年中国科学院自动化研究所智能系统与工程研究中心推出庙算平台，主要包括“庙算·陆地指挥官”和“庙算·智胜”人机对抗平台，中国船舶重工集团公司第七一六研究所自主研发的海上方向即时制智能兵棋对战系统“悟空·海上智能博弈平台”，面向体系作战攻防对抗智能研究的推演仿真平台“九天云诀”等。

4. 大规模兵力对抗策略学习

大规模兵力博弈对抗问题一般可以采用分层抽象方式进行问题分解，可区分成战略推演、战役规划、战术决策与平台自主协同四个层次，利用分层多智能体强化学习方法构建体系级预训练模型，基于事后理性的描述性分析、基于洞察的预测性分析、基于远见的诊断性分析、基于情境的规范性分析和基于干预的认知分析等多类探索性分析方法[61]，综合推荐出战役规划和战术决策策略。

5. 研讨式/矩阵式推演冲突分析

借助研讨式头脑风暴充分发挥“蓝队”作用，利用多方策略构建博弈对抗矩阵[62]，组织战略层多阶段推演。运用战略博弈推演冲突分析理论与方法[63,64]，开展多领域博弈策略和战略态势之间的冲突正向分析、冲突反向设计与溯局分析等研究。

### 10.3.3 典型应用场景分析

1. 基于时序图谱演进模式挖掘的危机事件认知

挖掘时序知识图谱的演进模式[65]，有利于进行态势研判，预测未来可能发生的事件。当下这类时序知识图谱包括全球事件、语言和音调数据库(global database of events, language, and tone, GDELT)[66]和综合危机预警系统(integrated crisis early warning system, ICEWS)[67]。

首先是针对某一特定领域危机事件主题，利用开源的网络情报数据和网络爬虫工具，获取基础数据；其次是围绕危机事件进行实体、属性、关系、事件、时序等关键要素信息的抽取与填充；再次是厘清危机事件因果关系，完成危机事件时序知识图谱的构建；最后是完成实体嵌入，利用时序知识图谱学习模型挖掘演进模式，预测未来可能发生的事件并进行研判，为战略博弈推演提供态势演变分析支持。

2. 基于仿真支撑兵棋推演元博弈的兵力结构评估

建模仿真、兵棋推演与作战实验是国防领域问题研究的重要工具。从对抗分析的视角[68]，联合作战规划与组织兵棋推演过程可以看成一个“元博弈”，可用于评估兵力结构，如图 10.5 所示。

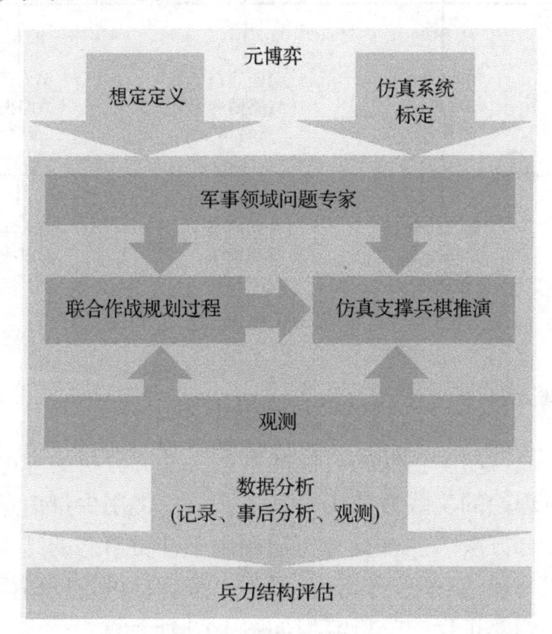


图 10.5　基于仿真支撑兵棋推演元博弈的兵力结构评估

兵棋推演过程主要分为准备阶段、规划与执行阶段(联合作战规划过程、仿真支撑兵棋推演)和分析阶段。

3. 基于战略博弈与兵棋推演跨层联动的方案演练

战略博弈推演较战役或战术级兵棋推演涵盖更多的领域。分阶段推演与合并推演作为多级指挥机构联合推演的备选方式，可为战略博弈的艺术性决策提供支撑[41]。战略博弈与兵棋推演的跨层联动是完成方案演练跨层级联动推演的可行模式。利用“卡牌”构建基于关键“决策点”的回合制战略博弈时序关系，利用链式分解完成战略手段到战役指令的博弈树构建。面向方案演练的战略博弈与兵棋推演跨层联动过程如图 10.6 所示。

首先是根据需演练方案重点分析关键决策点，利用卡牌构建决策回合；其次是基于决策点的策略集收集与推演指令构建，完成博弈树分析与评估指标构建；再次是充分利用分层强化学习、模糊逻辑树、多智能体博弈学习等方法完成分析式兵棋推演，完成推演效果向上汇聚；最后完成事后分析与方案滚动改进。

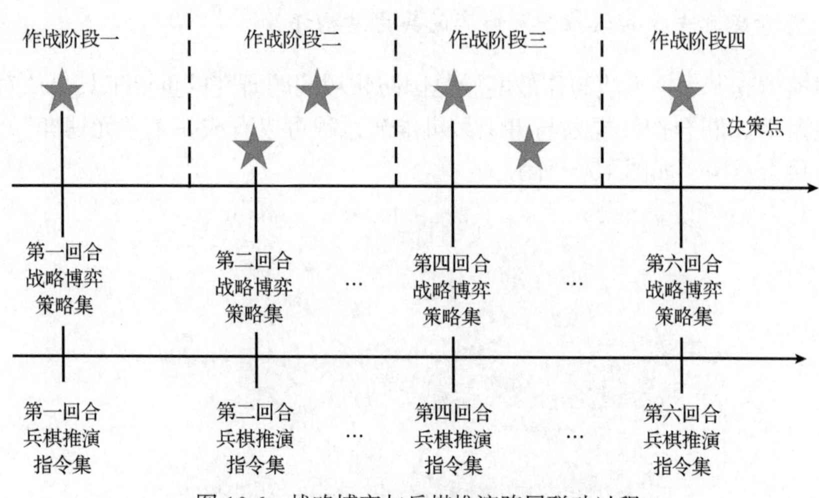


图 10.6　战略博弈与兵棋推演跨层联动过程

4. 面向战略博弈冲突消解的图博弈正反向分析

冲突是较“热战”烈度稍低的对抗性事态。冲突分析的理论基础是博弈论，是元博弈(偏对策)理论的实践性应用，其本质是一类用少量信息建模与分析战略冲突的定性定量综合方法[39]。冲突分析通用用于冲突事态的结果预测(事前分析)与事态过程的描述与评估(事后分析)，可为决策者提供正反两面的决策信息。面向冲突消解的战略博弈正反向分析流程如图 10.7 所示。

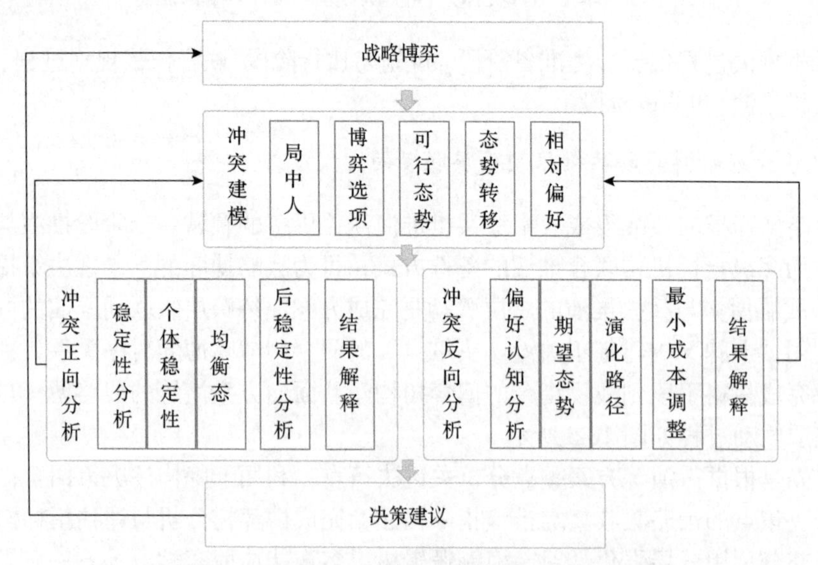


图 10.7　面向冲突消解的战略博弈正反向分析流程

首先是针对战略博弈问题构建冲突模型，主要包括博弈局中人、博弈选项、可行态势、态势转移、相对偏好；其次是区分冲突正向分析与冲突反向分析，冲突正向分析聚焦博弈的稳定性分析，冲突反向分析聚焦偏好认知分析；再次是解释冲突分析结果，为博弈局中人提供决策建议。

## 10.4　本章小结

本章分析了战略博弈推演的演进脉络、推演方法分类与关键支撑技术与方法；从元理论视角与双层学习模型出发，设计了面向战略博弈推演系统四层架构(基础支撑层、数智引擎层、推演环境层与典型应用层)；聚焦实际应用分析了危机事件认知、兵力结构评估、方案演练、冲突分析共四类典型应用场景。未来将聚焦探索模型方法、固化典型应用场景，为智能战略决策提供科学外脑。

### 参考文献

[1] 高凯, 赵林. “混合战争”: 俄罗斯新战略博弈手段[J]. 军事文摘, 2019, (13): 10-13.

[2] Schechter B, Schneider J, Shaffer R. Wargaming as a methodology: The international crisis wargame and experimental wargaming[J]. Simulation & Gaming, 2021, 52(4): 513-526.

[3] 谭联群, 曾隽芳, 刘禹. 面向人工智能的兵棋推演系统设计[C]. 第三十九届中国控制会议论文集(7), 沈阳, 2020: 999-1003.

[4] 王丹力, 郑楠, 刘成林. 综合集成研讨厅体系起源、发展现状与趋势[J]. 自动化学报, 2021, 47(8): 1822-1839.

[5] 赵力昌, 黄谦, 蔡游飞. 思维导图方法在战略博弈研讨中的应用[J]. 军事运筹与系统工程, 2010, 24(1): 39-43.

[6] 陈敏, 黄谦, 李坎. SWOT-CLPV 矩阵在战略博弈分析中的应用[J]. 指挥控制与仿真, 2019, 41(3): 14-18.

[7] 陈敏, 黄谦, 李坎. 军事战略博弈研讨系统分析与设计[J]. 指挥控制与仿真, 2019, 41(1): 84-89.

[8] 刘海洋, 唐宇波, 胡晓峰, 等. 面向联合作战评估的兵棋推演实验研究[J]. 指挥与控制学报, 2018, 4(4): 272-280.

[9] 曹占广, 陶帅, 胡晓峰, 等. 国外兵棋推演及系统研究进展[J]. 系统仿真学报, 2021, 33(9): 2059-2065.

[10] Wong Y, Yurchak J, Button R, et al. Deterrence in the Age of Thinking Machines[M]. Santa Monica: RAND Corporation, 2020.

[11] Powell S A L. Wargaming all domain operations and leader development[J]. Social Science Research Network, 2022, 19(3): 27-43.

[12] Badalyan R S, Graham A D, Nixt M W, et al. Application of an artificial intelligence-enabled real-time wargaming system for naval tactical operations[J]. Social Science Research Network, 2022, 37(1): 1-13.

[13] Clark B, Patt D, Schramm H. Mosaic Warfare: Exploiting Artificial Intelligence and Autonomous Systems to Implement Decision-centric Operations[M]. Washington: Center for Strategic and Budgetary Assessments, 2020.

[14] Andresky N, Taliaferro A. Operationalizing artificial intelligence for multi-domain operations[R]. Austin: US Army Futures and Concepts Center Future Warfare Division, 2019.

[15] Oriesek D F, Schwarz J O. Winning the Uncertainty Game: Turning Strategic Intent into Results with Wargaming[M]. London: Routledge, 2020.

[16] Evensen P I, Martinussen S E, Halsør M, et al. Wargaming evolved: Methodology and best practices for simulation-supported wargaming[C]. The Interservice/Industry Training, Simulation & Education Conference, Orlando, 2019: 234-246.

[17] RAND Corporation. NATO analytical war gaming-innovative approaches for data capture, analysis and exploitation[R]. Santa Monica: RAND Corporation, 2022.

[18] Grant T, Kooter B. Comparing OODA and other models as operational view C2 architecture[C]. International Command & Control Research & Technology Symposium, Quebec City, 2005: 1-35.

[19] 李琛，黄炎焱，张永亮，等. Actor-Critic框架下的多智能体决策方法及其在兵棋上的应用[J]. 系统工程与电子技术, 2021, 43(3): 755-762.

[20] 张振，黄炎焱，张永亮，等. 基于近端策略优化的作战实体博弈对抗算法[J]. 南京理工大学学报, 2021, 45(1): 77-83.

[21] 尹奇跃，赵美静，倪晚成，等. 兵棋推演的智能决策技术与挑战[J]. 自动化学报，2023, 49(5): 913-928.

[22] 施伟，冯旸赫，程光权，等. 基于深度强化学习的多机协同空战方法研究[J]. 自动化学报, 2021, 47(7): 1610-1623.

[23] 梁星星. 基于预测编码的样本自适应行动策略智能规划研究[D]. 长沙：国防科技大学, 2021.

[24] 蒲志强，易建强，刘振，等. 知识和数据协同驱动的群体智能决策方法研究综述[J]. 自动化学报, 2022, 48(3): 627-643.

[25] 黄凯奇，兴军亮，张俊格，等. 人机对抗智能技术[J]. 中国科学：信息科学，2020, 50(4): 540-550.

[26] 施伟. 基于模糊规则的层次强化学习策略空间快速寻优方法[D]. 长沙：国防科技大学, 2021.

[27] 张驭龙. 面向兵棋推演临机规划任务的知识模型嵌入式强化学习技术[D]. 长沙：国防科技

大学, 2022.
[28] 陈晓轩. 先验知识启发的 *Q*-learning 势能奖励在线学习技术[D]. 长沙: 国防科技大学, 2022.
[29] 刘满, 张宏军, 徐有为, 等. 群队级兵棋实体智能行为决策方法研究[J]. 系统工程与电子技术, 2022, 44(8): 2562-2569.
[30] 王昶. 战略推演: 获取竞争优势的思维与方法[M]. 北京: 机械工业出版社, 2019.
[31] 齐胜利. 战略推演论[M]. 北京: 国防大学出版社, 2020.
[32] 周姚, 夏旻, 莫李龙. 兰德联合一体化应急模型应用及启示[J]. 东南大学学报(哲学社会科学版), 2021, 23(S1): 166-167.
[33] 李健, 毛翔. 兰德战略评估系统及其影响[J]. 军事运筹与系统工程, 2015, 29(1): 5-12.
[34] 季明. 美国“翌日”模拟法辅助战略问题决策[J]. 外国军事学术, 2004(9): 34-35.
[35] Linick M E, Yurchak J, Spirtas M, et al. Hedgemony: A game of strategic choices[R]. Santa Monica: RAND Corporation, 2020.
[36] 司光亚. 战略训练模拟系统原理[M]. 北京: 国防大学出版社, 2011.
[37] 杨镜宇, 唐本富, 吴曦, 等. 面向事件认知的战略博弈系统设计[J]. 军事运筹与系统工程, 2020, 34(3): 59-65.
[38] 吴曦, 孟祥林, 杨镜宇. 下一代战略博弈推演系统研究[J]. 系统仿真学报, 2021, 33(9): 2017-2024.
[39] 赵彬. 基于超对策的军事战略博弈冲突分析[D]. 长沙: 国防科技大学, 2021.
[40] 周文, 于淼, 纪瑾瑜, 等. 面向战略博弈的推演系统设计[C]. 第三届体系工程学术会议论文集——复杂系统与体系工程管理, 珠海, 2021: 304-313.
[41] 徐屹泰, 于淼, 孙晓民, 等. 战略博弈与兵棋推演跨层级联动运行研究[J]. 军事运筹与评估, 2022, 37(2): 73-79.
[42] Jones A, Marino P. Final Report of the Defense Science Board (DSB) Task Force on Gaming, Exercising, Modeling, and Simulation[M]. London: Langmuir, 2021.
[43] Kovach N S, Gibson A S, Lamont G B. Hypergame theory: A model for conflict, misperception, and deception[J]. Game Theory, 2015, 12(2): 1-20.
[44] Howard N. Paradoxes of Rationality: Theory of Metagames and Political Behavior[M]. Cambridge: MIT Press, 1971.
[45] Bennett P. Toward a theory of hypergames[J]. Omega, 1977, 5(6): 749-751.
[46] Howard N. Soft game theory[J]. Information and Decision Technologies, 1990, 16(3): 215-227.
[47] Fraser N M, Hipel K W. Conflict Analysis: Models and Resolutions[M]. New York: North-Holland, 1984.
[48] Howard N. Drama theory and its relation to game theory. Part 1: Dramatic resolution vs. rational solution[J]. Group Decision and Negotiation, 1994, 3(2): 187-206.

[49] Howard N. Drama theory and its relation to game theory. Part 2: Formal model of the resolution process[J]. Group Decision and Negotiation, 1994, 3(2): 207-235.

[50] Wellman M P. Methods for empirical game-theoretic analysis[C]. Proceedings of the 21st National Conference on Artificial Intelligence, Pula, 2006: 1552-1555.

[51] Muller P, Omidshafiei S, Rowland M, et al. A generalized training approach for multiagent learning[C]. International Conference on Learning Representations, New Orleans, 2019: 1-35.

[52] McAleer S, Lanier J B, Wang K A, et al. XDO: A double oracle algorithm for extensive-form games[J]. Advances in Neural Information Processing Systems, 2021, 34(2): 3128-3139.

[53] 吴琳，胡晓峰，陶九阳，等. 面向智能成长的兵棋推演生态系统[J]. 系统仿真学报，2021, 33(9): 2048-2058.

[54] 杨贵民，沈晴，唐炜. 面向战略博弈系统的案例库设计与实现[C]. 第三十二届中国控制会议，西安, 2013: 1-9.

[55] Li Z X, Jin X L, Li W, et al. Temporal knowledge graph reasoning based on evolutional representation learning[C]. Proceedings of the 44th International ACM SIGIR Conference on Research and Development in Information Retrieval, New York, 2021: 408-417.

[56] 贺筱媛，郭圣明，吴琳，等. 面向智能化兵棋的认知行为建模方法研究[J]. 系统仿真学报，2021, 33(9): 2037-2047.

[57] Turnitsa C, Curtis B, Andreas T. Simulation and Wargaming[M]. New Jersey: Wiley, 2021.

[58] 王亮，权磊，陈泱. SWOT 分析法在军事博弈中的应用研究[J]. 舰船电子工程, 2021, 41(3): 5-9.

[59] Sandole D J D. Handbook of Conflict Analysis and Resolution[M]. London: Routledge, 2009.

[60] 郑少秋，梁汝鹏，吴浩，等. 人机共生作战决策系统：发展愿景与关键技术[J]. 火力与指挥控制, 2022, 47(7): 1-6, 13.

[61] Johnson B, Miller M S, Green M J M, et al. Game theory and prescriptive analytics for naval wargaming battle management aids[R]. Monterey: Naval Postgraduate School, 2022.

[62] Andy L. An exploration of wargame methodologies: Manual adjudication, data collection and analysis[R]. Dartmouth, Nova Scotia: Centre for Operation Research and Analysis, 2020.

[63] Xu H Y, Hipel K W, Kilgour D M, et al. Conflict Resolution Using the Graph Model: Strategic Interactions in Competition and Cooperation[M]. Cham: Springer International Publishing, 2018.

[64] Cerri T, Laster N, Hernandez A, et al. Using AI to assist commanders with complex decision-making[J]. Interservice, 2018, 3(7): 1-40.

[65] Li Z X, Guan S P, Jin X L, et al. Complex evolutional pattern learning for temporal knowledge graph reasoning[J/OL]. 2022: arXiv: 2203.07782. https://arxiv.org/abs/2203.07782.pdf. [2023-12-01].

[66] Leetaru K, Schrodt P A. Gdelt: Global data on events, location, and tone, 1979–2012[C]. ISA

Annual Convention, Citeseer, 2013: 1-49.

[67] Boschee E, Lautenschlager J, O'Brien S, et al. ICEWS coded event data[J]. Harvard Dataverse, 2015, 12(1): 126-142.

[68] Curry J, Young M, Perla P P. The Confrontation Analysis Handbook: How to Resolve Confrontations by Eliminating Dilemmas. Innovations in Wargaming[M]. Bristol: History of Wargaming Project, 2017.